Das kleine Handbuch für angehende Raumfahrer

Dr. Bergita Ganse:
Weltraummedizinerin, Fachärztin für Physiologie, Sportmedizinerin und Notfallmedizinerin. Sie erforscht das muskuloskelettale System in Schwerelosigkeit und hat ihre Raumfahrterfahrung beim Deutschen Zentrum für Luft- und Raumfahrt in Köln gesammelt. An der RWTH Aachen hält sie die Weltraummedizinvorlesung. Sie reist viel, fotografiert gerne, wirft Speer und liebt Outdooraktivitäten aller Art.

Dr. Urs Ganse:
Theoretischer Astrophysiker. Seit dem Studium und der Promotion in Würzburg arbeitete er in Finnland und Südafrika. Aktuell ist er als Weltraumphysiker an der Universität in Helsinki (Finnland) beschäftigt. Dort simuliert er mit Supercomputern das Plasma im erdnahen Weltraum. In seiner Freizeit klettert er und baut Welten in 64 Kilobyte.

Der Parabelbär:
Hat Parabelflugerfahrung!

Website des Buches: www.raumfahrerhandbuch.de

Bergita Ganse • Urs Ganse

Das kleine Handbuch für angehende Raumfahrer

Raketen, Hyper-G und Shrimpscocktail

Bergita Ganse
Aachen
Deutschland

Urs Ganse
Helsinki
Finland

Die Darstellung von manchen Formeln und Strukturelementen war in einigen elektronischen Ausgaben nicht korrekt, dies ist nun korrigiert. Wir bitten damit verbundene Unannehmlichkeiten zu entschuldigen und danken den Lesern für Hinweise.

ISBN 978-3-662-54410-5 ISBN 978-3-662-54411-2 (ebook)
https://doi.org/10.1007/978-3-662-54411-2

Die Deutsche Nationalbibliothek verzeichnet diese Publikation in der Deutschen Nationalbibliografie; detaillierte bibliografische Daten sind im Internet über http://dnb.d-nb.de abrufbar.

Planung: Dr. Lisa Edelhäuser
Einbandabbildung: Bergita Ganse
Einbandentwurf: deblik Berlin

Gedruckt auf säurefreiem und chlorfrei gebleichtem Papier

Springer ist Teil von Springer Nature
Die eingetragene Gesellschaft ist Springer-Verlag GmbH Deutschland
Die Anschrift der Gesellschaft ist: Heidelberger Platz 3, 14197 Berlin, Germany

Vorwort

Als Raumfahrer geboren und nur noch nicht im All gewesen? Gerade im Orbit und 'ne Frage? Dieses Buch beleuchtet alle wichtigen Details der Raumfahrt – von der Raumschiffkonstruktion, Planung und Navigation über das Leben im Weltall und die Medizin in Schwerelosigkeit bis hin zur Exploration und Suche nach Leben.

Wir, die Autoren, sind Geschwister und haben schon als Kinder gemeinsam sehr viel Zeit mit Science-Fiction-Filmen und -Serien (allen voran „Raumschiff Enterprise"), Sternegucken, Raumschifffliegen und der Kolonisation fremder Planeten am Computer verbracht (Abb. 1). Unsere Generation kannte sich bereits in der Schule bestens mit Raumfahrt aus und brennt darauf, bei der weiteren Entdeckung des Weltraums dabei zu sein. Die Aufbruchstimmung und Faszination, von der wir geprägt wurden, möchten wir in diesem Buch bestärken und weitergeben.

Auch wenn die bemannte Raumfahrt eine gigantische Meisterleistung ist, sind die Ingenieure und Raumfahrer keine Übermenschen. Es wird auch hier nur mit Wasser gekocht! Wir wollen in diesem Buch den Irrglauben korrigieren, dass nur Superhelden ins All fliegen können und dass ein Raumschiff nur funktioniert, wenn das geheime Werkzeug aus der Zukunft zur Hand war. Am besten kann man das als Leser beurteilen, wenn man Bescheid weiß – deshalb ist unser Buch eine riesige Sammlung interessanter Tatsachen, Phänomene, Anekdoten und Tipps. Oft haben wir uns beim Recherchieren und Schreiben selbst über Fakten amüsiert und über Anekdoten schlappgelacht! Auch haben wir uns mit echten Raumfahrern unterhalten und sie gelöchert.

Besonders dankbar sind wir dem US-Astronauten Story Musgrave dafür, dass wir sein Interview abdrucken dürfen (Zitat: „I don't collect the data, I am the data!").

Warum müssen Raumfahrer aus Tausenden von Bewerbern ausgewählt werden? Eine Astronautenauswahl gibt es nur, weil die Plätze so knapp und gleichzeitig umkämpft sind, nicht aber weil es ein kompliziertes Problem gibt, das die meisten Kandidaten untauglich macht. Eigentlich wären fast alle Menschen auf der Erde körperlich in der Lage, einen Raumflug wohlbehalten zu überstehen. All diesen Menschen geben wir mit unserem Buch hoffentlich die Möglichkeit, ihren Raumflug zu planen und erfolgreich durchzuführen.

Als Astrophysiker und Weltraummedizinerin sind wir beruflich in verschiedenen Gebieten der Raumfahrt unterwegs. Bei vielen Anlässen wie Vorträgen, Diskussionsrunden und der Weltraummedizinvorlesung an der RWTH Aachen erklären wir der Öffentlichkeit, wie bemannte Raumfahrt funktioniert, was genau mit dem menschlichen Körper im Weltraum passiert und wie man ein Raumschiff fliegt. Als Lisa Edelhäuser vom Springer-Verlag die Vorlesungsvideos online entdeckte, fragte sie uns, ob wir nicht Lust hätten, mit deren Inhalt und noch viel mehr ein Buch zu schreiben. Und hier ist es! Eine Anleitung und ebenso lustige wie informative Einführung für angehende Raumfahrer.

Wir danken Toni Möller und Johann Korndörfer (Cupe) für ihre hilfreichen Korrekturen, Ideen und Verbesserungsvorschläge!

Viel Spaß beim Lesen!

Bergita und Urs Ganse

Abb. 1 Die Autoren ca. 1985

Der in diesem Buch verwendete Begriff *Raumfahrer* ist geschlechtsunabhängig. Alle Abbildungen ohne Quellenangabe wurden von den Autoren selbst angefertigt. QR-Codes liefern direkte Internet-Links (Abb. 2).

Abb. 2 Es kommen mehrfach Zusatzinformationen, Videos, Downloads und andere Links vor, die als QR-Code mit einer QR-Code-App auf einem Smartphone ausgelesen werden können. Dieser QR-Code enthält die URL zur Website unseres Buchs: http://www.raumfahrerhandbuch.de/

Inhaltsverzeichnis

1

Wie man ein Raumfahrer wird

1.1 Den Flug klarmachen

Den meisten Lesern wird die Frage unter den Nägeln brennen, wie man eigentlich ein Raumfahrer wird und welche Wege es gibt, um einen Flug ins All zu ergattern. Für andere ist dieses Thema vielleicht schon erledigt, und der Flug steht konkret an oder findet gerade statt. Andere mögen es völlig unattraktiv finden, selbst in ein Raumschiff zu steigen, und fühlen sich auf der Erde am wohlsten. Dieses Buch richtet sich an alle diese Lesergruppen. Da bisher die meisten der Menschen, die gerne ins All geflogen wären, doch nicht im All waren und da Stellenausschreibungen für Raumfahrer rar sind, sollen hier zunächst einmal mögliche Optionen aufgezeigt werden, um einen Raumflug klarzumachen. Es gibt konkret folgende drei Möglichkeiten:

1. Man bewirbt sich auf eine ausgeschriebene Stelle, z. B. bei einer der großen Raumfahrtagenturen. Für Menschen mit der deutschen Staatsbürgerschaft gab es die letzte Ausschreibung der Europäischen Raumfahrtbehörde (ESA) im Jahr 2008 (Stand 2017). Damals wurden 6 Kandidaten eingestellt. Im Jahr 2016 konnten sich Frauen aus Deutschland bei http://www.dieastronautin.de auf zwei Astronautinnen-Stellen bewerben. Mit einer US-amerikanischen Staatsbürgerschaft eröffnen sich deutlich bessere Chancen auf einen Platz, und es gab in der Vergangenheit häufiger die

B. Ganse, U. Ganse, *Das kleine Handbuch für angehende Raumfahrer*,
https://doi.org/10.1007/978-3-662-54411-2_1

Gelegenheit, sich zu bewerben. Weitere Raumfahrtnationen sind derzeit Russland, China, Kanada und Japan.

2. Man kauft ein Ticket bei einem kommerziellen Anbieter. Alle bisherigen Weltraumtouristen sind gleich für ein paar Tage ins All geflogen. Es müssten, wenn alles klappt, aber demnächst auch kürzere Flüge angeboten werden. Verschiedene Anbieter verkaufen bereits Tickets.
3. Man nimmt sehr viel Geld in die Hand und kümmert sich entweder selbst um den Bau eines brauchbaren Raumfahrzeugs oder kauft eine Rakete und ein Raumschiff bei einem kommerziellen Anbieter. Damit versucht man dann, seine Pläne zu verwirklichen. Dieser Weg hat bisher nur die Firma Scaled Composites - mit Geld des Microsoft-Gründers Paul Allen - erfolgreich ins All gebracht, wobei jeder selbst entscheiden kann, ob eine etablierte Flugzeugbaufirma mit Geld eines IT-Milliardärs als „Selbstbau" gilt.
4. (Die Taktik, darauf zu warten, dass man von Aliens entführt wird, ist vermutlich nicht zielführend.)

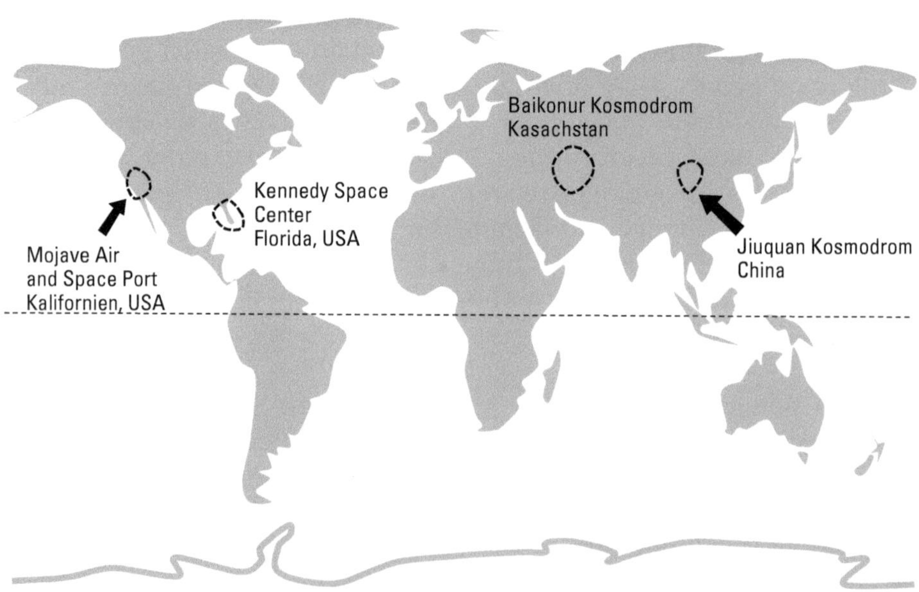

Abb. 1.1 Karte der Erde mit eingezeichneten Weltraumbahnhöfen, von denen aus bereits Menschen in den Weltraum geflogen sind. Der weltweit größte Space Port ist das Kosmodrom Baikonur in Kasachstan (gepachtet durch Russland). Alle NASA-Missionen inklusive der Spaceshuttles sind bisher vom Kennedy Space Center in Florida aus gestartet. Lediglich das SpaceShipOne startete in Kalifornien. Die bemannte Raumfahrt in China findet vom Weltraumbahnhof Juiquan aus statt

Inzwischen waren Menschen der verschiedensten Nationalitäten im All. Eigene bemannte Raumfahrzeuge haben die UdSSR/Russland, die USA und China entwickelt. Viele Nationen haben diese Kapazitäten genutzt und eigene Raumfahrer ins All geschickt, und je nach Land, das die Raumfahrzeuge gebaut hat, werden diese entweder als *Astronauten*, *Kosmonauten* oder *Taikonauten* bezeichnet. Als Raumfahrer ist man ein Astronaut, wenn man mit den US-Amerikanern ins All geflogen ist, ein Kosmonaut, wenn man von der UdSSR oder den Russen transportiert wurde und ein Taikonaut, wenn man mit den Chinesen unterwegs war. Die Inder nennen ihre Raumfahrer *Vyomanauten* und die Malaysier ihre *Angkasawan*. Abb. 1.1 zeigt eine Weltkarte mit den Weltraumbahnhöfen, von denen aus bisher Menschen ins All geflogen sind.

Abb. 1.2 ist eine Übersichtsgrafik mit den wichtigsten Erstereignissen in der Pionierzeit der bemannten Raumfahrt – als Auffrischung und damit man direkt inspiriert wird, diese Auflistung z. B. um eine

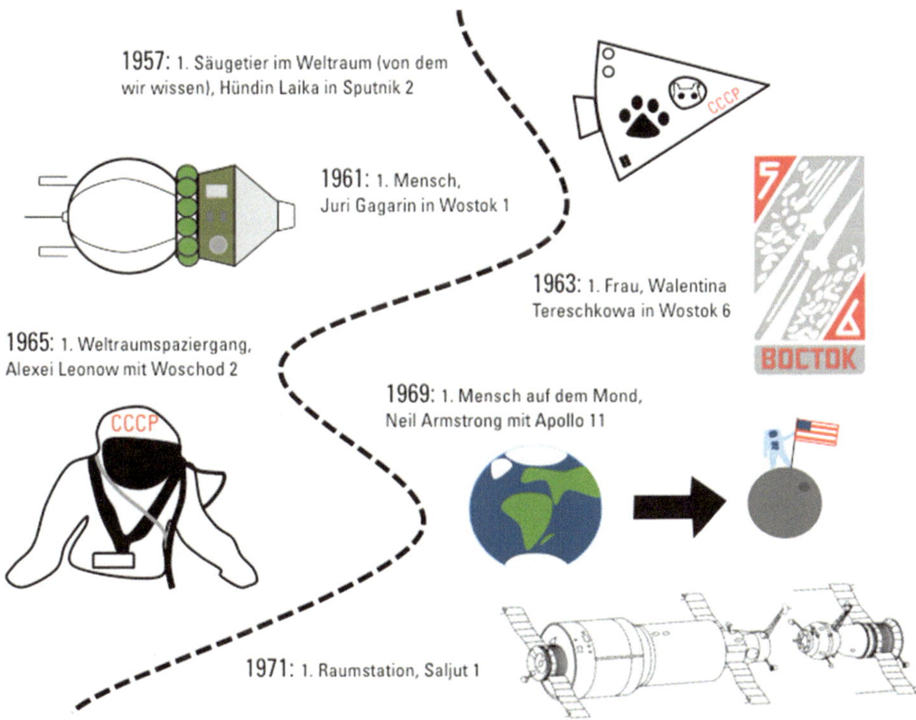

Abb. 1.2 Erstereignisse in der Pionierzeit der bemannten Raumfahrt

selbst durchgeführte Erstlandung auf einem Asteroiden oder Planeten zu ergänzen.

Später im Buch wird auf die Geschichte des Weltraumtourismus (Abschn. 1.2) sowie der Weltraummedizin (s. Abschn. 5.1) im Detail eingegangen.

1.2 Weltraumtourismus

Die Idee des Weltraumtourismus existiert schon seit Langem und der Wunsch, als Tourist in den Weltraum zu fliegen, wird schon seit mehreren Generationen geäußert. Die amerikanische Fluggesellschaft Pan Am hatte bereits in den 1960er-Jahren eine Interessentenliste für touristische Raumflüge begonnen, auf der im Jahr 1989 fast 100.000 Namen verzeichnet waren. Pan Am wurde jedoch 1991 nach ihrem finanziellen Kollaps von Delta Airlines aufgekauft und brachte letztendlich nie jemanden ins All. Aber wer war denn bisher als Weltraumtourist im Weltraum, also in einer Höhe von mindestens 100 Kilometern (Stand 2017)? Der Erste war im Jahr 2001 der 60-jährige US-Amerikaner Dennis Tito, der angeblich 20 Millionen US-Dollar für seinen Flug zur ISS zahlte. Er hielt sich hauptsächlich im Swesda-Modul der Raumstation auf und durfte die anderen Module offiziell nur eskortiert betreten. Der Südafrikaner Mark Suttleworth zahlte 2002 angeblich dasselbe, um der zweite Weltraumtourist zu werden. Die erste Frau war im Jahr 2006 Anousheh Ansari, eine in den USA lebende Multimillionärin mit iranischen Wurzeln. Allen bisherigen Weltraumtouristen wurde ihr Flug durch das Unternehmen Space Adventures mit Sitz in Virginia in den USA ermöglicht. Es ist das einzige Unternehmen, das bisher tatsächlich Weltraumtouristen ins All gebracht hat. Die Flüge erfolgten an Bord von Sojus-Raumschiffen der russischen Raumfahrtorganisation und nicht in eigenen Raumfahrzeugen. Gleich zweimal flog der Microsoft-Mitbegründer Charles Simonyi zur ISS, und zwar 2007 und 2009. Die weiteren bisherigen Touristen waren Gregory Olsen, Richard Garriott und Guy Laliberté. Der Letzte von ihnen war 2009 im All – danach war die Mitnahme zahlender Kundschaft zur ISS zunächst nicht mehr möglich, weil alle Plätze in den Sojus-Raumschiffen als einzigem verbliebenen Transportmittel zur ISS benötigt wurden.

In den letzten Jahren haben eine ganze Reihe von Firmen eigene Raumfahrzeuge entwickelt, mit denen sie Touristen ins All bringen wollen. Den im Jahr 1996 von der X-Prize-Foundation ausgeschriebenen X-Prize (später Ansari X-Prize) von 10 Millionen US-Dollar für den ersten erfolgreichen bemannten privaten Raumflug gewann das Team Scaled Composites mit dem „SpaceShipOne“ und dem Trägerflugzeug „White Knight“ am 4. Oktober 2004 für sich. Um den Preis zu gewinnen, musste das wiederverwendbare Raumschiff bemannt zweimal innerhalb von zwei Wochen in eine Höhe über 100 km fliegen. Für einen Moment ließ der Erfolg des SpaceShipOne hoffen, dass es mit dem Weltraumtourismus nun zügig vorangehen würde; dies war aber nicht der Fall. Der Prototyp des Nachfolgemodells, das SpaceShipTwo mit Namen „VSS Enterprise“, stürzte am 31. Oktober 2014 ab, wurde zerstört, und einer der beiden Piloten starb. Im Februar 2016 wurde der Nachfolger, die „VSS Unity“, vorgestellt. Parallel entwickelten eine ganze Reihe von Firmen eigene Raumfahrzeuge; bis heute haben aber außer den zuvor genannten Weltraumtouristen noch keine weiteren mit einem privaten System einen bemannten Weltraumflug durchgeführt. Dennoch gibt es diverse Entwicklungen, und zum Veröffentlichungszeitpunkt dieses Buches sind viele interessante Projekte auf dem Weg. Das Dragon-Raumschiff der Firma SpaceX soll Anfang 2018 erstmals bemannt für die NASA fliegen. Weit in der Entwicklung fortgeschritten ist ebenfalls der „Starliner“ (alter Name: CST-100) der Firma Boeing, mit dem erste bemannte Flüge Anfang 2018 erfolgen sollen. Es ist also nur eine Frage der Zeit wann die nächsten Touristen auf ihre Mission ins All starten werden. Wer aktuell im All ist und welche Raumfahrer für welche Flüge vorgesehen sind, kann man z. B. bei Spacefacts herausfinden (Abb. 1.3).

1.3 Astronautenauswahl

Welche Kriterien muss man erfüllen, um als Raumfahrer ausgewählt zu werden? Meistens betreffen die Kriterien z. B. den Beruf, die

Abb. 1.3 Auf der Website von *Spacefacts* kann man sehen, welche bemannten Raumfahrtmissionen derzeit unterwegs sind und welche Raumfahrer sich aktuell im All befinden. Außerdem sind geplante Missionen aller Nationen mit der zugeordneten Besatzung aufgelistet. http://spacefacts.de/schedule/e_schedule.htm

Gesundheit, die Erfahrung und die Persönlichkeit der Bewerberin oder des Bewerbers. Was den Beruf angeht, sind Menschen mit den unterschiedlichsten Ausbildungen prima Raumfahrerkandidaten. Jedoch waren von den elf bisherigen Raumfahrern aus Deutschland acht Physiker und drei Militärpiloten. International sieht das anders aus, und gerade für die NASA waren schon Menschen mit den verschiedensten Hintergründen im All.

Viele fragen sich, ob ihre gesundheitlichen Voraussetzungen für einen Raumflug ausreichen. Diese Frage lässt sich nicht einfach und pauschal beantworten, denn es gibt keine klar definierten Regeln. Bisher sind stets äußerst gesunde Menschen ins All geflogen, weshalb kaum Erfahrungen mit Krankheiten in der Raumfahrt vorliegen. In der Luftfahrt hat man jedoch sehr umfangreiche Kenntnisse darüber gesammelt, was Probleme bereitet und was nicht, und hier gibt es dafür klare Richtlinien. Da die Bedingungen im Weltraum aber völlig anders sind (Schwerelosigkeit, Strahlung usw.), kann man diese Richtlinien nicht einfach übertragen. Fakt ist: Bei der Auswahl von Kandidaten wurden von allen Nationen die allen angesetzten Kriterien entsprechenden Kandidaten ausgewählt, und Bewerber mit Krankheiten oder Auffälligkeiten meistens aussortiert. Man weiß jedoch auch von Astronauten, die trotz geringerer gesundheitlicher Abweichungen angenommen wurden und mehrfach geflogen sind, z. B. trotz *Morbus Meulengracht*, einer meistens symptomlosen Stoffwechselstörung. Bei den Weltraumtouristen muss dies wohl anders gehandhabt worden sein, über Erkrankungen ist aber nichts bekannt. Nur die Besten auszuwählen heißt in der Raumfahrt, dass man ein *Select-Out* macht, also alle Kandidaten gnadenlos aussortiert, bei denen etwas möglicherweise Störendes gefunden wurde, unabhängig davon, wie überragend der Kandidat in anderen Bereichen ist. Ist jemand jedoch bereits ein erfahrener, ausgebildeter Raumfahrer, so versuchen die Raumfahrtagenturen häufig, einen Flug erneut möglich zu machen, um von der Erfahrung zu profitieren, und in der Zwischenzeit entstandene Probleme auszuräumen. Dieses Verfahren nennt man *Select-In*. Aus Sicht der Autoren wären viele medizinische Einschränkungen voraussichtlich kein Problem. Man muss aber bedenken, dass hier nicht nur die Schwerelosigkeit an sich, sondern auch die Hyper-Gravitation bei Start und Landung sowie der Stress des gesamten Unterfangens zu berücksichtigen sind. Bei psychischen Erkrankungen und Persönlichkeitsstörungen sollte man besonders aufpassen und streng auswählen. Ebenso bei schweren Herzkrankheiten und kurz nach großen Operationen. Dass die Raumfahrtagenturen zur sicheren Durchführung ihrer teuren Missionen nur die gesündesten und belastbarsten Kandidaten ausgewählt haben, ist verständlich. Häufig spielen bei der Auswahl zudem Image-Kriterien eine Rolle. So war die erste Frau im All im Arbeiter- und Bauernstaat der Sowjetunion eine Fabrikarbeiterin.

Welche Kriterien haben denn bei der Astronautenauswahl in der Vergangenheit eine Rolle gespielt? Hier gibt es keinen festen Standard, sondern es wurde von den Raumfahrtagenturen unterschiedlich gehandhabt. Die Astronautenauswahl der ESA 2008 lief folgendermaßen ab (es gingen über 8000 Bewerbungen ein):

1. Zunächst formelle Bewerbung mit Bescheinigung über erfolgreiche fliegerärztliche Untersuchung für Piloten (in der Fachwelt heißt so etwas *Medical*); Nachweis, dass man alle Kriterien erfüllt wie ein abgeschlossenes Hochschulstudium, Forschungserfahrung oder, wenn man sich als Militärpilot bewerben wollte, entsprechende Flugerfahrung sowie weitere Nachweise, wenn vorhanden, wie Tauchschein, Doktorurkunde oder Ähnliches.
2. Im nächsten Schritt zwei Termine zur psychologischen und fachlichen Beurteilung mit Verhaltens-, Konzentrations- und kognitiven Tests.
3. Dann umfangreiche ärztliche Untersuchungen durch verschiedene Fachärzte mit Blutentnahme, Kreislaufuntersuchung, Augen- und Ohrenuntersuchung u.v.m.
4. Formelles Einstellungsgespräch durch einen Ausschuss der ESA.
5. Bekanntgabe der sechs neuen Astronautenanwärter (am Ende waren 20 Kandidaten in der engsten Auswahl, die abschließende Entscheidung, wer genommen wurde, war aber eine politische).

Die NASA sucht immer wieder nach neuen Astronauten. Es gibt hierbei zwei Qualifikationspfade, einen für Piloten und einen für „Nichtpiloten“. Die Nichtpiloten-Kriterien, um sich bewerben zu können, sind:

- Bachelorabschluss in einem Ingenieurfach, einem biologischen Fach, in Physik, Informatik oder Mathematik (es gibt eine Liste mit Studiengängen, die nicht ausreichen).
- Nach dem Bachelorabschluss mindestens drei Jahre Berufserfahrung. Ein Masterabschluss und/oder Doktortitel sind besonders willkommen.

- Wenn Fehlsichtigkeit besteht, muss diese korrigierbar sein (das Tragen einer Brille ist akzeptabel).
- Die anthropometrischen Maße müssen die Voraussetzung für das Tragen eines Raumanzuges erfüllen (wird beim Interview ausgemessen).
- Bewerber müssen die US-amerikanische Staatsbürgerschaft haben (doppelte Staatsbürgerschaft ist akzeptabel).

Im Jahr 2016 gab es in Deutschland eine Ausschreibung für die Stelle als erste deutsche Astronautin. Das Unternehmen HE-Space hat diese Stellenausschreibung veröffentlicht und mit der Website http://www.dieastronautin.de sowie in den Medien dafür geworben. Nachdem es bereits elf deutsche Männer ins All geschafft hatten, sollte nun die erste deutsche Astronautin gefunden werden. Für das Training wurden zwei Kandidatinnen gesucht, von denen eine am Ende für den wirklichen Flug ausgewählt werden sollte. Bewerben konnten sich Frauen mit den folgenden Voraussetzungen:

- Abgeschlossenes Studium in Naturwissenschaften oder im Ingenieurwesen oder eine vergleichbare Ausbildung im militärischen Bereich.
- Mehrjährige Berufserfahrung auf dem Gebiet der Wissenschaft, der Raumfahrt, der Technik, der Medizin oder in einem anderen relevanten Bereich.
- Präsentations- und Medienerfahrung.
- Fliegerärztliches Tauglichkeitszeugnis, Pilotenlizenz und/oder Tauchschein von Vorteil.
- Ausgeprägte Kommunikations- und Teamfähigkeit.
- Gute physische und psychische Kondition.
- Deutsche Staatsbürgerschaft.
- Fließende Englischkenntnisse werden vorausgesetzt; Russischkenntnisse wären von Vorteil.

Es gingen 408 Bewerbungen ein. Von den Kandidatinnen wurden nach mehrfacher Änderung der Prozedur schließlich 86 zur psychologischen Auswahl zum Institut für Luft- und Raumfahrtmedizin des DLR nach Hamburg eingeladen, darunter die Autorin dieses Buches. Dort gab es zunächst diverse Tests am Computer zu bestehen. Es folgten ein Assessment-Center und psychologische Auswahlgespräche für die besten 30 Kandidatinnen. Die Top-10-Kandidatinnen sollten zu medizinischen Untersuchungen eingeladen werden. Während der gesamten Auswahlphase war die Finanzierung des Projektes noch völlig ungeklärt. Bei der Deadline dieses Buches standen die Informationen aus, wer in die engere Auswahl gekommen ist und ob diese Person wirklich fliegt.

Tipp für angehende Raumfahrer: Man kann im Detail nicht genau vorhersagen, welche Auswahlkriterien für Raumfahrer in Zukunft die entscheidende Rolle spielen werden. Ausgewählt zu werden ist am Ende immer mit viel Glück verbunden. Um in der Astronautenauswahl gut abzuschneiden, muss man kein Spitzensportler oder Nobelpreisträger sein. Gesucht werden meistens Menschen, die in einer ganzen Reihe von Dingen gut sind und exzellent im Team arbeiten können. Häufig scheidet man wegen banaler Dinge aus, bevor eine Bewertung der eigentlichen Qualitäten einer Person überhaupt stattgefunden hat. In Deutschland hat sich gezeigt, dass Physiker in der Auswahl stark bevorteilt werden. Zur Vorbereitung empfiehlt sich ein ausgewogenes Sporttraining, z. B. mit einer Kombination aus Laufen, Fahrradfahren und etwas Krafttraining, oder auch Mannschaftssportarten. Wichtig ist nicht die Top-Zeit, sondern die allgemeine Fitness. Mit dem Rauchen und regelmäßigem Alkoholkonsum muss man aufhören (man kann im Blut sehen, ob jemand regelmäßig Alkohol trinkt). Es wäre gut, ein fliegerärztliches Tauglichkeitszeugnis (*Medical*) und einen Tauchschein, am besten sogar einen Flugschein, zu besitzen. Zudem geben Russischkenntnisse meistens Pluspunkte. Um sich auf das Auswahlverfahren vorzubereiten, könnte man Mathematik und Physik üben (Schulniveau). Für das Vorstellungsgespräch sollte man einen Grundstock an Raumfahrtwissen mitbringen und parat haben, was in etwa auf einen zukommt und warum man die beste Kandidatin oder der beste Kandidat ist. Hierzu bietet sich z. B. das Lesen dieses Buches an!

1.4 Frauen in der Raumfahrt

Warum eigentlich eine extra Astronautenauswahl nur für Frauen? Frauen waren doch schon oft im Weltraum, oder? Tatsächlich sind Frauen nach wie vor in der Raumfahrt signifikant unterrepräsentiert, obwohl es rein wissenschaftlich überhaupt keine Hinweise auf Probleme oder Schwierigkeiten von Frauen auf Weltraummissionen gibt. Im Gegenteil – eigentlich sprechen sehr viele Argumente für sie. In verschiedenen relevanten Gebieten schneiden sie deutlich besser ab als Männer, da sie z. B. besonders gut im Team arbeiten können, im Durchschnitt leichter sind und weniger essen. Man spart also Gewicht ein, wenn man Frauen fliegen lässt. Am besten funktionieren Teams, die aus Frauen und Männern zusammengesetzt sind.

Bei der Astronautenauswahl gibt es jedoch eine systematische Bevorzugung von Männern, was u. a. daran liegt, dass die ursprünglichen Astronautenanforderungen mangels besseren Wissens aus denen für Testpiloten militärischer Flugzeuge abgeleitet wurden. Das Ergebnis ist: Bis heute (2017) waren zwar elf deutsche Männer im Weltraum, aber noch keine Frau. In den 1990er-Jahren wurden zwar zwei deutsche Frauen als Astronautinnen fertig ausgebildet, sie erhielten aber nie die Gelegenheit, in den Weltraum zu fliegen. Es haben 24 Männer den niedrigen Erdorbit verlassen, aber noch keine Frau. Auf dem Mond waren zwölf amerikanische weiße Männer und noch keine Frau oder ein Mensch anderer Ethnie. Nachdem die Sowjetunion 1963 mit Walentina Tereschkowa gezeigt hatte, dass Frauen in der Raumfahrt genauso gut zurechtkommen wie Männer, hat man für die nächsten 20 Jahre keine weiteren Raumflüge von Frauen mehr in Betracht gezogen. Auch die strikte Beschränkung auf Kandidaten mit makelloser Gesundheit und Fitness ist nach dem aktuellen Forschungsstand nicht länger notwendig. Tatsächlich wäre es für die Wissenschaft hilfreich, sich davon zu lösen, da die Beschränkung auf diese Menschen medizinische Forschungsergebnisse eventuell verzerrt.

Russland ist mit Kosmonautinnen auch heutzutage noch extrem sparsam. Lediglich die USA schicken inzwischen etwa genauso viele Frauen ins All wie Männer. Auch China lässt Taikonautinnen inzwischen regelmäßig fliegen. Optimal ist ein guter Mix aus Personen verschiedener Herkunft und verschiedenen Geschlechts mit einer möglichst vielseitigen Ausbildung. Bitte bei der Planung berücksichtigen!

1.5 Checkliste vor dem Flug

Raumschiff und Starttermin gebucht? Woran muss man jetzt noch denken? Hier eine Liste als Denkanstoß:

- Missionsemblem (Aufnäher und Aufkleber fertig?) – Details s. u.
- Passenden Raumanzug bestellt? Details s. Abschn. 4.4.
- Kamera und Fotoapparat parat (am besten in mehrfacher Ausführung)? Datenmanagement geplant? Details s. Abschn. 2.6.

- Abwechslungsreiches Essen eingepackt und mindestens dreimal so viel wie geschätzt benötigt wird? Details s. Abschn. 4.3.
- Gut im Training? Details s. Abschn. 5.4.
- Mission gut durchgeplant und Kurs berechnet? Details s. Abschn. 3.3.
- Nachricht für Außerirdische dabei? Details s. Abschn. 6.8.

Bevor die Mission starten kann, fehlt noch etwas: das Missionsemblem. Zu jeder Mission wird üblicherweise ein Missionsemblem gestaltet. Neben dem Namen der Mission enthält das Emblem häufig auch die Namen der beteiligten Raumfahrer. Embleme haben lange Tradition und werden als Aufnäher auf die Raumanzüge und andere Kleidungsstücke genäht. Man findet sie als Aufkleber nicht nur in der Raumstation, sondern auch auf allen möglichen mit der Mission verbundenen Gegenständen und in Instituten an Türen und Möbeln, wenn die Wissenschaftler mit Experimenten an der Mission beteiligt sind oder

Abb. 1.4 Verschiedene Missionsembleme: Apollo 11 (1969, erste Mondlandung), STS-71 (1995, erste Koppellung des Space Shuttles an die Raumstation Mir), D1-Mission (1985 mit deutscher Beteiligung), Sojus T-9 (1984, erster Flug zur Raumstation Saljut 7), Shenzhou 9 (2012, erste Inbetriebnahme einer chinesischen Raumstation), Sojus TMA-13M (2014, Flug zur Internationalen Raumstation mit dem Deutschen Alexander Gerst) Bildquelle: NASA (2012)

waren. Wenn man seinen eigenen Raumflug organisiert, sollte man daher das Missionsemblem nicht vergessen. Abb. 1.4 zeigt verschiedene Embleme aus der Geschichte der Raumfahrt als Beispiele.

Literatur

NASA (2012) Human space flight: Mission patch handbook. NASA, Washington. ISBN 978-0981783857

2

Raumschiffkonstruktion

Jetzt geht es ans Eingemachte. Will man in den Weltraum fliegen, braucht man dafür das notwendige Werkzeug. Zuallererst – und das ist am allerwichtigsten – ist es nötig, sich ein Gerät zu beschaffen, das einen in den Weltraum befördert und einen dort überleben lässt: ein Raumschiff.

2.1 Raumschifftypen

Zunächst eine Klarstellung der Begriffe: Wenn man die kirchturmgroßen Raketen der bemannten Raumfahrt auf der Startrampe stehen sieht, kommt davon nur ein sehr kleiner Teil wirklich im Weltraum an. Die unteren Stufen, die quasi nur aus Treibstofftanks und Triebwerken, Stufentrennern und Boostern bestehen, werden für den Aufstieg durch die Atmosphäre benötigt und danach wieder abgeworfen. Das *eigentliche* Raumschiff, also der Teil, in dem Raumfahrer tatsächlich durch den Weltraum fliegen und navigieren, ist nur ein kleiner Teil an der Spitze (Abb. 2.1).

Doch auch Raumschiff ist nicht gleich Raumschiff. Es gibt eine Vielzahl verschiedener Anwendungen, Umgebungsbedingungen und Sonderfälle, in denen Raumschiffe zum Einsatz kommen, und ebenso vielfältig sind ihre Bauformen. Abb. 2.2 zeigt eine ganz grobe Übersicht darüber, welche primären Klassen von Raumschiffen bisher

B. Ganse, U. Ganse, *Das kleine Handbuch für angehende Raumfahrer*,
https://doi.org/10.1007/978-3-662-54411-2_2

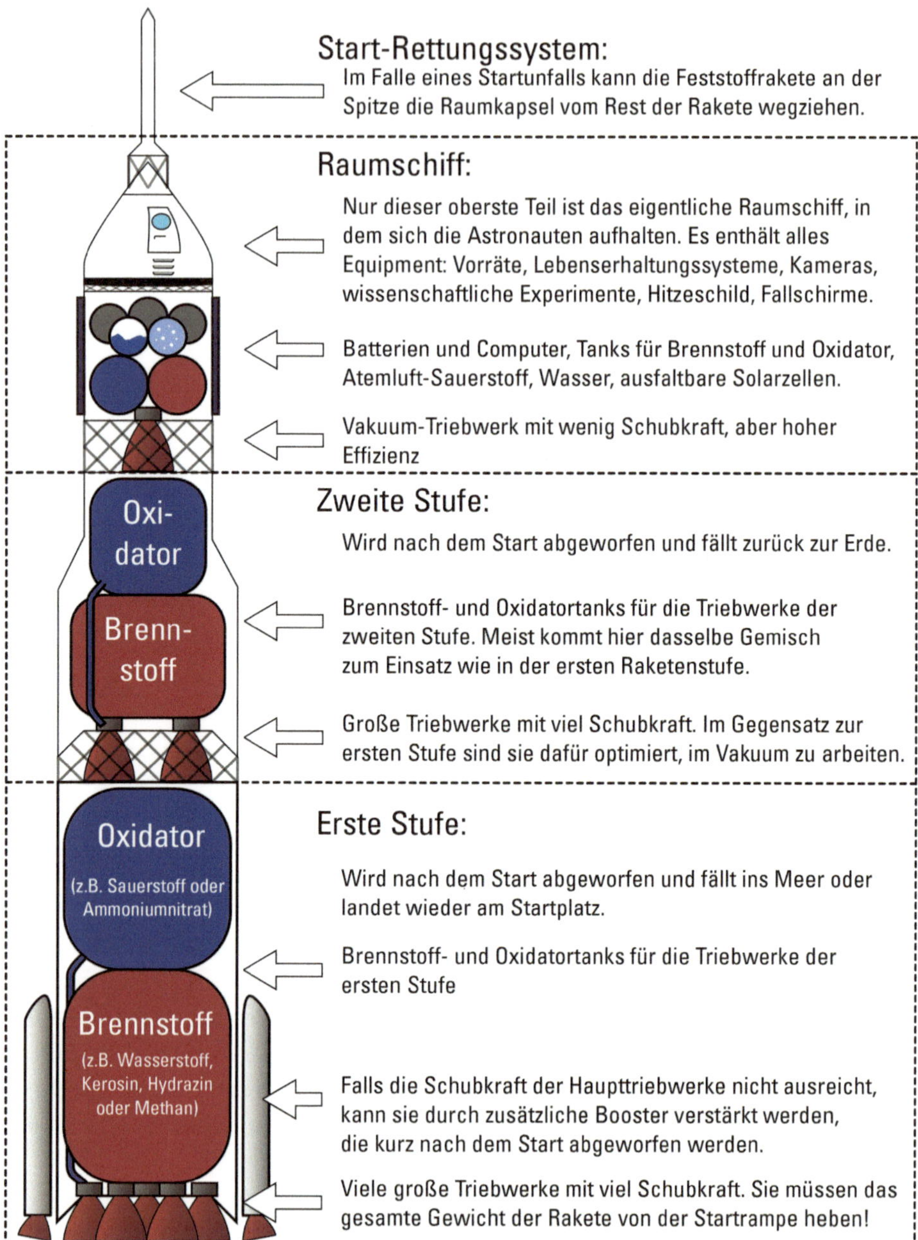

Abb. 2.1 Schematischer Aufbau einer typischen mehrstufigen Flüssigtreibstoffrakete, mit der bemannte Raumschiffe in den Weltraum befördert werden. Das Raumschiff selbst ist nur die oberste Stufe, der Rest der Rakete fällt nach dem Start auf die Erde zurück

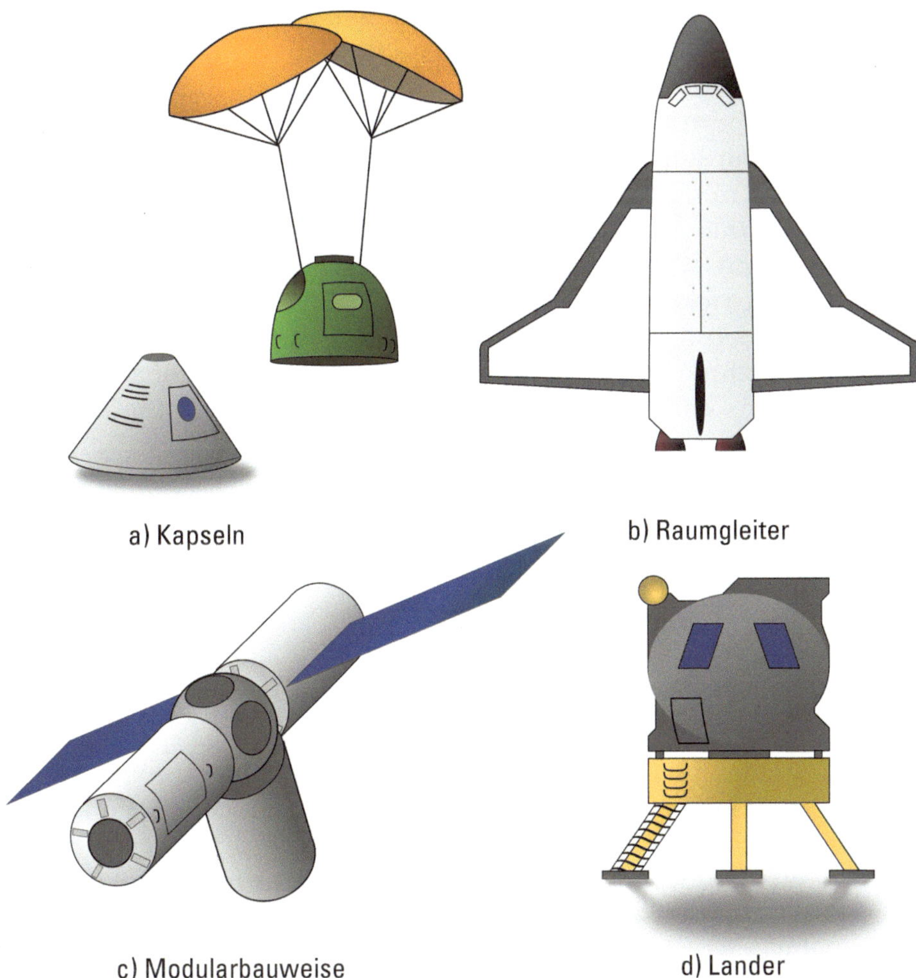

Abb. 2.2 Typische Bauformen von Raumschiffen, wie sie heutzutage tatsächlich eingesetzt werden (nicht maßstabsgetreu): **(a)** Raumkapseln sind die gängigste Bauform, um Menschen in den Weltraum und von dort wieder zurückzubringen (sie sind, bis auf die letzte Flugphase, normalerweise mit weiteren Bauteilen verbunden); **(b)** Raumgleiter wie das Spaceshuttle können zum Transport von Menschen und Fracht eingesetzt werden und aufgrund ihrer aerodynamischen Form wie ein Flugzeug landen; **(c)** Größere Raumschiffe und Strukturen werden in Modulbauweise im Weltraum zusammengedockt, wobei die Module nacheinander mit getrennten Raketen gestartet werden; **(d)** Lander wie der Apollo-Mondlander sind speziell dafür ausgelegt, auf anderen Himmelskörpern zu landen und (insbesondere in der bemannten Raumfahrt) von ihnen wieder zu starten. Ihre genaue Bauform hängt stark von den Eigenschaften des Zielkörpers ab!

von Menschen gebaut und eingesetzt wurden. Es ist hierbei nicht prinzipiell ausgeschlossen, diese Klassifikation zu durchbrechen und beispielsweise einen Raumgleiter zu bauen, der auch auf anderen Himmelskörpern landen kann. Aber bei allen Raumschiffdesignvorgängen muss man stets im Hinterkopf haben, dass jedes Kilogramm mehr an Gewicht riesige Kosten mit sich bringt, dass jedes zusätzlich verbaute elektronische oder mechanische System überlebenswichtig ist, ausfallen kann, wartbar sein muss und in aufwendigen Vorgängen auf der Erde entwickelt und getestet wird.

Um also den Bau eines Raumschiffs überhaupt in ökonomisch vertretbarem Rahmen halten zu können, ist das grundlegende Designprinzip stets: Das einfachste, unkomplizierteste, robusteste und billigste Verfahren wird benutzt.

Dieses Kapitel gibt einen Überblick über viele Subaspekte des Raumschiffbaus, in dem immer wieder dieses selbe Konzept auftreten wird, von der Außenhülle über die Triebwerke bis hin zu Möbeln und Innenausstattung.

2.2 Die Hülle

Der Weltraum ist kalt, luftleer, erfüllt von Strahlung, voller kleiner sowie großer Meteoroiden. Möchte man sich als Mensch in dieser Umgebung aufhalten, so ist es absolut unerlässlich, sich zunächst Gedanken darüber zu machen, wie man die Unannehmlichkeiten des Weltraums außerhalb und die lebenswichtigen und angenehmen Dinge wie Luft und Wärme innerhalb des Raumschiffs hält. All diese Funktionen erfüllt die Hülle des Raumschiffs. Die große Herausforderung ist, diese Anforderungen optimal zu erfüllen und gleichzeitig eine leichtestmögliche Konstruktion zu erreichen, denn letztendlich ist jedes Kilogramm Hülle, das man mehr mitnimmt, ein Kilogramm Nutzlast, das man weniger transportieren kann.

Das gängigste Baumaterial für Raumkapseln ist Aluminium, wie es auch in Flugzeugen verwendet wird. Es hat den Vorteil, dass die Bearbeitungstechniken aus der Luftfahrt sehr ausgereift sind, es sich leicht in beliebige Formen biegen, gießen und zerspanen lässt und aufgrund seiner guten Wärmeleitfähigkeit thermische Spannungen schnell von selbst abbaut. In jüngster Zeit kommen jedoch vermehrt auch Verbundwerkstoffe aus Kohlefasern zum Einsatz, z. B. im SpaceShipOne und SpaceShipTwo der Firma Scaled Composites.

Eine besondere Form des Einpersonenraumschiffs ist der Raumanzug: Auch hier erfüllt die Hülle den Zweck, den Menschen vor den Einflüssen des Weltraums zu schützen, mit der Besonderheit, dass sie aus elastischen, formbaren Materialien bestehen muss. Häufig erfüllt hierbei Kevlar (bekannt aus schusssicheren Westen) die Funktion der Schutzschicht gegen Mikrometeoroiden, Mylarfolie die vakuumdichte Versiegelung und spezielle Unterwäsche mit eingearbeiteten Flüssigkeitsschläuchen die Thermoregulation (vgl. Abschn. 4.5)

Da die Materialentwickung bei Raumanzügen über viele Jahrzehnte optimiert und verfeinert wurde, stellen inzwischen Raumschiff- oder Raumstationsmodule, die aus denselben flexiblen Materialien hergestellt sind, eine echte Alternative zu starren Aluminiumkonstruktionen dar. Die von der amerikanischen Firma Bigelow Aerospace gefertigten, aufblasbaren Raumstationsmodule (bspw. das BEAM-Modul an der internationalen Raumstation) sind die wohl bekanntesten Beispiele hierfür.

Strahlung, Hitze, Meteoroiden

Die Sonne ist die Licht-, Wärme- und Strahlungsquelle im Zentrum des Sonnensystems. Permanent erreichen 1.6 kW/m^2 an Strahlungsleistung die Erde, ein Großteil davon in Form von infrarotem, sichtbarem und ultraviolettem Licht. Die Erdatmosphäre (insbesondere die Ozonschicht) schützt uns auf der Erde vor einem Großteil der UV-Strahlung und absorbiert ebenfalls einen Teil des sichtbaren und infraroten Lichtes, sodass hiervon auf der Erdoberfläche noch etwa 1 kW/m^2 übrigbleiben. Fliegt man näher an die Sonne heran, nimmt die Strahlungsleistung der Sonne pro Quadratmeter im selben Maße zu, wie sich die Sonnenscheibe aus der Sicht des Raumschiffs vergrößert; fliegt man in die äußeren Bereiche des Sonnensystems, nimmt die Strahlungsleistung im gleichen Maße ab.

Im extremen Gegensatz zur Sonne sind alle anderen Richtungen, in die man im Weltraum schauen kann, sehr, sehr dunkel und kalt. Vergleicht man das Lichtspektrum des Weltalls mit dem eines aufgrund seiner eigenen Wärme leuchtenden schwarzen Körpers, so ergibt sich eine Temperatur, die gerade mal 2,73 Kelvin über dem absoluten Temperaturnullpunkt liegt, also bei –270° Celsius. Während die sonnenzugewandte Seite eines Raumfahrzeugs also permanent aufgeheizt wird, strahlt die sonnenabgewandte Seite ihre Wärme in das kalte

Weltall hinaus ab. Es ist daher notwendig, sich über Wärmeleitung im Raumschiff sowie eventuelle Kühlung oder Heizung Gedanken zu machen – tut man das nicht, können Materialverspannungen auftreten, es kann zu Materialermüdung kommen und die Hülle könnte undicht werden.

Ist die Hülle nicht selbst ausreichend wärmeleitend, kann entweder ein flüssigkeitsbasiertes System zum Wärmetransport zum Einsatz kommen (in der Internationalen Raumstation arbeitet dieses System auf Basis von Ammoniak) oder verteilte Heiz- und Kühlelemente, die thermische Verspannungen des Materials durch temperaturbedingte Ausdehnung und Schrumpfung des Materials minimieren. Bei den Apollo-Flügen zum Mond hingegen nahm man sich der Problematik höchst pragmatisch an: In der ereignislosen Flugphase zwischen niedrigem Erdorbit und dem Erreichen der Mondumlaufbahn drehte sich die Raumkapsel einfach langsam um ihre Längsachse, um eine gleichmäßige Wärmeverteilung zu erreichen.

Für Raumfahrzeuge, die sich eine lange Zeit am Stück im Weltraum aufhalten sollen, sollte man zudem die Wirkung der ungefilterten solaren UV-Strahlung im Hinterkopf behalten: Nicht UV-resistente Farbstoffe werden von ihr rapide ausgebleicht und einige Plastiksorten können spröde werden. Beispielsweise sind die von den Apollo-Missionen auf dem Mond hinterlassenen amerikanischen Flaggen inzwischen vollkommen weiß, da die darin verwendeten Farbstoffe der 60er-Jahre der permanenten Sonnenstrahlung nicht standhielten.

Exkurs

Die Fenster der Internationalen Raumstation sind alle mit UV-Filtern ausgestattet. Bei einigen Fenstern im russischen Teil der Station sind die Filter jedoch getrennt wegklappbar, sodass die Fenster komplett UV-durchlässig gemacht werden können. Dies war ursprünglich für wissenschaftliche Zwecke vorgesehen, um bspw. die Erdatmosphäre mit UV-Instrumenten aus der Station heraus untersuchen zu können.

Sehr schnell zeigte sich jedoch: Wenn menschliche Haut mit ungefiltertem UV-Licht der Sonne in Kontakt kommt, bekommt man innerhalb weniger Sekunden wirklich schlimmen Sonnenbrand! Inzwischen werden die UV-Filter nicht mehr weggeklappt.

Doch Licht (ob sichtbar oder unsichtbar) ist nicht die einzige Sorte Strahlung, die ein Raumschiff abschirmen können muss, denn auch die *kosmische Strahlung*, die auf der Erdoberfläche quasi vollständig von der Atmosphäre abgeschirmt wird, ist im Weltraum ständig präsent. Die Leistungsdichte dieser Strahlung liegt mit ungefähr einem Watt/cm^3 zwar deutlich unter der des Sonnenlichtes, sie ist jedoch aufgrund ihrer Eigenschaft, tief in Materie (und auch menschliches Gewebe) einzudringen, besonders schwer abzuschirmen (s. hierzu auch Abschn. 5.7).

Für Missionen im niedrigen Erdorbit dient das magnetische Feld der Erde als relativ effiziente Abschirmung, zumindest für niederenergetische geladene Teilchen. Diese folgen den Erdmagnetfeldlinien zu den magnetischen Polen und sind schließlich für die Erzeugung von Nordlichtern in der oberen Erdatmosphäre verantwortlich. Bewegt man sich jedoch außerhalb der Van-Allen-Strahlungsgürtel (zwischen 1000 und 60.000 km über der Erdoberfläche, s. Abb. 2.3), so hat das Erdmagnetfeld keine Abschirmungswirkung mehr. Wie auch auf der Erde gilt für die Abschirmung dieser Strahlung, dass eine möglichst dichte, möglichst dicke Wand vonnöten ist. Ideal wären hierbei Materialien wie Blei oder Wolfram, die jedoch aufgrund ihres großen

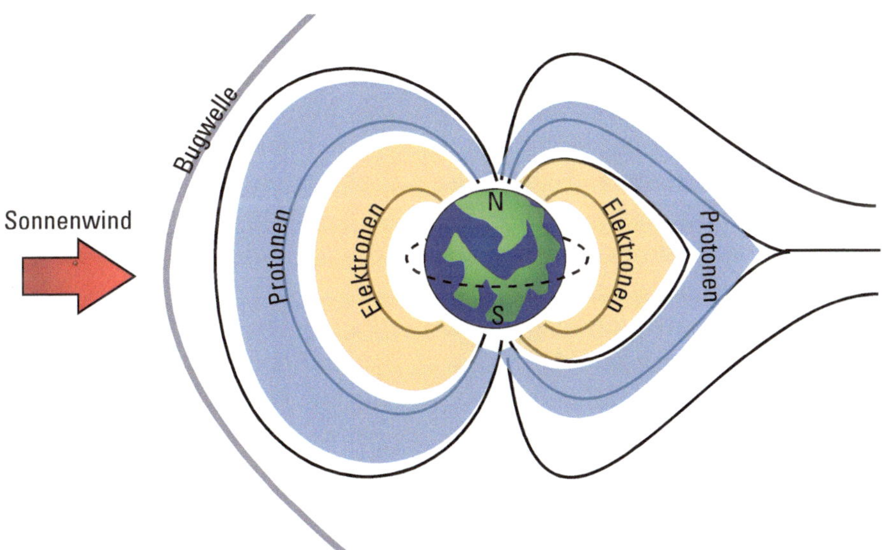

Abb. 2.3 Erdmagnetfeld und Van-Allen-Strahlungsgürtel (nicht maßstabsgetreu). Elektronen bevölkern den inneren Strahlungsgürtel (zwischen 1000 und 6000 km über der Erdoberfläche) und Protonen den äußeren Gürtel (zwischen 13.000 bis 60.000 km). Bemannte Raumfahrt im niedrigen Erdorbit (gestrichelte Linie) spielt sich unterhalb dieser Strahlungsgürtel ab und ist somit durch das Erdmagnetfeld abgeschirmt

Gewichts unbeliebt sind, das ja gerade bei der Raumschiffkonstruktion möglichst eingespart werden sollte. Für eine gewichtseffiziente Strahlungsabschirmung auf längeren Raumflügen empfiehlt es sich daher, andere Materialien, die man ohnehin mitführen muss, in doppelter Funktion einzusetzen: So gibt es z. B. Vorschläge, die Treibstoff- und Wassertanks eines Raumschiffs als Hohlzylinder um die Crew-Abteile herum auszulegen, sodass diese gleichzeitig zur Abschirmung von Strahlung dienen.

Abgesehen von Elementarteilchen fliegen im Weltraum auch größere Teile von Materie umher: Von Staubkörnern, die kaum die Größe eines Zigarettenrauchaerosols aufweisen, über murmel-, tennisball- bis hin zu stadtgroßen Meteoroiden gibt es natürlich auftretende Projektile. Im Erdorbit gesellt sich eine zunehmende Menge an Weltraumschrott hinzu: Von ausgebrannten Raketenstufen, über Schrauben und Bolzen bis hin zu gefrorenen Treibstofftropfen und abgeplatzten Farbflecken gibt es auch hier ein weites Größenspektrum. Die enormen Geschwindigkeiten, mit denen diese Objekte durch den Weltraum fliegen, stellen dabei ein großes Problem dar: Die Orbitalgeschwindigkeiten im niedrigen Erdorbit liegen um die 7 km/s, die Bahngeschwindigkeit der Erde um die Sonne gar bei 100 km/s, und Meteoroiden begegnet man typischerweise mit Geschwindigkeiten, die in derselben Größenordnung liegen. Dies ist ein Vielfaches der Geschwindigkeit, mit der panzerbrechende Munition verschossen wird! Wie man leicht erahnen kann, bräuchte man eine Panzerung von vielen Metern Stahl, um sich tatsächlich vor einem Aufprall von Meteoroiden schützen zu können. Dies ist aufgrund des benötigten Gewichts vollkommen unrealistisch. Stattdessen versucht man größere Brocken schon frühzeitig mit einem Radarsystem zu erkennen und ihnen auszuweichen – es wird jedoch nicht möglich sein, einem erbsengroßen Projektil, das sich mit 100 km/s bewegt, auszuweichen.

Für sehr kleine Mikrometeoroiden mit Größen von Staub- bis hin zu Reiskörnern jedoch gibt es eine leichte und gleichzeitig sehr effektive Abschirmungstechnik: Das *Whipple-Shield* besteht aus einer dünnen Folie (meist Aluminiumfolie oder eine keramische Gewebestruktur), die einige Zentimeter außerhalb der eigentlichen Raumschiffhülle gehalten wird. Trifft ein Meteoroid mit Geschwindigkeiten von 3–18 km/s auf eine solche Folie, so wird er beim Durchschlagen dieser durch die enorme Aufprallenergie vollständig zerstäubt und in Plasma verwandelt. Bis das Plasma den Hohlraum zur eigentlichen Hülle überwunden hat, hat es sich auf eine ausreichend große Fläche verteilt, um dort keine Zerstörung mehr anrichten zu können. Noch schnellere Teilchen können abgefangen werden, indem dieselbe Konstruktion in mehreren Schichten wiederholt wird, sowie Lagen aus reißfestem Material wie z. B. Kevlar eingebracht werden.

Bleibt noch das Problem der mittelgroßen Projektile, zwischen Reiskorn- und Tennisballgröße. Bei einem solchen Treffer lässt sich nur hoffen, dass es das Raumfahrzeug sauber durchschlägt, keine wichtigen Systeme beschädigt und die entstehenden Lecks schnell abgedichtet werden. Abb. 2.4 zeigt ein Beispiel eines solchen Einschlags, der ein Radiatorpaneel des Spaceshuttles „Endeavour" glatt durchschlug, aber glücklicherweise keine sonstige Beschädigung hervorrief. Im Design einiger Raumschiffhüllen sind heutzutage selbstversiegelnde Materialien, wie sie schon aus Treibstofftanks bekannt sind, für genau solche Fälle integriert.

Hitzeschild für den Wiedereintritt

Der Wiedereintritt in die Erdatmosphäre hat ziemlich genau die entgegengesetzten Bedingungen, wie sie im Weltraum selbst herrschen:

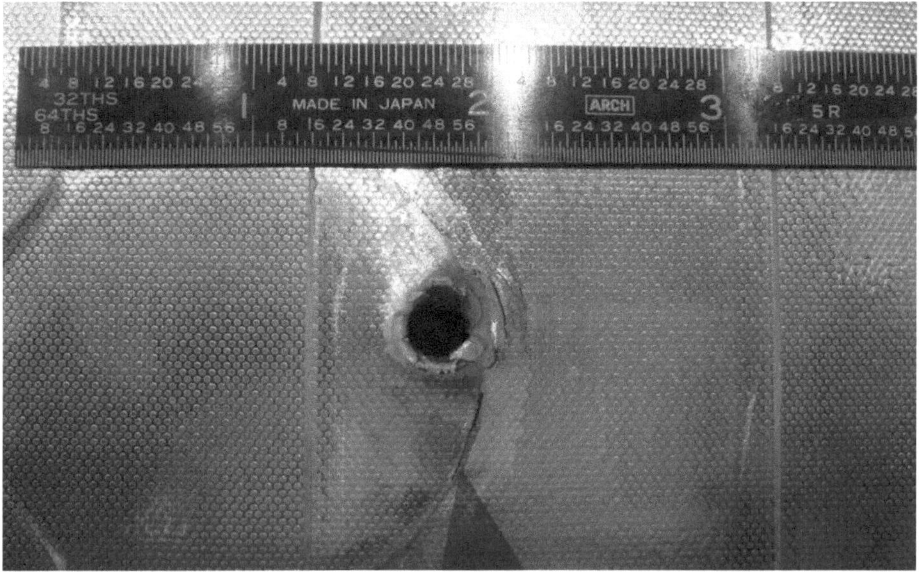

Abb. 2.4 Einschlagskrater eines Mikrometeoroiden oder Weltraumschrottteilchens in einem Radiatorpaneel des Spaceshuttles „Endeavour". Das ursprüngliche Einschlagteilchen war vermutlich etwa erbsengroß, das Loch hat einen Durchmesser von ungefähr einem halben Zentimeter. (Bildquelle: NASA)

Während im Weltraum Unterdruck, Vakuum, geringe von außen wirkende Kräfte das Hüllendesign bestimmen, gibt es beim Wiedereintritt einen Übergang zu sehr heißem, dichten Material, durch turbulente Strömung bestimmte äußere Kräfte und starke Beschleunigungen. Am Ende des Wiedereintritts stehen dann „Normalbedingungen", wie man sie von der Erde kennt.

Die größte technische Herausforderung hierbei stellt die Aufheizung dar, die das Raumfahrzeug beim atmosphärischen Wiedereintritt erfährt, da durch Reibung an der Atmosphäre Wärme übertragen wird. Die gesamte Bewegungsenergie des Raumschiffs, für die beim Start große Mengen Treibstoff verbraucht wurden, muss für eine Landung auf der Erde wieder abgegeben werden. Prinzipiell könnte das wie schon beim Start durch den Einsatz von Raketen bewerkstelligt werden, indem also mit großen Bremsraketen alle Bewegung gestoppt würde. Jedoch ist es deutlich ökonomischer, die Energie an die Atmosphäre abzugeben. Eine Möglichkeit dafür wäre, in einem aerodynamisch geformten Raumschiff mit der Nase voran in die Atmosphäre einzutauchen und die Bewegungsenergie durch Luftreibung vollständig in Wärme umzuwandeln. Die dabei entstehende Wärmemenge wäre jedoch extrem groß, weshalb aufwendige Kühl- und Wärmedämmungssysteme benötigt würden, sodass der atmosphärische Wiedereintritt tatsächlich *nicht* nach diesem Schema erfolgt – denn es gibt einen besseren Ansatz.

Als Ende der 50er-Jahre erstmalig Windkanaltests zur Konstruktion von Wiedereintrittskörpern ausgeführt wurden, stellten die Ingenieure fest, dass die Aufheizung ihrer Testobjekte in überschallschnellen Luftströmungen nicht wie erwartet mit der Reibung zunahm, sondern umgekehrt proportional zu dieser war – d. h. dass sich Objekte mit einem größeren Reibungskoeffizienten weniger schnell aufheizten als die mit geringer Reibung. Der Grund dazu fand sich in der Eigenschaft überschallschneller Luftströmungen, an Hindernissen Schockwellen auszubilden. In diesen Schockwellen findet ein sprunghafter Übergang der Strömungsgeschwindigkeit von Über- zu Unterschallgeschwindigkeit statt, die mit einer starken Verdichtung und Aufheizung der Luft einhergeht. In einem aerodynamisch geformten Körper, der darauf optimiert ist, dass eine unterschallschnelle Luftströmung seinen Oberflächenkonturen möglichst laminar folgt, haben diese Schockwellen direkten Kontakt mit der Oberfläche (vgl. die Pfeilform in Abb. 2.5a) und es kommt zu einem starken Wärmetransfer der aufgeheizten Luft an das Objekt, zusätzlich zur direkten Reibung an der Oberfläche.

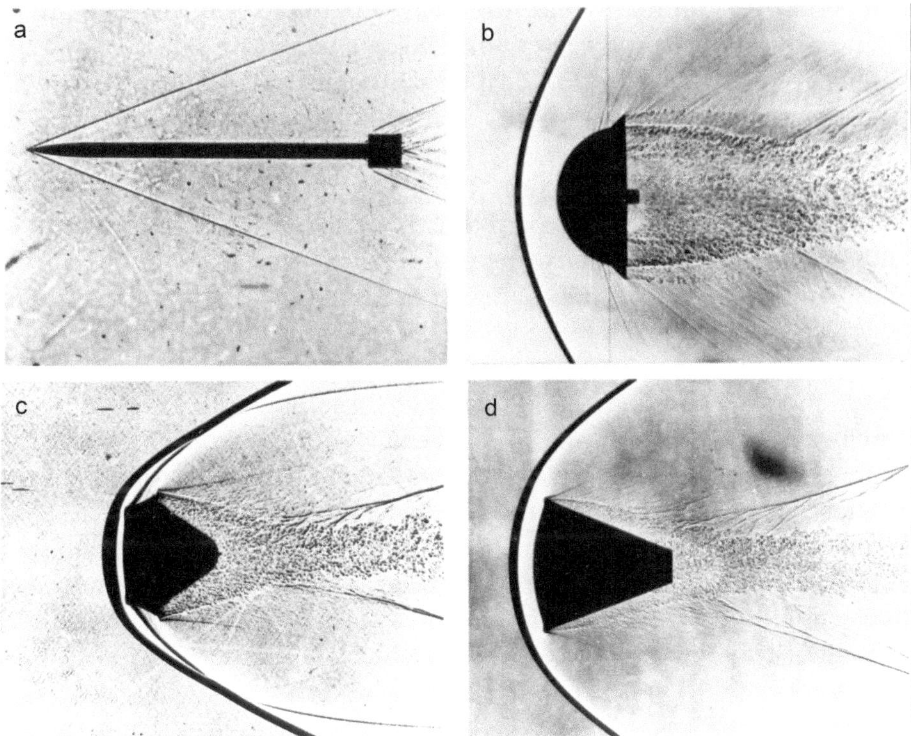

Abb. 2.5 Windkanalaufnahmen verschiedener Wiedereintrittskörperformen bei Überschallgeschwindigkeit. Während bei einem aerodynamisch geformten Körper (**a**) die überschallschnelle Luft direkt mit dem Fahrzeug in Kontakt tritt und es somit zu großer Reibungshitze kommt, bilden sich bei den stumpfen Bauformen (**b**–**d**) kontaktlose Schockwellen vor dem Wiedereintrittskörper, die verhindern, dass ein direkter Kontakt zum heißen Plasma stattfindet. Die Bilder zeigen die Entwicklung der Bauform im amerikanischen Raumfahrtprogramm von 1953 (**a**, **b**) bis 1957 (**d**) (Bildquelle: NASA)

Ein stumpfes Objekt hingegen, wie z. B. die weiteren Bauformen, die in Abb. 2.5 b–d gezeigt werden, führt zu einer Anstauung der Luft vor dem Objekt, wodurch die Schockwelle die Form einer Bugwelle annimmt, die nirgendwo in direktem Kontakt mit dem Wiedereintrittskörper steht. Die Luft trifft zunächst mit überschallschneller Geschwindigkeit auf diese Schockwelle, wird darin auf Unterschallgeschwindigkeit relativ zum Objekt abgebremst und verlangsamt sich schließlich weiter, bis die Strömung direkt an der Oberfläche quasi stagniert. Somit gibt es nur einen vernachlässigbar kleinen Betrag an tatsächlicher Reibung an der Schiffsoberfläche! Ein Großteil der aufgeheizten Luft folgt weiterhin dem Verlauf der Schockwelle um das Raumschiff herum und verteilt ihre Wärme letztlich an die Umgebungsluft. Lediglich die direkte Wärmestrahlung, die von der Schockwelle auf die stumpfe Seite des Wiedereintrittskörpers trifft, führt zu einer Aufheizung desselben.

Im ersten bemannten Raumschiff, „Wostok 1", mit dem Juri Gagarin als erster Mensch die Erde umkreiste, war der Wiedereintrittskörper kugelförmig. Diese Form war insofern von Vorteil, als durch die Rotation der Kugel stets eine andere Seite aufgeheizt wurde und sich die Wärme somit gleichmäßig auf die gesamte Außenhülle verteilte. Jedoch ist genau diese Rotation ein großer Nachteil für die darin befindlichen Astronauten, da die starken Beschleunigungskräfte nun in unvorhersehbare Richtungen wirken. Neuere Wiedereintrittskörper haben daher meist eine *Sphere-Cone* (Kugel-Kegel) genannte Bauform, in der ein Kugelsegment nahtlos in einen Kegelstumpf übergeht. Diese Bauform hat eine stabile Vorzugsrichtung, sodass die Beschleunigung hierbei stets in dieselbe Richtung zeigt. Durch leicht asymmetrische Auslegung dieser Bauform lässt sich außerdem eine begrenzte Steuerfähigkeit erzielen, indem das Raumschiff beim Wiedereintritt um seine Längsachse gedreht wird.

Eine besonders eigentümliche Bauform des Wiedereintrittskörpers wies das Spaceshuttle auf: Hier trat der gesamte, prinzipiell flugzeugförmige und somit aerodynamisch geformte Orbiter wieder in die Erdatmosphäre ein. Um dennoch die zuvor genannten Vorteile einer stumpfen Wiedereintrittsform und der damit verbundenen geringeren Aufheizung zu haben, flog es beim Wiedereintritt keinesfalls mit der Nase voraus, sondern mit der Unterseite in Flugrichtung. Diese instabile Ausrichtung konnte beibehalten werden, indem vom Bordcomputer genaueste Steuerbewegungen durchgeführt wurden. Im Fall der Raumfähre „Columbia" führte beim letzten Flug (STS-107) eine Beschädigung des Hitzeschildes dazu, dass die Steuerflächen auf der Steuerbordseite ausfielen, das Shuttle in eine unkontrollierte Trudelbewegung überging und somit keine geeignete Ausrichtung mehr hatte, um die Schockwelle von der Hülle fernzuhalten – es folgte die Zerstörung des Raumschiffs und der Verlust der gesamten Besatzung. Unter anderem deswegen entschied die NASA, wieder zu „gewöhnlichen" Raumkapselbauformen zurückzukehren, auch wenn damit andere Vorteile der Raumgleiterbauform, wie die punktgenaue Landemöglichkeit, damit aufgegeben wurden.

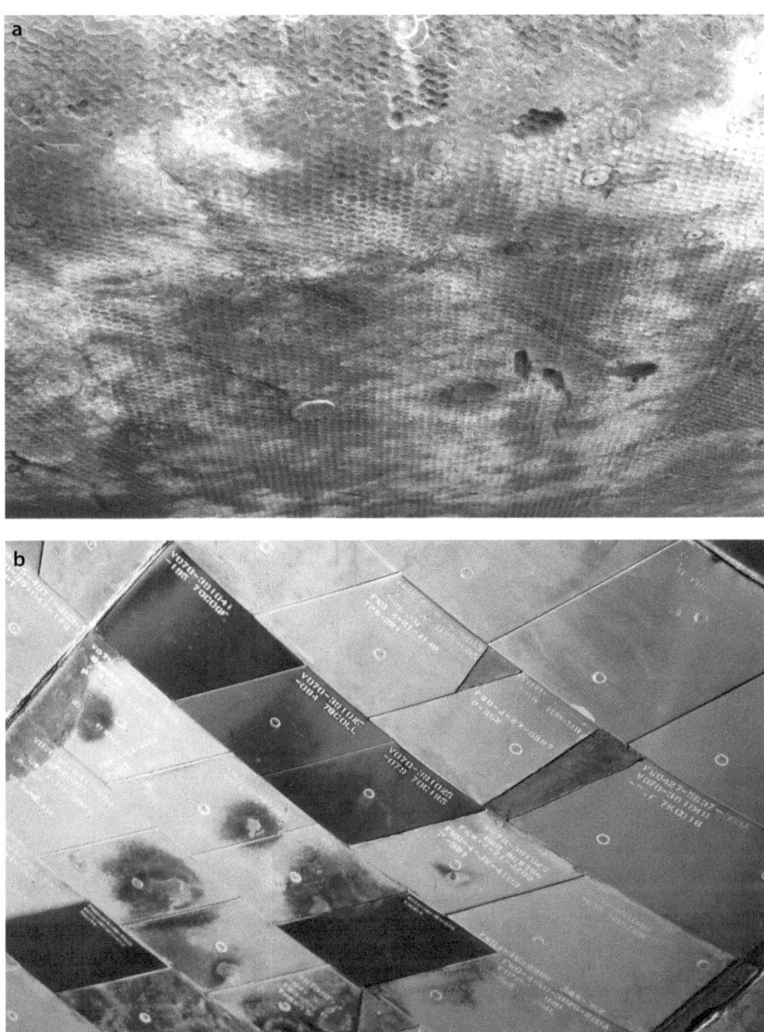

Abb. 2.6 (**a**) Hitzeschild der Apollo-12-Kapsel nach der Rückkehr auf die Erde (Bildquelle: NASA) sowie (**b**) die Kacheln des Hitzeschilds des Spaceshuttles „Atlantis", fotografiert im Kennedy Space Center

Neben der Geometrie des Raumfahrzeugs und Hitzeschilds gibt es auch bei der Wahl des Materials mehrere Möglichkeiten, die sich grob in zwei Technologien einteilen lassen (vgl. Abb. 2.6):

1. *Ablative Hitzeschilde* bestehen aus Materialien, die sich aufgrund der wirkenden Hitze pyrolytisch zersetzen und ausdampfen

(Abb. 2.6a). Der austretende Dampf an der Oberfläche wirkt der ankommenden Luftströmung entgegen und drückt somit die Schockwelle noch einmal weiter vom Raumschiff weg. Zusätzlich hat dieses Gas nur grob die Verbrennungstemperatur des Hitzeschildmaterials und ist somit deutlich kälter als die aufgeheizte Umgebungsluft. Im amerikanischen Mercury-Programm kamen erstmalig solche ablativen Schilde aus Fiberglas und Epoxidharz zum Einsatz.

Modernere Hitzeschilde bestehen aus einer Mischung von Kohlenstoff und Phenolharzen, die entweder als gesinterte Pulvermischung oder, im Fall des PICA-X-Hitzeschilds der Firma SpaceX, als Kohlefaserlagen, die in Harz getränkt sind, ausgelegt werden. Bei der Zersetzung des Phenolharzes werden Kohlenstoffpartikel mit aus dem Hitzeschild hinausgetragen, heizen sich ähnlich wie in der Flamme eines Feuers bis zur Weißglut auf und haben so die Eigenschaft, die Strahlungswärme der Schockwelle noch außerhalb des eigentlichen Hitzeschildes zu absorbieren und wegzutransportieren.

Während die verwendeten Materialien leicht und relativ günstig sind, haben ablative Hitzeschilde den Nachteil, nur einmal eingesetzt werden zu können.

2. Thermal-Soaking-Hitzeschilde hingegen verfolgen einen anderen Ansatz: hier wird nicht versucht, durch Abgabe von Material den Hitzepuls möglichst schnell vom Raumfahrzeug wegzutransportieren, sondern er wird in besonderen Materialien möglichst vollständig absorbiert und danach über längere Zeit wieder abgegeben. Dies erfordert Materialien mit sehr hoher Wärmekapazität, die jedoch nur sehr wenig Wärmetransport ins Innere des Raumschiffs bewirken.

   Während die ersten Mercury-Kapseln zu genau diesem Zweck aus einer speziellen Nickellegierung gebaut wurden (die später zugunsten eines ablativen Hitzeschilds aufgegeben wurde), ist das aus keramischen Kacheln bestehende Hitzeschild eines Spaceshuttle-Orbiters (Abb. 2.6b) das wohl bekannteste Beispiel dieses Prinzips. Die hier zum Einsatz kommende Spezialkeramik ist in der Lage, die komplette Wiedereintrittshitze aufzunehmen und dabei auf der Innenseite nicht mehr als handwarm zu werden; gleichzeitig ist sie weniger dicht als Styropor! Nach jedem Flug dauerte es jedoch mehrere Wochen, bis auch das Innere der Kacheln wieder auf Umgebungstemperatur abgekühlt war. Die weniger stark aufgeheizte

Abb. 2.7 Hitzeschutz auf der Oberseite des Space Shuttles Atlantis. Die stärker aufheizenden Regionen (links) sind mit Hitzeschutzkacheln belegt, die weniger stark aufheizenden (rechts) mit Nomex-Gewebe abgeschirmt

obere Seite des Spaceshuttles wurde hingegen mit Matten aus Nomex, demselben Material, aus dem auch die Schutzanzüge für Feuerwehrleute gefertigt werden, belegt (Abb. 2.7).

Die mehrfache Wiedereinsetzbarkeit solch eines Hitzeschildsystems hat sich jedoch gegenüber den Nachteilen, wie der teueren Herstellung, der leichten Zerbrechlichkeit des verwendeten Materials und des größeren Gesamtgewichts, nicht langfristig durchsetzen können, sodass heutzutage primär wieder auf ablative Schilde zurückgegriffen wird.

Es gibt zusätzlich noch die Möglichkeit, den Hitzeschild durch eine aktive Kühlung zu verstärken, in der z. B. Wasser aus Düsen im Hitzeschild direkt in die Schockwelle gesprüht wird. Details über die Bauweise solcher Systeme und ihrer Effektivität sind jedoch geheim. Es kann davon ausgegangen werden, dass bei den Wiedereintrittskörpern von Kernwaffen derartige Kühlsysteme zum Einsatz kommen.

Desweiteren gibt es derzeit sehr aktive Forschung an *Hot Structures*, also Baugruppen, die auch ohne Hitzeschild ihre Funktion beim

Wiedereintritt problemlos ausüben können. Da sie außerhalb der abgeschirmten Fläche bleiben können, wird die benötigte Hitzeschildfläche und somit auch dessen Gewicht verringert.

Den extremsten je durchgeführten atmosphärischen Wiedereintritt führte die Raumsonde „Galileo" im Juli 1995 durch, als sie in die Atmosphäre des Gasplaneten Jupiter eindrang. Sie erreichte die Atmosphäre mit einer Geschwindigkeit von sage und schreibe 47 Kilometern pro Sekunde und wurde innerhalb von nur zweieinhalb Minuten bis auf Unterschallgeschwindigkeit abgebremst. Bei diesem Vorgang verdampften 80 Kilogramm des Hitzeschildmaterials, die Sonde konnte erfolgreich von einem Fallschirm weiter gebremst werden und Messungen in den tieferen Schichten des Jupiters ausführen.

Landung

Nachdem die Bewegungsenergie des Orbits abgebaut und die durch Aufheizung gefährliche Region des atmosphärischen Wiedereintritts überstanden ist, befindet man sich immer noch in einigen Kilometern Höhe in einem wie ein Stein fallenden Raumschiff. Jetzt sind weitere technische Lösungen gefragt, um auch den verbliebenen Weg bis zum Erdboden (oder der Oberfläche eines anderen Himmelskörpers) angenehm zu gestalten und bei der Landung keinen Krater zu erzeugen.

Raumgleiter wie das amerikanische *Spaceshuttle*, die sowjetische *Buran* und privat betriebene Designs wie das *SpaceShipOne* oder *Dream Chaser* setzen hierbei auf die aerodynamischen Flugeigenschaften ihrer Hüllenform und landen wie gewöhnliche Flugzeuge. Dem Vorteil einer sehr kontrollierten, exakt steuerbaren Landung stehen dabei die Komplikationen im Hitzeschild (s. vorheriger Abschnitt) und das größere Gewicht, das Flügel und Steuerflächen mit sich führen, gegenüber.

Die Alternative für nichtaerodynamisch geformte Raumkapseln und Wiedereintrittskörper stellen *Fallschirme* dar, und diese sind heutzutage die bei Weitem dominierende Technik, um ein Raumschiff vor der Landung abzubremsen. In kompakter Bauform zusammengepackt werden diese Fallschirme zunächst durch einen kleinen Vorschirm herausgezogen, bevor sie sich auffalten. Doch Vorsicht: Ein zu früh geöffneter Fallschirm droht abzureißen, ein zu spät geöffneter sich nicht rechtzeitig zu entfalten und daher nicht ausreichend Bremswirkung zu erzielen. Hier sind tiefgreifende Erfahrung im Fallschirmbau und gründliche Tests notwendig. Es empfiehlt sich zudem, mehr als nur einen Fallschirm einzusetzen, um auch bei einer unvollständigen Entfaltung eines Schirms noch eine ausreichende Wirkung zu erreichen.

Eine interessante Kompromisslösung aus aerodynamischer Landung und kompakter Bauweise stellt ein *Gleitschirm* dar, der sich ebenfalls im freien Fall auffaltet, dann jedoch eine aktive Steuerung der Fallrichtung ermöglicht. Eine solche Gleitschirmlandung war ursprünglich für das amerikanische Gemini-Programm vorgesehen, wurde jedoch nicht verwirklicht, da die eingesetzten Fallschirme für zuverlässiger gehalten wurden. Auch das russische Kliper-Design (ein im Vergleich zum Spaceshuttle kleinerer Raumgleiter, der jedoch ohne Flügel auskommen sollte und lediglich eine aerodynamische Rumpfform aufwies) sah eine Gleitschirmlandung vor, wurde jedoch nie umgesetzt.

In beiden Formen von Schirmlandung ist es sinnvoll, nach der Ausfaltung des Schirms alle potenziell gefährlichen oder explosiven Stoffe (wie verbliebenen Treibstoff oder giftige Kühlmittel) aus der Landekapsel abzulassen und sonstiges unnötiges Gewicht, wie den nun nicht mehr nötigen Hitzeschild, abzuwerfen.

Alle bisher erwähnten Landetechniken gehen von einer dichten Atmosphäre aus, wie sie auf der Erde oder auch auf der Venus oder dem Saturnmond Titan anzutreffen ist. Auf Himmelskörpern mit einer deutlich dünneren oder gar keiner Atmosphäre ist man hingegen darauf angewiesen, seine Geschwindigkeit anderweitig abzubauen. Der offensichtlichste Ansatz hierfür ist, Triebwerke einzusetzen und eine *Powered Landing* durchzuführen. Die Mondlandungen des Apollo-Programms sind die einzigen bisher durchgeführten bemannten Landungen dieser Art, aber auch quasi alle Landungen von Raumsonden auf anderen Himmelskörpern setzten Landetriebwerke ein. Auch die Sojus-Kapseln setzen in den letzten drei Metern der Landung kleine Feststoffraketen ein, um bei der Landung auf dem harten Steppenboden mit einer möglichst geringen Geschwindigkeit aufzusetzen. Das Konzept der bemannten Dragon-Kapsel von SpaceX sieht ebenfalls die Möglichkeit einer Triebwerkslandung ganz ohne Fallschirmeinsatz vor. Die vertikale Landung eines länglichen Objektes (wie einer Raketenstufe, oder auch einer Landekapsel in länglicher Bauform) stellt allerdings immernoch ein herausforderndes steuerungs- und regelungstechnisches Problem dar, das erst seit kurzer Zeit überhaupt lösbar und noch immer mit Unsicherheit und unzufriedenstellenden Erfolgsquoten belastet ist.

Wenn man nicht gerade in Wasser, Schnee oder einem sonstigen weichen Medium landet, sollte man sich Gedanken über die Bauform seiner Landebeine machen. Diese sollten in der Lage sein, jegliche verbliebene Bewegungsenergie zu absorbieren und - gerade bei einer Landung auf einem Körper mit geringerer Schwerkraft - nicht dazu führen, dass das Landefahrzeug wieder von der Oberfläche abprallt.

Die am weitesten verbreitete Bauform enthält *Crush Cores*. Das sind Segmente aus einem leichten, aus Sechsecken aufgebauten Aluminiumgitter, das sich unter Belastung plastisch verformt und zusammenschiebt (Abb. 2.8). Sowohl die Beine der Mondlandefähre in den Apollo-Missionen als auch die Landebeine der SpaceX Falcon-9-Rakete funktionieren nach diesem Prinzip. Jedoch sind sie jeweils nur ein einziges Mal verwendbar und müssen nach der Landung ausgetauscht (oder einfach auf dem Himmelskörper, auf dem man gelandet ist, zurückgelassen) werden. Für wiederverwendbare Stoßdämpfer lassen sich beispielsweise pneumatische Systeme, wie sie in Pkw verbaut werden, verwenden. Diese jedoch im Vakuum funktionstüchtig zu bekommen, ist deutlich komplizierter, als es in der Erdatmosphäre

Abb. 2.8 Beispiel für ein Crush-Core-Material, das sich bei Belastung plastisch verformt und somit Bewegungsenergie absorbiert. Dieses Aluminiumbauteil stammt aus dem Landebein eines Prototypen einer unbemannten Surveyor-Mondsonde. (Bildquelle: NASA)

wäre. Eine Alternative stellen Wirbelstrombremsen dar, wobei diese nur schwer in ähnlich kompakter Form gebaut werden können, wie die einmal verwendbaren *Crush Cores*.

Umgekehrt kann es für Landungen auf Asteroiden oder Kometen nötig sein, beim Aufsetzen eine Harpune oder eine Erdschraube in den Boden zu rammen, um nicht wieder von der Oberfläche abzuprallen und wegzudriften. Es gibt hier jedoch keine zuverlässigen Erfahrungswerte, welche Techniken tatsächlich gut funktionieren. Sowohl bei der japanischen „Hayabusa"-Sonde, die auf dem Asteroiden Itokawa landen sollte, als auch beim „Philae"-Lander der europäischen „Rosetta"-Sonde auf dem Kometen Tschurjumow-Gerassimenko versagten die Verankerungsversuche.

Für Landungen kleiner Raumsonden auf dem Mars wurden mehrfach Airbagsysteme eingesetzt, mit denen der gesamte Landekörper umgeben war und in mehreren Sprüngen von der Oberfläche abprallte, bis er schließlich seine Bewegungsenergie abgebaut hatte. Dies ist jedoch für bemannte Raumschiffe kaum praktikabel, da das Ballonmaterial extrem stabil sein müsste und das unkontrollierte Abprallen bei einer Landung die Beschleunigungskräfte nur schwer handhabbar macht.

All diese Aspekte sind selbstverständlich unnötig, wenn das Raumschiff nie dafür vorgesehen ist zu landen. Raumstationen und Kommunikationssatelliten, Raumsonden und Raketenzwischenstufen können große Mengen an Gewicht einsparen, wenn sie auf aerodynamische Bauform, Wind- und Wetterempfindlichkeit (z. B. durch spezielle Beschichtungen), Hitzeschilde und Landevorrichtungen verzichten können.

Typische Bauformen

Nicht nur für den Wiedereintrittskörper eines Raumschiffs geben die Gesetze der Physik bestimmte, besonders geeignete Bauformen vor, sondern auch für Raumfahrzeuge, die nur für einen Aufenthalt im Weltall konzipiert sind, haben sich bestimmte Konstruktionsschemata etabliert.

Grundlegend sind Raumschiffe in ihrer Bauform dadurch begrenzt, dass sie auf einer Rakete von der Erde aus gestartet werden – selbst wenn sie im Orbit zusammengebaut werden, muss doch jedes grundlegende Bauelement einzeln in die grob zylindrische Form passen, die an der Spitze einer Rakete für die Nutzlast zur Verfügung steht. Dies führt zu einer charakteristischen Modulbauweise.

Sowohl die russischen (Saljut, Mir) und chinesischen (Tiangong)-Raumstationen, als auch die ISS bestehen aus einer Mehrzahl zusammengedockter Module, in deren Inneren sich jeweils Aufenthaltsraum für die Besatzung befindet; außen herum, je nach Funktion, sind Labor-, Lebenserhaltungs- oder Antriebssysteme angeordnet. Eine besonders häufig anzutreffende Form dieses Modulkonzepts stellt hierbei das russische *TKS-Raumschiff* (*Transportny Korabl Snabschenija*, übersetzt: Transportschiff für Versorgungszwecke) dar. Ursprünglich als größeres Nachfolgeprogramm der Sojus-Kapsel für die russische bemannte Raumfahrt vorgesehen, handelt es sich hierbei eigentlich um ein für sich allein voll ausgestattetes Raumfahrzeug mit Wiedereintrittskapsel, Steuerdüsen, Lebenserhaltungssystemen und Stromversorgung (Abb. 2.9). Es kam jedoch nie zu einem tatsächlichen Einsatz in dieser Funktion. Stattdessen wurde es nach anfänglichen Versuchsflügen als Frachtraumschiff für die Saljut- und Almas-Raumstationen zunehmend als logistischer Grundbaustein für modulare Raumfahrzeuge eingesetzt. Bei der Raumstation Mir basierten die Module Spektr, Kwant-2, Priroda auf dem TKS-Design, bei der Internationalen Raumstation ist es das Swesda-Modul und das (aktuell noch nicht gestartete) Nauka-Modul. Auch für das zukünftige Mir2-Konzept ist wieder ein TKS-basiertes Servicemodul vorgesehen.

Auch für Langstreckenflüge zu anderen Planeten dürfte ein modulares Raumschiffkonzept zum Einsatz kommen, bei wirklich langen

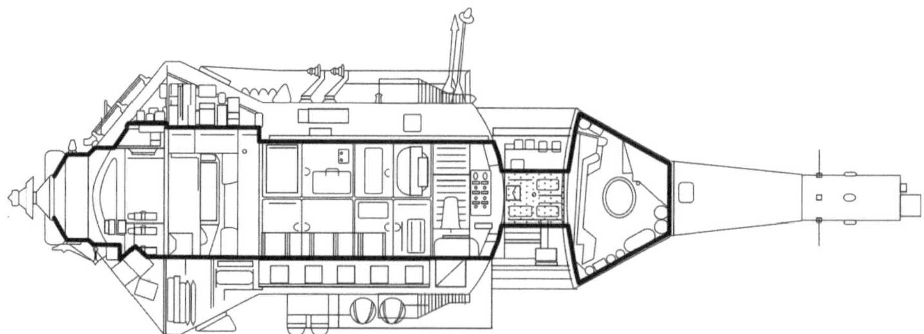

Abb. 2.9 Schnittbild eines TKS-Raumschiffs, das als Basisdesign für eine große Anzahl von Raumstationsmodulen dient. In seiner ursprünglichen, hier gezeigten Bauform enthält es ein abtrennbares Wiedereintrittsmodul, hier rechts im Bild gezeigt. (Bildquelle: NASA)

Aufenthalten im Weltraum werden jedoch statt einfachen linear zusammengesteckten Bauformen vor allem ringförmige Raumschiffe bzw. mit ringförmigen Segmenten ausgestattete Konzepte interessant, bei denen durch Rotation und Zentrifugalkraft eine künstliche Schwerkraft aufgebaut wird. Während Science-Fiction-Darstellungen voll mit solchen ringförmigen Raumschiffen sind, wurde jedoch noch kein einziges tatsächlich gebaut, und die Praktikabilität ist weitestgehend unerforscht.

Dieser Vorgang wäre bereits heutzutage technologisch praktikabel und könnte gerade bei Langzeitaufenthalten auf Raumstationen sehr hilfreich sein. Um tatsächlich zu einer Erdbeschleunigung an simulierter Schwerkraft zu gelangen, muss ein Raumschiff jedoch noch einmal ein ganzes Stück größer sein als die Internationale Raumstation oder sich mit einer sehr hohen Geschwindigkeit drehen, was Andockvorgänge nicht unbedingt einfacher machen würde. Raumschiffkonzepte, in denen Teile des Schiffes stationär bleiben und andere (zumeist ringförmige) Teile sich als Zentrifuge drehen, wären selbstverständlich ebenfalls möglich. Hierbei ist nur ein zuverlässiger, luftdichter Übergang des Innenraums vom stationären in den rotierenden Teil eine Herausforderung.

2.3 Triebwerke, Düsen und Raketen

Der Weltraum ist vor allem eines: sehr, sehr leer. Selbst das beste Laborvakuum, das heutzutage auf der Erde herstellbar ist, enthält mehr Atome pro Kubikzentimeter als der Weltraum. Alle von der Erde bekannten Möglichkeiten, sich zu bewegen, fallen somit weg: Man kann weder rudern noch rollen noch mit einem Propeller gezogen oder geschoben werden. Es ist schlicht und ergreifend nichts um einen herum, auf das man eine Kraft ausüben könnte – außer der Masse, die man selbst in seinem Raumschiff mitbringt. Es gibt also nur eine Möglichkeit, sich im Weltraum in eine gewünschte Richtung fortzubewegen: Man muss einen Teil der mitgebrachten Masse mit möglichst hoher Geschwindigkeit in die entgegengesetzte Richtung wegwerfen!

Das physikalische Konzept dahinter ist das der Impulserhaltung: Angenommen, man sitzt am Anfang im Vakuum in Ruhe (Impuls = 0) und wirft einen massiven Gegenstand in eine Richtung, so muss als Reaktion darauf der entgegengesetzte Impuls auf den Werfenden

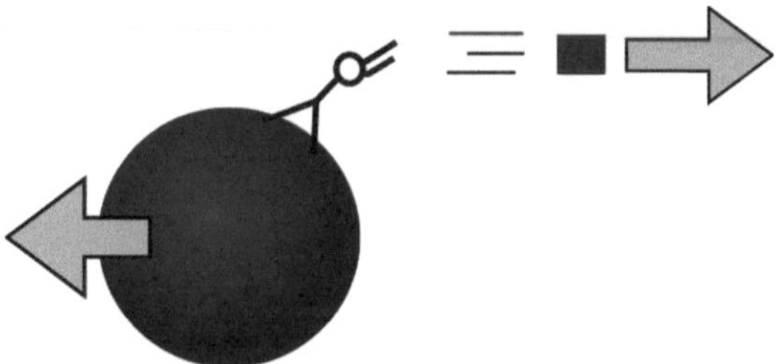

Abb. 2.10 Rückstoßprinzip: Wirft man eine kleine Masse mit hoher Geschwindigkeit davon, dann drückt man sich selbst in die entgegengesetzte Richtung weg. Das Produkt aus Masse und Geschwindigkeit, also der Impuls, ist auf beiden Seiten gleich groß. Raketentriebwerke stoßen daher mit möglichst hoher Geschwindigkeit ihre Masse aus

selbst wirken, um weiterhin einen Gesamtimpuls von 0 zu erhalten (Abb. 2.10).

Tatsächlich ein Raumschiff durch das Herumwerfen schwerer Steine anzutreiben, ist allerdings, wie man sich sicher vorstellen kann, wenig praktikabel. Stattdessen verwendet man gängigerweise Raketendüsen, aus denen die Verbrennungsabgase das Raketentreibstoffs mit hoher Geschwindigkeit ausströmen. Erst die Erfindung des Raketenantriebs ermöglichte es Menschen, in den Weltraum zu reisen. Im Vakuum des Weltraums, und somit in Abwesenheit eines umgebenden Mediums, besteht die beste uns bekannte Möglichkeit, sich fortzubewegen darin, Masse mit möglichst hoher Geschwindigkeit auszuwerfen.

Rechenübung: Die Raketengleichung

Die Frage, welche Ziele man mit einem Raumschiff im Sonnensystem erreichen kann, ist gleichbedeutend mit der Frage, wieviel Geschwindigkeit man auf- bzw. abbauen kann. Die Antwort hierauf wird durch die bereits 1897 von Konstantin Ziolkowski aufgestellte *Raketengleichung* gegeben:

$$\Delta v = v_e \ln \frac{m_{\text{Anfang}}}{m_{\text{Ende}}} \tag{2.1}$$

Mit ihr lässt sich die Geschwindigkeitsänderung Δv berechnen, wenn man einen Teil der Raumschiffmasse (den Triebwerksausstoß) mit der Geschwindigkeit v_e ausströmen lässt. Es gehen sowohl die Anfangsmasse m_{Anfang} als auch die Endmasse m_{Ende} des gesamten Raumschiffs in die Gleichung mit ein – und zwar logarithmisch. Dies bedeutet: Wenn man mehr Masse mit sich führt, muss man auch entsprechend mehr Masse auswerfen, um dieselbe Geschwindigkeitsänderung zu erreichen! Dies ist der Grund, warum Raketen schnell sehr groß werden müssen, wenn sie Menschen zu anderen Himmelskörpern transportieren wollen:

Für jedes Kilo Nutzlast müssen gleich mehrere zusätzliche Kilo Treibstoff mitgenommen werden. Bemerkenswert ist, dass in dieser Gleichung die Schubkraft des Triebwerks nicht von Relevanz ist, sondern nur die Ausströmgeschwindigkeit. Daher sind im Weltraum kleine Triebwerke, die lange laufen, besser als große. In der Erdatmosphäre kommt jedoch die Reibung der Atmosphäre hinzu, sodass man hier möglichst schnell und mit viel Schubkraft aufsteigen sollte.

Eine weitere Konsequenz aus dieser Gleichung war die Erfindung der mehrstufigen Rakete. Man könnte zwar prinzipiell eine Rakete aus einer einzigen Stufe bauen, die in großen Tanks das gesamte Treibstoffvolumen für den gesamten Flug mitführt, das damit verbundene große Gewicht der Tankstrukturen würde aber dazu führen, dass m_{Anfang} und m_{Ende} stets nah beieinanderliegen und die resultierende Geschwindigkeitsänderung nicht sehr hoch ausfällt. Wirft man die unbenutzten Stufen jedoch ab, so bleibt am Ende der Rechnung nur noch die Nutzlast selbst übrig und m_{Ende} ist somit viel kleiner.

Wenn man als Beispiel die Saturn-V-Rakete in einer Einstufenvariante gebaut hätte (aber ansonsten Treibstoffzuladung und Gewicht gleich geblieben wären), so hätte sie eine maximale Geschwindigkeitsänderung von

$$\Delta v = 2.58\,\text{km/s}\ \ln\frac{2970\,\text{Tonnen}}{261\,\text{Tonnen}} = 6.1\,\text{km/s} \tag{2.2}$$

erreichen können. Die tatsächliche Geschwindigkeitsänderung der mehrstufigen Saturn-V allerdings berechnet sich als Summe der einzelnen Stufen:

$$\begin{aligned}\Delta v &= 2.58\,\text{km/s}\ \ln\frac{2970\,\text{Tonnen}}{810\,\text{Tonnen}}\\ &+ 4.13\,\text{km/s}\ \ln\frac{680\,\text{Tonnen}}{224\,\text{Tonnen}}\\ &+ 4.13\,\text{km/s}\ \ln\frac{184\,\text{Tonnen}}{91\,\text{Tonnen}}\\ &= 10.2\,\text{km/s}.\end{aligned} \tag{2.3}$$

Da zum Erreichen des Erdorbits etwa $\Delta v = 9.5\,\text{km/s}$ benötigt werden, wäre die Einstufenversion dazu nicht in der Lage, während die tatsächliche Saturn-V-Rakete danach noch genügend Treibstoff übrig hat, um eine Nutzlast Richtung Mond zu befördern.

Die Raketengleichung gilt allerdings nur – wie der Name es andeutet – für Raketen. Sonnensegel, Weltraumfahrstühle und andere Antriebsmethoden, die nicht durch den Ausstoß von Masse funktionieren, sind nicht durch sie beschränkt.

Große Raketen für den Start

Ein Raumfahrzeug in den Weltraum zu bekommen bedeutet, es auf mindestens 100 km Höhe über die Erdoberfläche anzuheben.

Prinzipiell ist es möglich, hierbei eine ganze Reihe verschiedener Antriebssysteme in Kombination zu verwenden: Von Heißluftballons über strahltriebwerkgetriebene Flugzeuge bis hin zu Raketen gibt es eine ganze Reihe von Ideen und Möglichkeiten, mit denen man ein Fahrzeug anheben kann, um es schließlich in den Weltraum zu befördern. Allerdings ist ein Raketenantrieb hierbei die einzige Technologie, die durchgängig von Meereshöhe bis in das Vakuum des Weltraums funktionsfähig ist. Anstatt mehrere verschiedenartige Antriebstechnologien zu kombinieren (was technologisch aufwendiger ist und die Wartung und Instandhaltung komplizierter macht), ist es üblich, ausschließlich mit Raketenantrieb den Weltraum zu erreichen. Eine bedeutsame Ausnahme stellen hierbei die Pegasus-Raketen der amerikanischen Firma Orbital ATK dar, die zunächst von einem Frachtflugzeug auf ungefähr 12 km Höhe getragen werden und erst dort ihre Raketendüsen zünden, sowie SpaceShipOne und SpaceShipTwo der Firma Virgin Galactic, die ebenso von einem eigens dafür entwickelten Trägerflugzeug befördert werden.

Im Wesentlichen besitzt jedes Raketentriebwerk die gleichen grundlegenden Bauelemente: eine Brennkammer, in der der Verbrennungsprozess stattfindet, sowie eine Düse, durch die die heißen Verbrennungsgase ausströmen, um somit Schub zu erzeugen. Je nach Art des Treibstoffs, der zum Einsatz kommt, sind die genaue Bauform und die weitere benötigte Technologie jedoch stark unterschiedlich (s. Abb. 2.11):

- *Feststofftriebwerke* verwenden Treibstoffe, die unter Normalbedingungen einen Feststoff bilden. Dieser ist fest im Innern der (relativ großen) Brennkammer montiert, wird an einem Ende gezündet und brennt dann, möglichst gleichmäßig, über die Brenndauer des Triebwerks ab. Von der Silvesterrakete bis hin zum Spaceshuttle-Booster gibt es alle erdenklichen Größen hiervon. Diese technologisch simplen Triebwerke haben eine ganze Reihe von Vorteilen: Sie sind günstig in der Herstellung, haben eine hohe Zuverlässigkeit und lassen sich lange lagern.

  Einen großen Nachteil von Feststoffraketen stellt jedoch die Tatsache dar, dass sie, einmal gezündet, nicht wieder abgeschaltet werden können, bis sie vollständig ausgebrannt sind.
- *Flüssigraketen* hingegen verwenden einen flüssigen oder gasförmigen Treibstoff, der außerhalb der Brennkammer in Tanks gelagert

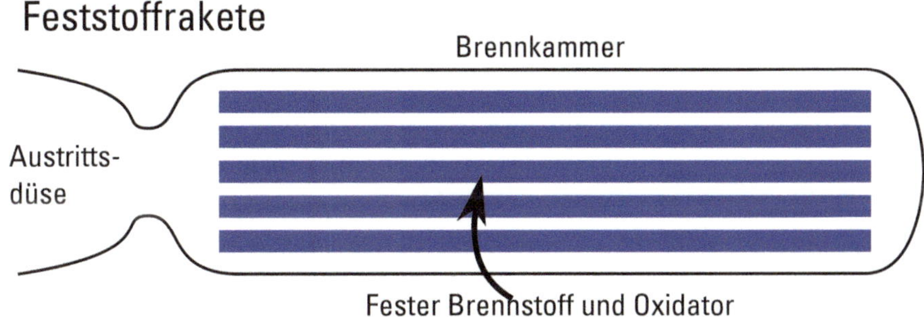

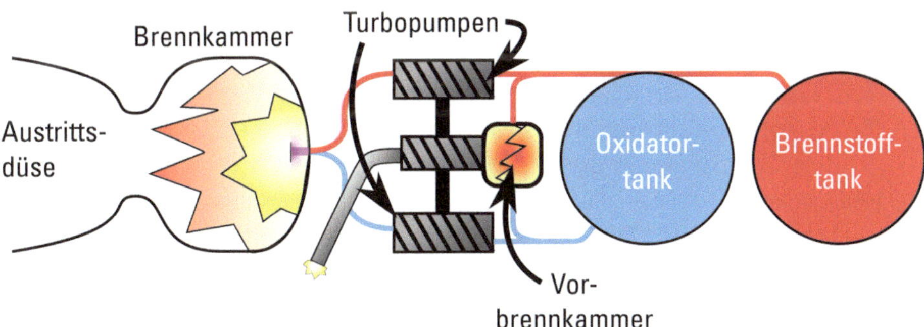

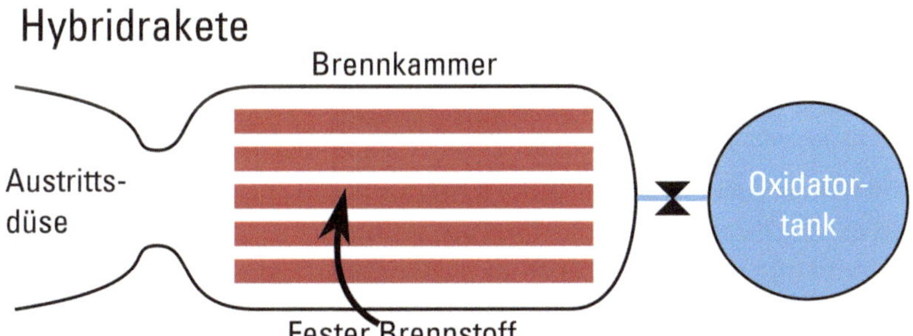

Abb. 2.11 Die drei primären Bauformen von Raketentriebwerken: Feststoffraketen, Flüssigkeitsraketen und Hybridraketen. In der Feststoffrakete wird das Gemisch aus Treibstoff und Oxidator lediglich angezündet und brennt in der Brennkammer ab. In einer Flüssigkeitsrakete pressen Turbopumpen, die typischerweise von einer Vorverbrennungsstufe angetrieben werden und wie ein Abgasturbolader in einem Auto funktionieren, Brennstoff und Oxidator aus getrennten Tanks in die Brennkammer. In einer Hybridrakete hingegen liegt der Brennstoff in fester und der Oxidator in gasförmiger oder flüssiger Form vor, und der Verbrennungsprozess kann mittels eines Ventils gesteuert werden

und während des Brennvorgangs kontinuierlich in diese hineingepumpt wird, dort verbrennt und wiederum mit hoher Geschwindigkeit austritt. Der große Vorteil dieser Triebwerke, nämlich dass sie drossel-, abschalt- und wiederzündbar sein können, wird durch die bedeutend höhere technische Komplexität aufgewogen: In der Brennkammer eines typischen Starttriebwerks herrschen Drücke von deutlich über 100 Bar, in die das Treibstoffgemisch dennoch mit einer Flussgeschwindigkeit hineingepresst werden muss, die oberhalb seiner Flammgeschwindigkeit liegt – komplexe Turbopumpen und äusßrst stabile Konstruktionen sind daher unerlässlich. Diese Turbopumpen funktionieren grundlegend wie der Abgasturbolader in einem Auto: In einer kleineren Vorbrennkammer werden Brennstoff und Oxidator verbrannt und das Abgas treibt ein Schaufelrad an, das über eine Achse die Pump-Schaufelräder dreht, die den Treibstoff zur Hauptbrennkammer vortransportieren. Da auch die Vorbrennkammer schon ein Raketentriebwerk ist, werden bei großen Triebwerken auch diese Pumpen schon mit vielen Tausend PS betrieben!

Dennoch sind Flüssigkeitstriebwerke, sobald man ihre Technologie zu einem stabilen und verlässlichen Produkt entwickelt hat, gegenüber Feststofftriebwerken in Effizienz und Gesamtschubleistung klar überlegen und bestimmen daher die bemannte Raumfahrt als dominante Triebwerkstechnologie.

Es gibt hier eine riesige Anzahl möglicher Treibstoffkombinationen, wobei die in der bemannten Raumfahrt wichtigsten einerseits die Mischung von flüssigem Sauerstoff und Wasserstoff (LOX/LH2), flüssigem Sauerstoff und Kerosin (LOX/RP-1), oder Distickstofftetroxid und Dimethylhydrazin (N2O4/UDMH) sind. Für eine gründliche und sehr unterhaltsame Abhandlung über die Vor- und Nachteile unterschiedlicher Treibstoffgemische sowie ihrer historischen Entwicklung sei dem Leser das Buch *Ignition!* des US-amerikanischen Chemikers und Schriftstellers J. D. Clark (Clark 1972) ans Herz gelegt.

- *Hybridraketen* stellen einen Zwischenweg zwischen Feststoff- und Flüssigkeitsraketen dar, indem eine der Treibstoffkomponenten in fester Form innerhalb der Brennkammer und die zweite als Gas oder Flüssigkeit vorliegt. Die Vorteile von Feststoff- und Flüssigkeitstriebwerk sind hierbei kombiniert: Die technische Komplexität liegt nur geringfügig über der einer Feststoffrakete und erfordert weder Turbopumpen noch sonderlich viele bewegliche Teile, das

Triebwerk ist jedoch zu einem beliebigen Zeitpunkt abschalt-, und in begrenztem Rahmen auch drosselbar.

Allerdings sind auch Hybridraketen nicht ohne Nachteile: Die in Frage kommenden Treibstoffgemische haben deutlich geringere spezifische Verbrennungsenergien und sind somit weit weniger effizient als eine Flüssigkeitsrakete selber Masse. Dennoch sind sie insbesondere im semiprofessionellen Bereich, also bei Hobby-Raketenbauern oder für Entwicklungsprototypen, aufgrund ihrer geringen Komplexität beliebt (die einfachste Hybridraketenbauform, die quasi vollständig aus Haushaltsmitteln gebaut werden kann, besteht aus einer Edelstahlflasche als Brennkammer, Lachgas als Oxidator und einer Salamiwurst als Brennstoff!).

Anekdote

Ein wichtiges Bauteil einer Flüssigrakete ist der Injektor, also der Punkt, an dem sich Treibstoff und Oxidator durchmischen und in die Brennkammer gepresst werden. Er sieht so ähnlich aus wie ein Duschkopf. Heutzutage wird dieser durch gründliche Computersimulationen so entworfen, dass eine optimale Durchmischung stattfindet und die Verbrennung möglichst gleichmäßig ablaufen kann, doch im Apollo-Programm der 1960er-Jahre war dies noch nicht möglich.

Stattdessen wurden für das F1-Triebwerk der Saturn-V-Rakete verschiedene Injektor-Bauformen gebaut, auf dem Teststand getestet und verglichen. Aufgrund der enormen Leistung dieses Triebwerks führten aber schon geringe Probleme bei der Durchmischung zu einer sofortigen Triebwerksexplosion!

Schließlich nahm ein Ingenieur einen Bohrer in die Hand, bohrte von Hand eine große Anzahl von Löchern in die Injektorplatte des Triebwerks und es funktionierte einwandfrei. Von dem Moment an wurden alle weiteren F1-Triebwerke mit einer exakt identischen Injektorplatte gebaut, bei der sogar die falsch gebohrten Löcher aus der Handanfertigung exakt übernommen wurden.

Nachdem die Verbrennung in der Brennkammer stattgefunden hat, treten die heißen Verbrennungsabgase mit hoher Geschwindigkeit aus dem hinteren Ende des Raketentriebwerks aus – und je höher diese Geschwindigkeit ist, desto effizienter arbeitet das Triebwerk. Durch Verengung der Brennkammer am hinteren Ende und anschließender Wiederaufweitung bildet sich eine sog. Laval-Düse, die zu einer überschallschnellen Strömung führt.

Je nach Umgebungsdruck ist die optimale Form jedoch verschieden: Beim Start auf Meereshöhe (1 Bar Umgebungsdruck) sollte die Düsenform etwas schlanker und im Vakuum (0 Bar Druck) deutlich weiter sein. Verwendet man ein Triebwerk in einem Druckbereich, für den

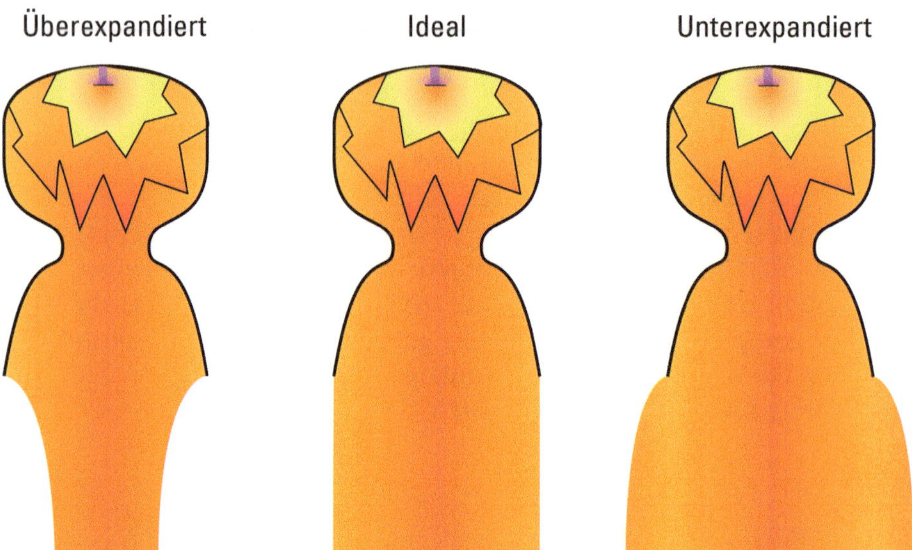

Abb. 2.12 Triebwerksstrom in überexpandiertem, idealem oder unterexpandiertem Betrieb, abhängig vom Umgebungsdruck

es nicht korrekt geformt ist, kommt es zu Unter- oder Überexpansion des Treibstoffstrahls und Effizienz geht verloren (vgl. Abb. 2.12). Dies ist einer der Gründe für den Bau mehrstufiger Raketen: Die Triebwerke der ersten Stufe sind für den Betrieb mit hohem Umgebungsdruck, die für die weiteren Stufen für den Betrieb im Vakuum vorgesehen.

Bei der Sojus-Rakete hingegen werden alle Triebwerke bereits beim Start gezündet, da beim Design dieser Rakete in den 50er-Jahren noch kein zuverlässiges Luftstartverfahren für Raketentriebwerke existierte. Die äußeren Triebwerke an den Boostern haben dabei ein Expansionsverhältnis, das für die niedrige Atmosphäre optimal ist, während die mittleren, länger brennenden Triebwerke für den Vakuumbetrieb ausgelegt sind und somit beim Start stark unterexpandiert laufen. Aus diesem Grund starten die mittleren Triebwerke mit stark reduzierter Drosseleinstellung und gehen erst nach dem Abwurf der äußeren Booster auf vollen Schub. Auch wenn inzwischen für diese technischen Probleme längst bessere Lösungen vorliegen, bleibt die Sojus-Rakete aufgrund ihrer Verlässlichkeit weiterhin in ihrer Triebwerkskonfiguration unverändert im Betrieb. Lediglich die leichte Frachtvariante *Soyuz 2-1v*, die im Jahr 2013 zum ersten Mal flog, basiert auf einem moderneren 2-Stufen-Design.

Gleichgültig, welche Raketentechnologie nun zum Einsatz kommt, um die Verbrennung zu erreichen, in jedem Fall haben die Verbrennungsabgase eine extrem hohe Temperatur, wenn sie durch die Düse austreten. Da eine höhere Temperatur zu einer höheren Austrittsgeschwindigkeit und somit zu einem effizienteren Triebwerk führt, wird die Reaktionschemie dabei gerade so gewählt, dass die Düse nicht schmilzt oder zu stark abgetragen wird. Je besser die Triebwerksdüse gekühlt wird, umso höhere Verbrennungstemperaturen kann man sich also erlauben (das Kühlsystem sollte allerdings kein großes Eigengewicht mitbringen, das dem Effizienzgewinn entgegenstünde). Ein typisches Kühlverfahren für flüssigkeitsgetriebene Triebwerke mit kryogenen, also gekühlten Treibstoffen besteht darin, den kalten Treibstoff zunächst einmal durch Kühlkanäle um die Triebwerksglocke fließen zu lassen, bevor er in die Brennkammer geleitet wird. Dies kühlt nicht nur die Düse, sondern baut auch durch die thermische Ausdehnung des Treibstoffs höheren Druck auf! Abb. 2.13 zeigt ein F1-Triebwerk einer Saturn-V-Rakete, indem die mit flüssigem Sauerstoff durchflossenen Kühlrippen an der Düsenglocke sichtbar sind.

Bei Triebwerken mit Feststofftreibstoffen oder weniger komplexen Flüssigtriebwerken hingegen kommt es häufig zu einer ablativen Kühlung der Düse, die mit speziellen Materialien beschichtet ist. Diese sind absichtlich so gewählt, dass sie verdampfen und dabei Wärme wegtransportieren, ähnlich wie es das Material eines Hitzeschildes beim Wiedereintritt eines Raumschiffs tut (vgl. Abschn. 2.2).

Ein Phänomen, das bei jeder Sorte von Raketentriebwerken, die innerhalb der Atmosphäre eingesetzt werden, auftritt, ist das der *Mach'schen Knoten* (engl. *Shock Diamonds*): Im Abgasstrahl zeigen sich in regelmäßigen Abständen kegel- oder scheibenförmige Aufhellungen, die vom Triebwerk weg schwächer werden (s. Abb. 2.14). Der Grund für dieses Phänomen liegt, erstaunlicherweise, in Schallwellen: Der Verbrennungsprozess im Innern des Triebwerks ist sehr laut, und die Schallwellen verlassen zusammen mit dem überschallschnellen Triebwerksstrahl die Brennkammer. Gerade *weil* sich der Triebwerksstrahl aber gegenüber der Umgebung überschallschnell bewegt, können Schallwellen nicht einfach in diese übergehen – schließlich bewegen sie sich mit Schallgeschwindigkeit. Stattdessen kommt es also zu einer Reflektion der Schallwellen am Rand des Strahls und sie werden an einem Punkt in dessen Mitte wiederum fokussiert. In diesem Fokuspunkt deponieren die Dichteschwankungen in den Schallwellen dann dermaßen viel Energie, dass sich das heiße Abgas

Abb. 2.13 Das F1-Triebwerk der ersten Stufe der Saturn-V-Rakete, das Leistungsstärkste je eingesetzte Flüssigraketentriebwerk. Die Treibstoffleitungen für flüssigen Sauerstoff und Kerosin sind rechts in der Mitte zu erkennen, die zu den Turbopumpen führen, die wiederum von der Vorverbrennerstufe (großer zylindrischer Kasten oben in der Mitte) betrieben werden. Unten rechts ist der Aktuator-Arm zu sehen, mit dem das Triebwerk um eine Achse geschwenkt werden kann, um die Rakete beim Aufstieg zu steuern. In den Ringen um die Triebwerksglocke selbst wird flüssiger Sauerstoff zur Kühlung herumgeleitet

ein weiteres Mal aufheizt und somit heller leuchtet als zuvor. Derselbe Prozess wiederholt sich potenziell mehrfach, bis sich entweder der Triebwerksstrahl auf Unterschallgeschwindigkeit verlangsamt hat oder die Schallwellen durch Turbulenz so weit auseinandergelaufen sind, dass sich kein scharf umgrenzter Fokuspunkt mehr bildet.

Raketen, die von der Erde aus starten, sind aus aerodynamischen Gründen meist längliche Zylinder (die vorn spitz zulaufen) oder Gruppen solcher Zylinder, die zusammengehalten werden. Die Triebwerke befinden sich am unteren Ende und drücken die gesamte Konstruktion nach oben, was eine ziemlich instabile Balance-Konfiguration darstellt. Was also verhindert, dass der gesamte Raketenaufbau schon kurz nach dem Start umkippt und in der Nähe des Startplatzes in den Boden einschlägt? Bei Hobby-Raketen oder Silvesterböllern helfen kleine

Abb. 2.14 Mach'sche Knoten sind in den Triebwerksstrahlen der wasserstoffbetriebenen Spaceshuttle Haupttriebwerken sichtbar, in denen sich Schallwellen innerhalb des Triebwerksstrahls refokussieren. (Bildquelle: NASA)

Stabilisierungsflügel bzw. der Holzstab, der an der Rakete befestigt ist, hierbei, indem sie jeglicher Querbewegung durch Luftströmung entgegenwirken. Bei größeren Raketen ist jedoch auf jeden Fall ein aktives Steuerungssystem notwendig, das die Ausrichtung misst und einer Abweichung von der idealen Flugbahn entgegenwirkt! Man kann diese Steuerwirkung dann auf mehrere Arten erreichen: In den niedrigen und dichten Schichten der Atmosphäre sind Steuerflügel sehr effektiv (da sie keinen Treibstoff verbrauchen), scheiden jedoch in der oberen Atmosphäre schnell aus. Schwenkbare Triebwerke sind der heutzutage übliche Ansatz für die Steuerung von Raketenstufen, verkomplizieren jedoch die Triebwerksbauform deutlich (da nun alle Rohre und Leitungssysteme biegbar sein müssen, während sie weiterhin extreme Temperaturen und Drücke aushalten). Hat man lediglich ein einzelnes Triebwerk an der Raketenstufe, kommt es zum weiteren Problem, dass man hiermit zwar die Raketenflugbahn in zwei Richtungen nach Belieben kippen kann, jedoch keinerlei Rollkontrolle erreicht. Frühe Bauformen der Atlas-Rakete (Atlas 1–3) verbauten daher zusätzlich zum Haupttriebwerk am unteren Ende der ersten Stufe zwei kleine, seitlich schwenkbare Vernier-Triebwerke, die seitlich auf etwa halber Höhe des Treibstofftanks montiert waren und die Rollsteuerung möglich machten.

Exkurs

Die Sojus-Raketen hatten lange Zeit überhaupt keine Rollsteuerung (also Steuerung für die Drehung um die Längsachse) in der ersten Stufe. Sie waren offenbar durch ihre Form von selbst rollstabil genug, dass kein weiterer Mechanismus dafür vonnöten war. Dennoch muss auch für eine Sojus-Rakete die Flugrichtung nach dem Start wählbar sein, und so ist schlicht die gesamte Startrampe drehbar gebaut worden.

Erst mit der Einführung der Sojus-2-Raketengeneration, die auch vom europäischen Weltraumbahnhof in Französisch-Guyana starten kann, ist nun eine Rollkontrolle durch Schwenken der Auslassdüsen für die Abgase der Turbopumpen in der ersten Stufe möglich.

Wenn man eine Rakete mit beeindruckend großen Triebwerken auf einer Startrampe stehen hat, wo sich hochexplosive Stoffe mischen und zu einer kontrollierten Verbrennung kommen sollen, stellt sich nun noch die Frage: Wie zündet man diese zuverlässig, sodass sie alle möglichst gleichzeitig Schub aufbauen und sich nicht gar explosive unverbrannte Treibstoffmengen in oder unter der Rakete sammeln? Es gibt hierbei unterschiedlich komplizierte Vorgänge:

Wie so oft in der bemannten Raumfahrt hat die russische (bzw. sowjetische) Behörde eine praktikable und doch ungemein preisgünstige Low-Tech-Lösung gefunden: Durch die Raketendüse ragt vor dem Start von unten eine Holzstange in jede einzelne Brennkammer einer Sojus-Rakete, an deren oberem Ende eine pyrotechnische Zündladung und ein Elektrozünder angebracht sind – quasi ein überdimensionales Streichholz! Durch ein elektrisches Signal zünden all diese Streichhölzer gleichzeitig und schmoren zunächst einen feinen Messingdraht durch. Erst wenn in allen Brennkammern der Stromfluss durch diesen Draht unterbrochen ist und somit ein sicher brennendes Streichholz in jeder Kammer vorhanden ist, öffnen sich die Treibstoffventile und der Start wird eingeleitet.

So simpel und zuverlässig dieses Verfahren auch ist, hat es den großen Nachteil, dass es nur auf der Startrampe durchgeführt werden kann. Für die oberen Raketenstufen, die in der Luft gezündet werden sollen, muss daher ein anderer Vorgang verwendet werden. Für Flüssigkeitstriebwerke hat sich spezielles Zündflüssigkeitsgemisch durchgesetzt, das sich bei Kontakt mit Sauerstoff sofort selbst entzündet: Eine Mischung aus 10 % Triethylaluminium und 90 % Triethylboran, auch als *TEA+TEB* bekannt, wird in die Brennkammer eingespritzt. Diese beiden wirklich unangenehmen Stoffe entzünden sich dort sofort (oder bei Kontakt mit Luftsauerstoff oder spätestens bei Kontakt mit Treibstoff) und sorgen somit für ein zuverlässiges und geordnetes Einsetzen der Zündung, wenn die ersten Mengen an Brennstoff und Oxidator einströmen. Sowohl in den Saturn-V-Raketen des Apollo-Programms als auch bei den Falcon-Raketen von SpaceX kommt dieses Verfahren zum Einsatz.

Kleine Triebwerke im Weltraum

Die Funktionsweise von Raketentriebwerken, die im Weltraum zum Einsatz kommen, unterscheidet sich nicht fundamental von denen, die zum Start von der Erdoberfläche verwendet werden. Es gibt jedoch aufgrund der Tatsache, dass sie in Schwerelosigkeit benutzt werden, einige technische Details, die besondere Beachtung erfordern.

Steuerdüsen (Abb. 2.15, genauer beschrieben in Abschn. 3.2), die in den allermeisten Fällen als Flüssigkeitstriebwerke ausgeführt sind, haben beispielsweise in der Schwerelosigkeit das Problem, dass sich

Abb. 2.15 Steuerdüsen, Vernier-Düsen und Hitzeschildkacheln am Heck des Spaceshuttles „Atlantis"

die Treibstoffe nicht mehr „unten“ in einem Tank sammeln, sondern typischerweise eine kugelförmige Flüssigkeitsblase in der Tankmitte bilden. Es ist daher in Schwerelosigkeit nicht möglich, die Treibstoffkomponenten einfach in die Brennkammer fließen zu lassen; auch ein zuverlässiger Transport mittels Pumpen stellt sich als schwierig dar. Wie bekommt man stattdessen den Treibstoff ins Triebwerk?

Die tatsächlich zum Einsatz kommende Technologie ist den heutzutage immer größere Verbreitung findenden E-Zigaretten nicht unähnlich: Ein Docht (meist aus Glasfasern oder Metallgewebe gefertigt) hält im Innern der Treibstofftanks Kontakt mit der dort schwebenden Flüssigkeit und wird durch die Oberflächenspannung durchgehend von dieser benetzt. Auf diese Art transportiert er die Flüssigkeit bis in die Brennkammer. Hier allerdings gibt es ein weiteres Problem: Wie bringt man zwei Flüssigkeiten und einen Zündfunken in Schwerelosigkeit zuverlässig miteinander in Kontakt, sodass die Zündung kontrolliert und oft wiederholbar stattfindet? Um dieses Problem zu umgehen, verwenden diese Triebwerke zumeist *hypergole* Treibstoffe, bei denen sich die beiden Treibstoffkomponenten schon bei Kontakt, ohne einen Zündfunken, selbst entzünden. Ein beliebtes Treibstoffgemisch stellt hierbei Distickstofftetroxid und Hydrazin (oder ein Derivat davon) dar. Für ein solches Gemisch müssen die beiden Dochte aus den Treibstofftanks lediglich in der Brennkammer in Kontakt gebracht werden, um die Triebwerkszündung herbeizuführen. Werden sie wieder auseinanderbewegt, stoppt der Brennvorgang.

Ionentriebwerke und Plasmajets

Alle bisher erwähnten Triebwerkstypen basierten auf chemischer Verbrennung – durch einen Verbrennungsvorgang wird das Treibstoffmaterial aufgeheizt, dehnt sich aus und wird durch eine Düse mit großer Geschwindigkeit ausgeworfen. Doch auch andere Methoden, Materie mit hoher Geschwindigkeit auszuwerfen, können als Antriebsprinzip Verwendung finden. Insbesondere sind Antriebskonzepte, in denen zumindest ein Teil der Energie elektrisch zugeführt wird, von großem Interesse, da mittels Solarpaneelen eine quasi-unendliche Stromversorgung zur Verfügung steht und somit die Energiequelle für den Antrieb nicht in Form von Masse mitgeführt werden muss.

Es gibt hierbei verschiedene Bauformen elektrischer Raumschiffantriebe (Abb. 2.16):

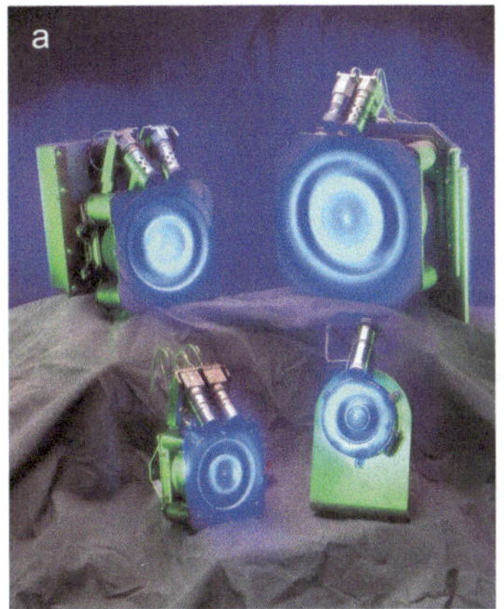

Abb. 2.16 Ionentriebwerke in Hall-Effekt-Bauform. **a**: Einige russische Modelle von Ionentriebwerken. **b**: Ein Ionentriebwerk im Testbetrieb in einer Vakuumkammer. In beiden Bildern ist die Elektronenkanone zu sehen, mit der die Gesamtladung des Ausstoßes neutral gehalten wird. (Bildquellen: NASA, Dstaack)

- In einem *Arcjet* heizt ein Lichtbogen, statt einer Flamme, ein gasförmiges Material (wie z. B. Stickstoff) auf, das daraufhin wie gehabt durch eine Düse austritt. Dieses Verfahren bewirkt eine ähnliche Ausdehnung des Materials wie eine Verbrennung es täte, führt somit zu ähnlichen Austrittsgeschwindigkeiten und bietet daher keinen Effizienzvorteil gegenüber chemischen Triebwerken, kommt jedoch mit weit weniger explosiven und giftigen Materialien aus als diese. Desweiteren könnte ein solches Triebwerk prinzipiell auch innerhalb der Atmosphäre mit Luft betrieben werden. Es mangelt nur an einer ausreichend starken und leichten Stromquelle!
- Ein *Ionentriebwerk* beschleunigt direkt elektrisch geladene Treibstoffteilchen in einem elektrischen Feld. Um eine hohe Effizienz zu erreichen, also viel Impulsübertrag pro ausgeworfenem Teilchen, empfehlen sich hierbei schwere Atomkerne, die sich leicht ionisieren lassen, wie z. B. Quecksilber. Die hierbei erreichbare Schubkraft liegt zwar nur im Millinewton-Bereich, aber die erzielte Effizienz ist um mehrere Größenordnungen höher als bei chemischen Triebwerken. Daher kommen solche Triebwerke häufig bei interplanetaren Raumsonden zum Einsatz, bei denen Kurskorrekturen mit geringem Schub über mehrere Monate durchgeführt werden können.

- *Magnetoplasmadynamische* oder Hall-Effekt-Triebwerke stellen Unterarten von Ionentriebwerken dar, die eine Kombination aus elektrischen und magnetischen Feldern benutzen, um wiederum Ionen auf hohe Geschwindigkeiten zu beschleunigen. Ein großer Vorteil dieser Bauformen liegt darin, dass der Treibstoff, während er in ionisierter Form beschleunigt wird, primär durch das Magnetfeld gehalten wird, das eigentliche Triebwerksmaterial dabei nicht berührt und somit zu sehr geringer Abnutzung führt.

Diese Antriebskonzepte sind keinesfalls eine Zukunftsvision - bereits seit den 60er-Jahren verwenden Spionagesatelliten Ionentriebwerke, um mit relativ geringem Treibstoffverbrauch steuern zu können, welche Teile der Erde sie überfliegen (und somit überwachen) können. In der zivilen Nutzung waren die russischen „Meteor"-Wettersatelliten die ersten, die diese Technologie einsetzten. Inzwischen ist es üblich, in geostationären Satelliten zur Lageregelung Hall-Effekt-Triebwerke zu verbauen.

Nukleare Triebwerke

Chemische Verbrennungsvorgänge oder Solarpaneele als Energiequelle für den Raumschiffantrieb zu benutzen ist schön und gut, doch es gibt eine etablierte Form der Energiegewinnung mit einer weit höheren Energiedichte pro Masseeinheit: Kernenergie. Und warum die große Energiemenge, die bei nuklearen Reaktionen freigesetzt wird, erst umständlich in einem Reaktor auffangen und in elektrische Leistung umsetzen, wenn man auch direkt die Reaktionsprodukte als Triebwerksausstoß verwenden könnte? Wie man sich leicht vorstellen kann, kam diese Idee zum ersten Mal im Rahmen militärischer Kernwaffenforschung auf, als Stanislaw Ulam im amerikanischen Forschungszentrum Los Alamos den *Orion-Antrieb* vorschlug. Dieses Konzept sah ein Raumschiff vor, das an seiner Rückseite eine mehrere Meter dicke Kupferplatte trägt, bei der aus einer zentralen Öffnung Atomsprengköpfe ausgeworfen werden, die dann in wenigen Metern Abstand hinter dem Raumschiff detonieren sollten. Die Kupferplatte dient dabei sowohl zur Strahlungsabschirmung als auch als Hitzeschild und Reaktionsmasse. Aufgrund der Abwesenheit von Umgebungsluft im Weltraum würde sich die mechanische Belastung des Raumschiffs tatsächlich in erträglichen Grenzen halten!

Dieser Antrieb ist das einzige bisher vorgeschlagene, prinzipiell technisch umsetzbare Design, um eine Marskolonie mit einem einzigen Flug zum Mars zu befördern. Berechnungen ergaben, dass damit eine Nutzlast von 800 Tonnen innerhalb eines Monats zum Mars gebracht werden könnte... dies würde jedoch erfordern, dass jede Sekunde eine Atombombe mit 0,15 kt Sprengkraft hinter dem Raumschiff gezündet werden müsste, und allein der Start von der Erde würde weltweit die Hintergrundstrahlung um grob 5 % erhöhen. Verständlicherweise wurde dieses Konzept niemals umgesetzt und wird es wohl auch niemals werden.

Einen deutlich weniger extremen Ansatz stellt die *nukleare Salzwasserrakete* dar. Diese ist vom grundlegenden Aufbau einer gewöhnlichen Flüssigkeitsrakete sehr ähnlich, nur dass der Treibstoff hierbei in Wasser gelöste Uran-, Thorium- oder Plutoniumsalze darstellen, deren Konzentration gerade so gewählt ist, dass es in den Tanks (die aus neutronenfangenden Materialien wie Borkarbid gebaut werden müssten) nicht zu einer nuklearen Kettenreaktion kommen kann. In der „Brennkammer" würde die kritische Masse dann überschritten werden. Die Kernreaktion lässt das Wasser verdampfen und heizt den Dampf noch weiter auf, sodass dieser mit hoher Geschwindigkeit die Düse verlässt. Aber auch wenn diese Methode weit weniger explosiv und beängstigend ist als der Orion-Antrieb, ist es immer noch prinzipiell waffenfähiger Kernbrennstoff, der in der Rakete zum Einsatz kommt. Ein Startunfall einer solchen Rakete wäre eine große ökologische Katastrophe, sodass diese Bauform bestenfalls zum Einsatz kommen kann, wenn die Menschheit die benötigten Rohstoffe z. B. von Asteroiden abbauen und zwischen weiter entfernten Himmelskörpern hin- und herfliegen kann.

Noch eine Stufe realistischer wäre das sogenannte NERVA-Triebwerk (*Nuclear Engine for Rocket Vehicle Application*). Hierbei handelt es sich grundlegend um einen kompakten Kernreaktor, der anstelle einer Brennkammer in einem Flüssigtriebwerk montiert ist und von einem Kühlmittel (z. B. flüssigem Wasserstoff) umströmt wird. In vollem Leistungsbetrieb heizt dies den Wasserstoff deutlich stärker auf, als ein Verbrennungsprozess es tun würde – das Gas expandiert somit stärker und tritt mit höherer Geschwindigkeit aus der Triebwerksdüse aus. In den 70er-Jahren wurde ein solches Triebwerk tatsächlich bis zur Einsatzreife entwickelt und sollte in der Saturn-C5N-Rakete, dem Nachfolger der Saturn-V-Rakete, die für eine Landung auf dem Mars vorgesehen war, verbaut werden. Nach dem

Ende des Apollo-Projektes wurde die Arbeit aus Kostengründen jedoch eingestellt.

Neben der Kernspaltung von schweren Atomkernen ist die Kernfusion, also die Verschmelzung leichter Kerne, eine weitere potenzielle Energiequelle, die in Raumschiffen eingesetzt werden könnte. Auch wenn die Reaktionsprodukte wie Helium oder Lithium sehr leichte Kerne sind und daher als Triebwerksausstoß einen weit geringeren Impulsübertrag liefern können als schwere Kerne, ist die Energiemenge pro Masse phänomenal hoch. Da jedoch selbst auf der Erde der Betrieb eines Fusionsreaktors mit positiver Energiebilanz bisher an einer Vielzahl technischer Probleme gescheitert ist, bleibt ein solcher Antrieb wohl noch für geraume Zeit eine Zukunftsvision.

Sonnensegel, Fahrstühle, Warptriebwerke und die Zukunft

Die Annahme, dass der Weltraum komplett leer sei, es kein Reaktionsmedium gäbe und man daher sämtliche Reaktionsmasse in Form von Treibstoff mitführen müsse, lag allen bisher dargestellten Antriebskonzepten zugrunde - doch völlig richtig ist sie nicht. Schließlich liefert innerhalb unseres Sonnensystems die Sonne einen ständigen Strom von elektromagnetischer Strahlung (Licht!) sowie geladenen Teilchen, den sog. Sonnenwind, die ins Sonnensystem hinausströmen und somit einen konstanten, wenn auch kleinen Impulsstrom mit sich führen. Schafft man es, diesen Impulsstrom in einer ausreichend großen Fläche abzulenken und sich somit davon abzudrücken, so kann man sich wie ein Segelschiff durch den Wind bewegen!

Die ersten Vorschläge für solche Sonnensegel kamen bereits in den 70er-Jahren auf. Die Idee war, Segel aus extrem dünner Metallfolie im Weltraum auszurollen, um mit ihnen das Sonnenlicht zu reflektieren. Doch um überhaupt eine messbare Beschleunigung zu erzielen, müssen solche *photonischen* Sonnensegel viele Quadratkilometer Größe aufweisen und aus hauchdünnem Material gefertigt sein (Abb. 2.17a). Die Logistik eines solchen Segels stellt sich jedoch als sehr kompliziert heraus, da es zuverlässig im Vakuum ausgerollt oder -gefaltet werden muss und auch gegen Steuerbewegungen stabil bleiben sollte. Alle bisher angegangenen Versuche, Prototypen dieses Antriebskonzepts herzustellen, scheiterten bereits beim Ausfalten des Segels.

Eine alternative Idee stellt das *elektrische* Sonnensegel dar: An diesem sollen nicht die Photonen des Sonnenlichts, sondern die positiv

a) Photonisches Segel

Sonnenlicht

Aluminium-Folie

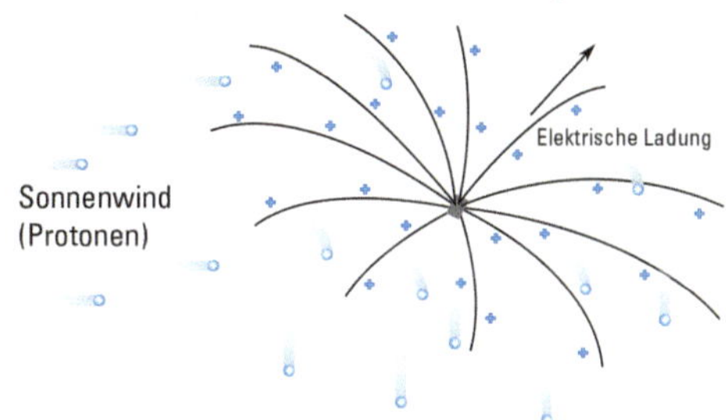

Abb. 2.17 Photonisches und elektrisches Sonnensegel. Beim photonischen Segel (**a**) wird mittels einer großen, spiegelnden Fläche das Sonnenlicht abgelenkt und somit ein (sehr kleiner) Nettoimpuls erzeugt. Das elektrische Segel (**b**) hingegen nutzt eine positive Aufladung der Segeldrähte rund um das Raumfahrzeug, um Protonen des Sonnenwindes zu reflektieren

geladenen Protonen des Sonnenwinds reflektiert werden. Zu diesem Zweck muss das Raumschiff selbst auf eine sehr hohe Spannung positiv elektrostatisch aufgeladen werden, sodass es sich nach dem Prinzip „gleichnamige Ladungen stoßen sich ab" vom Sonnenwind selbst abstoßen kann. Dies hat gegenüber dem photonischen Sonnensegel den großen Vorteil, dass das Segel selbst gar nicht aus solidem Material (z. B. einer Folie) bestehen muss, sondern einzelne Drähte durchaus ausreichend sind. Ein Vorschlag für solch eine Segelkonstruktion besteht daher beispielsweise aus einem rotierenden Raumschiff, aus dem rein durch Zentrifugalkraft die Segeldrähte herausgezogen und in ihrer Form gespannt gehalten werden (Abb. 2.17b). In dieser Bauform bietet sich der weitere Vorteil an, dass die Ladung der Drähte variiert werden kann und somit eine begrenzte Steuerfähigkeit des Raumschiffs erreicht wird.

Beiden Weltraumsegeltechnologien ist jedoch gemein, dass die erreichte Schubstärke äußerst gering ist und sie sich insofern für die bemannte Raumfahrt nicht eignen dürften. Für Langzeit-Raumsonden oder gar zum Ablenken von Asteroiden, deren Umlaufbahnen in ferner Zukunft eine Kollisionsgefahr mit der Erde aufweisen, stellen sie jedoch sehr interessante Ansätze dar.

Völlig anders, aber nicht weniger unkonventionell ist das Konzept des *Weltraumfahrstuhls*. Wie der Name andeutet, soll hierbei der Aufstieg aus der Erdatmosphäre in den Erdorbit deutlich erleichtert und verbilligt werden, indem sich ein Fahrstuhlsystem an einer sehr langen, fixen Struktur (quasi einem langen Kabel) mittels eines einfachen Motors hochzieht. Am oberen Ende würde dieses Fahrstuhlkabel durch ein Gegengewicht, das sich ein kleines Stück oberhalb des geostationären Orbits befindet, straff gehalten. Auch wenn diese Idee logisch und praktisch erscheint, ist sie mit außerordentlichen Konstruktionsschwierigkeiten verbunden: Es beginnt schon mit dem Material, aus dem das Kabel gefertigt werden würde, das gleichzeitig leicht und stabil genug sein muss, um sein eigenes Gewicht über viele Tausend Kilometer (bis jenseits des geostationären Orbits) halten zu können. Zusätzlich stellt sich die Frage, wie der Konstruktionsvorgang aussehen soll: von unten nach oben? Mit einem Kran, der dieselben Probleme hat? Oder von oben nach unten, wobei ein Seil aus dem geostationären Orbit heruntergelassen wird? Wenn man weiterhin die starken Seitenwinde in den oberen Atmosphärenschichten und die Gefahr der Kollision von Weltraumschrott oder Flugzeugen mit dem Fahrstuhlseil im Hinterkopf hat, ist leicht zu verstehen, warum diese Idee bisher rein theoretisch geblieben ist. Dennoch ist der Weltraumfahrstuhl nicht fundamental physikalisch unmöglich und könnte insbesondere auf kleineren Himmelskörpern ohne Atmosphäre, wie z. B. dem Mond, eine praktikable Startmethode für Raumschiffe darstellen.

Und dann gibt es noch, als Idee für die wirklich ferne Zukunft, den *Warpantrieb*, in technischen Kreisen auch als *Alcubierre-Metrik* bezeichnet. Mit diesem, bisher rein auf dem Papier existierenden Antrieb sollte es prinzipiell möglich sein, sich schneller als mit Lichtgeschwindigkeit durch den Weltraum zu bewegen! Doch wie soll das funktionieren? Die Relativitätstheorie untersagt es, sich schneller als das Licht relativ zu seiner Umgebung durch den Raum zu bewegen – die Alcubierre-Metrik allerdings bewegt gar nicht das Raumschiff selbst, sondern beschreibt eine Verformung der Raumkrümmung um dieses herum, sodass sich der Raum vor dem Raumschiff zusammenzieht und dahinter ausdehnt, während es selbst ohne „eigentliche“ Geschwindigkeit in einer flachen Raumzeitblase sitzt. Um den Raum derart zu krümmen, bedarf es allerdings nicht nur enormer Energiemengen, die weit jenseits der menschlichen Fähigkeiten liegen, sondern es erfordert insbesondere eine Form von *negativer Energiedichte* für die Wiederausdehnung des Raums hinter dem Raumfahrzeug. Niemand hat eine Ahnung, wie man eine solche negative Energiedichte herstellen könnte, sodass der Warpantrieb wohl noch eine lange Zeit ein reines Hirngespinst bleiben wird.

Lage- und Positionsregelung

Um mit einem Raumschiff effektive Steuerungsmanöver durchführen zu können, erfordert es nicht nur die zuvor schon diskutierten Triebwerke, sondern es ist mindestens genauso wichtig, eine genaue Vorstellung über die Position und Fluglage des Flugkörpers zu haben. Während beim ersten Raumflug von Juri Gagarin die Zündung der Wiedereintrittsraketen noch nach Augenmaß beim Überflug von Südamerika durchgeführt wurde, ist heutzutage eine ausgefeilte Kombination von Systemen üblich, die Flugplanung, Navigation und Kontrolle (engl. *Guidance, Navigation and Control*, GNC) ermöglichen.

Zentrales Bauteil ist hierbei der Navigationscomputer, der aus Sensordaten eine ständig aktualisierte Information über Position, Geschwindigkeit, Ausrichtung und Drehverhalten des Raumfahrzeugs erhält. Diese Information wird zusammengenommen als Zustandsvektor des Raumfahrzeugs bezeichnet.

Auch ohne externe Sensordaten kann der Navigationscomputer diesen Zustandsvektor durch Simulation des physikalischen Verhaltens auf aktuellem Stand halten, bewegt sich dabei aber durch numerische Ungenauigkeit und unvorhersehbare externe physikalische Einflüsse langsam von der tatsächlichen Situation weg. Daher müssen Abweichungen aus den Messdaten stets rückgefüttert werden, um die Genauigkeit ausreichend zu halten. Für automatische Andockmanöver ist z. B. eine millimetergenaue Positionsbestimmung vonnöten!

Hierzu gibt es mehrere technische Lösungen:

Gyroskope, also im Raum frei drehbar aufgehängte Kreisel, liefern kontinuierlich eine Information über die räumliche Ausrichtung des Raumfahrzeugs. Wird das Raumschiff einer Drehung ausgesetzt, bleibt der Kreisel weiterhin stabil im Raum und bildet eine Referenzplattform (Abb. 2.18). Allerdings driften Kreisel mit der Zeit durch Kreiselscheinkräfte (Präzession und Nutation, dieselben Kräfte, die einen Tischkreisel wackeln lassen) der Drehachse, sodass eine Rekalibrierung durch andere Messmethoden vonnöten ist.

Exkurs
Die Apollo-Missionen benutzten primär Kreiselsysteme, um die Raumschiffausrichtung an den Navigationscomputer zu melden und darüber Navigationsentscheidungen zu treffen. Um sich beliebig im Raum drehen zu können, waren sie in einem 3-Achsen-Lagerungssystem aufgehängt. Hierbei gibt es jedoch

ein Problem: Bei jedem 3-Achsen-Lagerungssystem gibt es zwangsweise eine Richtung im Raum bei der sich zwei der Achsen aufeinanderlegen, und das Lagerungssystem verklemmt (dies wird als *Gimbal Lock* bezeichnet, s. Abb. 2.18b). Die Apollo-Kreiselaufhängung wurde extra so konstruiert, dass diese Richtung in Nord- bzw. Südpolrichtung liegt, da davon ausgegangen wurde, dass im Rahmen einer Mondlandungsmission die Nase des Raumschiffs niemals in Polrichtung zeigen müsse – wäre dies doch passiert, hätten sich die Achsen der Lagerung verklemmt, der Kreisel wäre unbrauchbar geworden und der Navigationscomputer hätte nicht mehr sinnvoll genutzt werden können.

Bei der Apollo-13-Katastrophe, bei der ein Sauerstofftank im Raumschiff explodierte und es zu einer unkontrollierten Taumelbewegung kam, kam das Raumschiff tatsächlich dieser Ausrichtung gefährlich nahe, ein Alarmsignal ertönte und sie mussten schnell die Fluglage stabilisieren.

Normalerweise wird dieses Problem in Lageregelungssystemen umgangen, indem die 3-Achsen-Plattform noch um eine weitere, vierte Achse erweitert wird, die in der Lage ist, das System aus diesen „gefährlichen" Ausrichtungen wegzudrehen. Für die Apollo-Missionen wurde dies jedoch als zu schwer, zu kompliziert und zu teuer erachtet. Die Astronauten der Apollo-Missionen waren sich dessen sehr wohl bewusst: Michael Collins wünschte sich während der Apollo-11-Mission eine vierte Lageregelungsachse als Weihnachtsgeschenk.

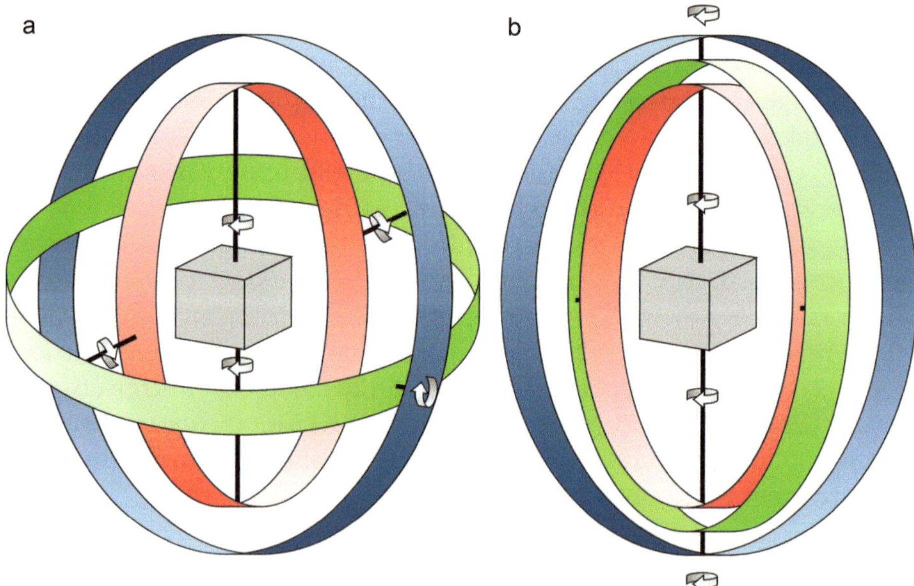

Abb. 2.18 **a**: Ein Gyroskop wird zur Lagefeststellung im Raum verwendet. Eine in der Mitte montierte, rotierende Masse übt Kreiselkräfte auf die umgebenden Ringe aus, wenn der Aufbau gedreht wird, **b**: In einem Gyroskop mit nur 3 Achsen kann es zu einer Situation kommen, in der mehrere Achsen in dieselbe Richtung zeigen, womit das Gerät unbenutzbar wird (sog. *Gimbal Lock*)

Die Fixsterne am Himmel sind, wie der Name bereits sagt, fix. Sie eignen sich daher ganz hervorragend zur Lagefeststellung. Bei frühen Raumflügen (bis hin zum Apollo-Programm) befand sich daher an Bord jedes Raumschiffs ein fest installiertes Navigationsteleskop, mit dem bestimmte Fixsterne angepeilt wurden, die genaue Ausrichtung des Teleskops abgelesen und somit die Fluglage ausgerechnet werden konnte. Heutzutage erfolgt derselbe Vorgang automatisch mittels *Star Tracker*. Dies ist grundlegend nichts Weiteres als eine Digitalkamera, die das aufgenommene Bild mit einer zuvor eingespeicherten Sternumgebung um einen hellen Fixstern vergleicht und die Winkelabweichung dem Navigationscomputer mitteilt. Typischerweise werden mehrere dieser Geräte, ausgerichtet auf verschiedene, weit voneinander getrennt stehende Fixsterne ausgerichtet, um auch dann eine stabile Lagebestimmung zu ermöglichen, wenn ein Referenzstern von der Erde verdeckt wird oder sich so nah an der Sonne befindet, dass er unzureichend aufgelöst werden kann. Wichtig für die Funktion eines Star Trackers ist allerdings, dass die Fluglage bereits zumindest grob ausgerichtet ist, sodass die Kamera den Referenzstern überhaupt in ihrem Sichtfeld hat. Wenn das Raumschiff taumelt, hilft auch die beste Kamera nicht!

Exkurs

Die Rosetta-Mission zum Kometen 67P/Tschurjumow-Gerassimenko verließ sich für ihre Lageregelung lange Zeit auf ihre Star Tracker, die auf einige Referenzsterne ausgerichtet waren. Als die Sonde jedoch nah um ihren Zielkometen kreiste und dieser sich aufgrund der Annäherung an die Sonne aufwärmte, begann die Raumsonde plötzlich, selbstständige und unvorhersehbare Steuerbewegungen auszuführen.

Es stellte sich heraus: Herausgelöste Staub- und Eisteilchen aus der Kometenoberfläche flogen mit geringer Geschwindigkeit an der Raumsonde vorbei, kreuzten das Sichtfeld der Star Tracker und verwirrten diese. „Rosetta" musste daher einen größeren Sicherheitsabstand vom Kometen einhalten, und die Software für die Star-Tracker-Auswertung wurde überarbeitet.

Als deutlich einfachere Lichtquelle zur Ausrichtungsbestimmung eignet sich selbstverständlich auch die Sonne. Für diese braucht man keine sonderlich ausgefeilte Kamera; eine Handvoll Photodioden, die auf der Raumschiffoberfläche angeordnet sind, reichen vollkommen aus, um eine grobe Lagebestimmung zu erreichen.

Gegenüber der eigenen Lagebestimmung, also der Drehung des Raumschiffs, ist die Bestimmung der Position im Weltraum um einiges komplizierter. Die Höhe, mit der man über den Zentralkörper fliegt, zu bestimmen ist hierbei das kleinere Problem: Durch Messung des scheinbaren Radius des Körpers (indem man von Horizont zu Horizont peilt und den Winkel dazwischen misst) oder, im Falle von Planeten oder Monden ohne Atmosphäre, mittels Radarhöhenmessung lässt sich eine recht genaue Flughöhe feststellen. Längen- und Breitengrad hingegen genau zu bestimmen stellt ein weit schwierigeres Problem dar, insbesondere wenn einfach identifizierbare geologische Features wie auf der Erde regelmäßig von Wolken verdeckt sind.

Umgekehrt ist jedoch ein Raumschiff im Erdorbit von der Erdoberfläche selbst aus leicht zu erkennen und anzupeilen, wie jeder, der schon einmal die Internationale Raumstation am Abend hat vorbeifliegen sehen, bestätigen kann. Ob nun optisch oder via Radar gepeilt: Diese Richtungsinformation kann von einer Bodenstation zum Raumschiff heraufgefunkt werden und bietet zusammen mit der Höheninformation eine komplette dreidimensionale Lokalisierung.

Eine weitere, relativ ungewöhnliche Möglichkeit der Positionsbestimmung bieten die GPS-Satelliten, wie sie aus Autonavigationssystemen auf der Erde bekannt sind. Das GPS-System ist *eigentlich* dafür ausgelegt, dass es nur sehr nahe an der Erdoberfläche verwendet wird und die Geschwindigkeiten gegenüber den Satellitenbahnen relativ langsam sind. Doch mit ein paar mathematischen Tricks ist es auch möglich, weit oberhalb der GPS-Satellitenumlaufbahnen seine Position aus ihren Signalen zu triangulieren, wie es der Amateurfunksatellit Oscar-40 im Jahr 2000 aus einem Orbit von 58.700 km Höhe erstmals bewies.

2.4 Stromversorgung und Temperaturregelung

Die ersten bemannten Raumflüge verließen sich vollständig auf Batterien für die Energieversorgung und mussten sich aufgrund ihrer kurzen Flugzeiten keine großen Sorgen um die Temperaturregelung machen. Sobald man jedoch mehr als nur ein paar Minuten im Weltraum verbringen möchte, ist es nötig, sich über Stromerzeugung und Wärmeverteilung Gedanken zu machen.

Konzepte der Energiegewinnung

Während des Startvorganges können die Triebwerke, beispielsweise über ihre Turbopumpenwellen, einen Generator antreiben und somit die Stromversorgung bereitstellen. Sobald jedoch ein Orbit erreicht wurde und die Triebwerke abgeschaltet worden sind, müssen andere Methoden zum Einsatz gebracht werden, bevor die Batterien leer sind.

Bevor die offensichtliche Frage an dieser Stelle aufkommt: Hamster in Laufrädern eignen sich leider nicht zur Energiegewinnung in Schwerelosigkeit, da sie keinen Halt in ihrem Rad aufbauen. Um eine künstliche Schwerkraftwirkung zu erzeugen, müsste man das Laufrad selbst in eine Zentrifuge einbauen – und damit wäre der Nutzen desselben nicht mehr gegeben.

Da keine Atmosphäre mit Ozonschicht und Streuung an Staubteilchen zwischen einem Raumschiff und der Sonne sitzt, enthält das Sonnenlicht einen größeren kurzwelligen Lichtanteil (UV-Licht), sodass Solarzellen ein ganzes Stück effizienter arbeiten als auf der Erde. Schon im Jahr 1958 verwendete der amerikanische Satellit „Vanguard 1" daher Solarzellen zur Stromversorgung, und diese stellen für Raumfahrzeuge in einer Erdumlaufbahn weiterhin die dominante Form der Stromerzeugung dar. Die ISS erzeugt mit ihren großen Solarpaneelen (Abb. 2.19) eine nominelle Maximalleistung von 120 kW. Dies entspricht ungefähr einem Zehntel der Leistung, die ein modernes Windrad unter günstigen Bedingungen erreicht, und weniger als einem Zehntausendstel der Leistung eines modernen Kernkraftwerks. Dies ist zwar um etliche Größenordnungen mehr, als ein durchschnittliches Einfamilienhaus verbraucht, betreibt aber auch viele Funktionen, die ein Einfamilienhaus niemals elektrisch durchführen muss: Luftaustausch und -aufbereitung, Fluglagesteuerung und nicht zuletzt der Betrieb vieler wissenschaftlicher Experimente.

Vergleicht man den Einsatz von Solarzellen im Weltraum mit dem Einsatz auf der Erde, so gibt es zwei wichtige Effekte, die man beim Design im Hinterkopf halten sollte:

- Durch die geladenen Teilchen des Sonnenwindes kommt es zu einer Oberflächenaufladung des Raumfahrzeugs, die aufgrund der exzellenten Isolationseigenschaften des Weltraumvakuums nicht abfließen kann. An Stellen, wo die Oberfläche aus leitfähigem Material (z. B. Metall) besteht, stellt dies üblicherweise kein Problem dar, auf Solarzellenoberflächen hingegen können Spannungen von einigen hundert Volt entstehen, die deren Funktionalität beeinträchtigen oder, bei einer plötzlichen Entladung, sogar beschädigen können. Leider kann man diese Oberflächenladung, ähnlich wie einen Kriechstrom auf der Erde, nicht selbst zur Stromerzeugung benutzen, da die tatsächlich darin enthaltene Leistung sehr gering

Abb. 2.19 Solarzellen der Internationalen Raumstation. Die Sonnensegel setzen sich aus einzelnen Modulen zusammen, die wiederum aus einzelnen Zellen bestehen. Die Flügel sind als Ganzes drehbar montiert, sodass sie stets für optimale Effizienz auf die Sonne ausgerichtet werden können. (Bildquelle: NASA)

ist - es dauert mehrere Tage bis Wochen, bis sich die Ladung aufgebaut hat, und sobald ein elektrischer Kontakt hergestellt wird, fließt sie vollständig ab.

- Die Dauerbestrahlung mit kosmischer Strahlung führt nach und nach zu Veränderungen der Halbleiterstrukturen in den Solarzellen, die ihre Effizienz graduell herabsetzen. Als Daumenregel sagt man, dass Silizium-basierte Solarzellen innerhalb von 10 Jahren etwa 30 % ihrer Maximalleistung einbüßen. Diese Veränderungen sind irreparabel, sodass die Solarzellen von Raumstationen nach einigen Jahrzehnten ausgetauscht werden müssen.

Während für Weltraummissionen im Erdorbit und zu den inneren Planeten Solarzellen eine hervorragend funktionierende und erprobte Methode der Energiegewinnung sind, sieht es im äußeren Sonnensystem, also jenseits des Jupiters, nicht mehr so rosig mit der Sonneneinstrahlung aus: Die von der Sonne gelieferte Leistungsdichte reicht dort schlicht nicht mehr aus, um mit Solarpaneelen noch eine ausreichende Menge Strom zu erzeugen. Dasselbe gilt für Raumschiffe oder -stationen, die sich längere Zeit im Schatten um einen Himmelskörper, wie z. B. auf der Rückseite des Mondes, aufhalten sollen.

Eine weitere, kompakte Möglichkeit, Strom zu erzeugen, stellt die *Brennstoffzelle* dar. Es handelt sich dabei um eine elektrochemische Reaktionskammer, in der Wasserstoff und Sauerstoff an einer dünnen Membran zu Wasser reagieren. Grundlegend ist dies dieselbe Reaktion wie bei der Verbrennung in einem Triebwerk, nur dass sie hier ohne eine Flamme stattfindet und die Membran dazu führt, dass die Elektronen „einen Umweg" durch einen elektrischen Leiter nehmen müssen, also ein Stromfluss erzeugt wird. Die tatsächliche Zelle kann dabei sehr klein sein (nicht größer als ein Mobiltelefon), und die Energiedichte des Treibstoffs ist sehr hoch und liegt fast eine Größenordnung oberhalb der besten Lithium-Ionen-Batterien. Für Raumfahrzeuge, die sowieso bereits Wasserstoff und Sauerstoff als Raketentreibstoff mit sich führen, ist diese Technik daher äußerst praktisch und wurde während der Apollo-Missionen zur primären Stromversorgung benutzt.

Für Langstreckenflüge über mehrere Jahre allerdings ist auch die Energiemenge, die man in Form von Wasserstoff und Sauerstoff mitführen kann, nicht mehr praktikabel. Es bleiben für die Energieversorgung von Raumsonden in diesem Bereich nur noch nukleare Quellen als mögliche Alternativen.

Die technisch am wenigsten komplizierte nukleare Energieversorgungstechnik stellen die *Radioisotopenbatterien* (engl. *Radioisotope Thermal Generator*, *RTG*) dar. In ihnen zerfällt ein langlebiges Radioisotop, für gewöhnlich Plutonium-238, und heizt sich durch seine eigene Zerfallsenergie auf. Durch den Wärmeunterschied zwischen dem Radioisotop und dem kalten Weltraum (bzw. dem Kühlsystem des Raumfahrzeugs) kann ein Thermoelement Strom erzeugen. Die erreichbaren Leistungen liegen hierbei zwar nur im Bereich weniger Watt, aufgrund der 87-jährigen Halbwertszeit von Plutonium-238 können solche Generatoren jedoch für eine sehr lange Zeit betrieben werden. Abb. 2.20 zeigt ein solches Plutonium-Pellet, das die Raumsonde „Cassini", die den Saturn und seine Monde erforschte, mit Strom versorgte. Baugleiche Generatoren wurden auch in den Sonden des Voyager-Programms, der „Galileo"-Sonde und dem Mars-Rover „Curiosity" verbaut.

Für eine langfristige Energieversorgung mit hoher Leistung gibt es eine weitere Möglichkeit: Kernreaktoren. In unbemannten Raumsonden können diese mit minimaler Abschirmung betrieben werden (es müssen lediglich Elektronikkomponenten gegen Strahlungseffekte abgeschirmt werden) und sind daher deutlich leichter als Reaktoren,

Abb. 2.20 Ein Plutonium-238-Pellet, das in der Radioisotopenbatterie der Raumsonde „Cassini" verbaut wurde. Durch seine eigene Zerfallsenergie so heiß, dass es rot glüht, kann der Temperaturunterschied zum Kühlsystem der Raumsonde für die Stromerzeugung genutzt werden. (Bildquelle: NASA)

wie sie auf der Erde verbaut werden. Der Einsatz solcher Reaktoren ist jedoch äußerst unpopulär, sodass es lediglich zu einem einzigen Testeinsatz der Amerikaner in der SNAP-10A-Mission kam. Die Sowjetunion hingegen verbaute in 33 Satelliten, primär Spionagesatelliten, verschiedene Kernreaktorbauformen.

Temperaturregelung und Radiatoren

Wie bereits in Abschn. 2.2 beschrieben, gibt es einen starken Temperaturunterschied zwischen sonnenbeschienener und sonnenabgewandter Seite eines Raumfahrzeugs. Hinzukommt, dass das Vakuum des Weltraums wie eine perfekte Thermoskanne ein sehr guter Wärmeisolator ist und die Abwärme aller Geräte im Innern zunächst einmal im Innern des Raumschiffs bleibt. Wie also regelt man im Vakuum die Temperatur, wenn man kein umgebendes Medium hat, an das man Wärme abgeben kann?

Eine Möglichkeit besteht darin, das Medium, an das die Wärme abgegeben werden soll, selbst mitzuführen: Eine Flüssigkeit, zumeist Wasser oder Ammoniak, wird in einem Wärmetauscher aufgewärmt und verdunstet in den Weltraum hinaus, wobei es die Verdunstungswärme mitnimmt und das Raumfahrzeug somit kühlt. Hierbei wird allerdings die Flüssigkeit mit der Zeit verbraucht, sodass dieser Vorgang typischerweise nur bei Start- und Landephasen Verwendung findet, in denen strahlungswärmebasierte Kühlmethoden impraktikabel sind. Das Spaceshuttle verwendete zwei verschiedene „Flash-Evaporator"-Systeme: ein wasserbasiertes im Vakuum, und ein ammoniakbasiertes für die Start- und Landephasen in der Erdatmosphäre unterhalb von 100.000 Fuß Flughöhe.

Für den Langzeiteinsatz, z. B. auf einer Raumstation oder für einen Langzeitflug zu einem anderen Himmelskörper, ist jedoch eine Kühlung vonnöten, die ohne Verbrauchsgüter auskommt und ausschließlich auf Wärmestrahlung basiert. In die kalte, sonnenabgewandte Seite des Weltraums haben dunkle Oberflächen einen Netto-Wärmeverlust, da sie mehr Infrarotstrahlung abgeben, als sie von dort her aufnehmen. Abb. 2.21 zeigt als Beispiel die Kühlpaneele an der Internationalen Raumstation. Der Ammoniak-Kühlkreislauf der Station fließt durch diese Paneele hindurch und durch ihre große Oberfläche strahlen sie

Abb. 2.21 Kühlpaneele (weiß) an der Internationalen Raumstation. Der Ammoniak-Kühlkreislauf der Station fließt durch diese Paneele, die die Wärme in den Weltraum hinaus als Infrarotstrahlung abstrahlen. (Bildquelle: NASA)

einen Teil der Wärme in den Weltraum hinaus. Da Strahlungswärme jedoch umso effizienter wird, je größer der Temperaturunterschied ist, kann dieses System lediglich von „heiß" auf „warm" hinabkühlen. Es gibt auf der Raumstation daher für den Alltagsbedarf nur die Wahl zwischen heißem und lauwarmem Wasser, kaltes Wasser kann für Experimente in einem weiteren, wesentlich weniger energieeffizienten Kühlschranksystem hergestellt werden.

2.5 Lebenserhaltungssysteme

Atemluft

Menschen benötigen Sauerstoff zum Leben. Auf der Erde hat die Luft einen Sauerstoffgehalt von etwa 21 %, den verbleibenen Anteil machen 78 % Stickstoff und etwa 1 % andere Gase wie Helium und Argon aus, die jedoch für den menschlichen Körper nicht relevant sind. Zu starke Abweichungen des Sauerstoffgehalts sind in beide Richtungen schlecht: Bei einem Sauerstoffgehalt von unter 15 % droht eine Unterversorgung, bei einem weit höheren Sauerstoffgehalt kommt es langfristig zu Vergiftungserscheinungen und erhöhter Zellalterung. Aber nicht nur die Luftzusammensetzung ist wichtig, sondern auch der Druck. Mehr zum Thema Atmosphäre, was Menschen zum Atmen brauchen und was passiert, wenn dies nicht gegeben ist, ist in Abschn. 6.4 nachzulesen.

Die einfachste Methode der Atemluftversorgung geschieht – wie in einem Taucheranzug – aus Pressluftflaschen. Hierbei wird die eingeatmete Luft direkt aus einer Flasche über einen Druckminderer zugeführt und die ausgeatmete Luft über ein Ventil in den Weltraum hinausgeblasen. Dies ist leicht und unkompliziert zu bauen, aber auch ausgesprochen ineffizient: Auch die abgeatmete Luft eines Menschen enthält noch ungefähr 14 % Sauerstoff, der prinzipiell wiederverwendet werden könnte. Für die ersten, kurzen Raumflüge wurde dieser Ansatz gewählt, inzwischen ist man jedoch dazu übergegangen, die Luft in einem geschlossenen Zyklus zu bearbeiten und wiederzuverwenden.

Um die Atemluft in einem Raumschiff für Menschen verträglich zu halten, müssen grundlegend zwei Prozesse durchgeführt werden: Zum einen muss von Menschen verbrauchter Sauerstoff nachgefüllt werden, zum anderen das ausgeatmete CO_2 aus der Atemluft entfernt werden.

Sauerstoff zu erzeugen ist relativ leicht: Man kann einfach Strom durch Wasser leiten und es somit elektrolytisch in Wasserstoff und Sauerstoff auftrennen. Das Wasser für diesen Zweck muss auch gar nicht wertvolles Trinkwasser sein, es kann genauso gut gefiltertes Wasser aus dem Abwassersystem sein. Sowohl das russische „Elektron“-System als auch das ECLSS-System im amerikanischen Segment der Internationalen Raumstation funktionieren nach diesem Prinzip.

Eine weitere Möglichkeit ist das Abbrennen einer *Sauerstoffkerze*, in der Eisenpulver und Lithium- oder Natriumchlorat bei einer Temperatur von grob 600 °C zu Natriumchlorid (Kochsalz) und Eisenoxid (Rost) verbrennen und dabei für mehrere Stunden Sauerstoff abgeben. Diese technologisch unkomplizierten Sauerstoffquellen, die ohne Stromversorgung auskommen, bilden üblicherweise die Notversorgung, falls das primäre Sauerstoffsystem ausfallen sollte.

Würde man in einem Raumschiff zwar Sauerstoff in der Atemluft nachfüllen, sich aber sonst nicht um die atmosphärische Aufarbeitung kümmern, dann käme es zum einen zu einem ständigen Anwachsen des Luftdrucks und zum anderen zu einer steigenden Konzentration an Kohlendioxid (CO_2), das Menschen ausatmen, in der Atemluft. Schon bei einem Atemluftgehalt von 1 % CO_2 kommt es zu Müdigkeit und Konzentrationsschwäche, bei 7–10 % zu Erstickungssymptomen und Bewusstlosigkeit. Es ist daher ungemein wichtig, das ausgeatmete CO_2 aus der Luft zu entfernen. Hierzu wird ein *CO_2-Scrubber* eingesetzt, den es in verschiedenartigen Bauformen gibt:

- Durch chemische Bindung an eine alkalische Base, wie Natriumhydroxid (Natronlauge) oder Lithiumhydroxid, in wässriger Lösung. Hierbei neutralisiert das Kohlendioxid als Kohlensäure die Base und wird dabei chemisch gebunden und aus der Luft entfernt. Damit dieser Prozess effizient und auch in Schwerelosigkeit erfolgreich ablaufen kann, muss die Kontaktfläche zwischen Atemluft und der basischen Lösung möglichst groß sein es werden also Filtersysteme mit möglichst großen fraktalen Oberflächen verwendet, auf denen dieser Austausch stattfinden kann. Die Filter sind hierbei ein Verbrauchsmittel, die nach einigen Tagen ausgetauscht werden müssen, haben jedoch den Vorteil geringen Gewichts und unkomplizierter Funktionsweise. Sie finden daher in Raumfähren und Raumanzügen Anwendung.

- Durch Adsorption auf eine Oberfläche. Einige Materialien, wie Aktivkohle oder Metalloxide, haben die Eigenschaft, dass sich auf ihrer blanken Oberfläche bevorzugt CO_2-Moleküle anlagern, die aber lediglich eine Schicht von einem einzelnen Molekül Dicke bilden. Da diese Materialien jedoch aufgrund ihrer Rauigkeit eine sehr große innere Oberfläche bilden, können sie einige Stunden lang CO_2 aufnehmen, bevor sie „voll" sind. Danach können sie vom Atemluftkreislauf des Raumfahrzeugs abgekoppelt und zum Vakuum des Weltalls hin geöffnet werden, wohin sie durch Aufheizung auf ungefähr 200 °C die angehafteten CO_2-Moleküle wieder abdampfen. Ein solches System ist beliebig lange wiederverwendbar.

  Sowohl das russische *Vozdukh*-System, als auch die amerikanische *Carbon Dioxide Removal Assembly* auf der Internationalen Raumstation arbeiten nach diesem Prinzip, wobei sie automatisch zwischen mehreren Filtercontainern im CO_2-Aufnahme- und Abgabebetrieb hin- und herwechseln. Das ausgeatmete Kohlendioxid wird somit komplett in den Weltraum abgedampft.
- Durch die Sabatier-Reaktion kann Kohlendioxid plus Wasserstoff zu Methan und Wasser verwandelt werden, indem es bei Temperaturen von 300–400 °C über einen Nickel- oder Ruthenium-Katalysator geleitet wird. Das Wasser kann dann wiederum dem Frischwassersystem zugeführt werden, während das Methan entweder in den Weltraum abgelassen werden kann oder sogar als Treibstoff zum Einsatz kommt. Insbesondere für Langzeitmissionen zum Mars, dessen Atmosphäre fast ausschließlich aus CO_2 besteht, wird diese Reaktion als Treibstoffquelle in Erwägung gezogen. Ein experimentelles Luftaufarbeitungssystem auf Basis dieser Reaktion befindet sich seit 2010 auf der Internationalen Raumstation im Probebetrieb.

Exkurs

Auf dem Weg zum Mond explodierte an Bord der Apollo-13-Mission, die eigentlich zum Mond fliegen sollte, ein Sauerstofftank (da aufgrund von Undichtigkeit flüssiger Sauerstoff in die Isolation um einen gewickelten Heizdraht eingedrungen war, der dazu dienen sollte, durch Verdampfung den Druck innerhalb des Tanks zu regeln). Um dennoch zur Erde zurückkehren zu können, stiegen die drei Astronauten komplett auf das Lebenserhaltungssystem der angedockten Mondlandefähre um, die jedoch nur dafür vorgesehen war, zwei Menschen für zwei Tage zu versorgen und somit nur mit einmal benutzbaren CO_2-Absorbern ausgestattet war (Abb. 2.22a). Als diese schließlich nach etwas über einem Tag aufgebraucht waren, fing der CO_2-Gehalt in der Luft an, gefährlich anzusteigen,

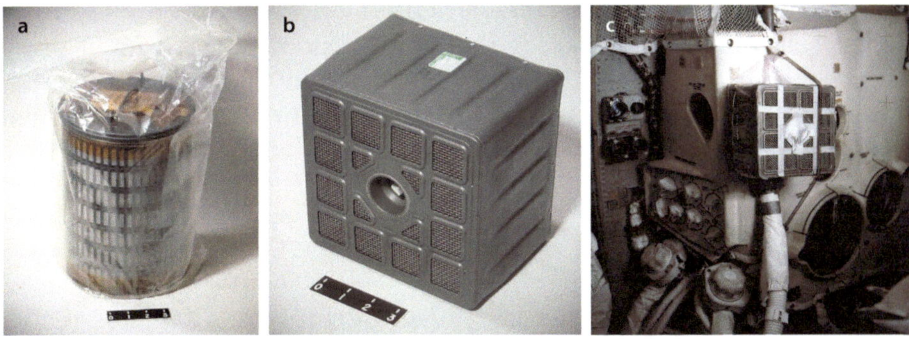

Abb. 2.22 Lithiumhydroxid-Kanister zum Aufnehmen von Kohlendioxid, wie sie im Apollo-Programm zum Einsatz kamen. (**a**) Kanister für das Mondlandemodul; (**b**) Kanister des Kommandomoduls; (**c**) Adapterkonstruktion von Apollo 13, um behelfsmäßig die Kanister des Kommandomoduls im Landemodul einzusetzen. (Bildquelle: NASA)

sodass die Ersatzkanister aus dem Kommandomodul eingesetzt werden mussten – nur war dieses von einer anderen Firma gebaut worden und verwendete eine völlig andere Bauform (Abb. 2.22b).

Aus verschiedenen an Bord befindlichen Materialien, Schläuchen, der Pumpe eines Raumanzugs und einer großen Menge Panzertape wurde schließlich ein Adapter gebastelt (Abb. 2.22c), mit dem die CO_2-Konzentration wieder gesenkt werden konnte.

Zusätzlich gehören noch Staub- und Geruchsfilterung zu den Aufgaben eines Atemluftsystems. Noch auf der russischen Raumstation Mir wurde bei der Planung dem Geruch wenig Beachtung geschenkt, was dazu führte, dass die Raumstation in ihren 15 Betriebsjahren einen signifikanten Eigengeruch entwickelte, der vor allem durch einen unerwarteten Keimbefall des Luftaufbereitungssystems erzeugt wurde. Sowohl bei Andockmanövern neuer Raumschiffe als auch nach Weltraumspaziergängen, bei denen sie saubere Atemluft bekamen, erwähnten Astronauten beim Wiederbetreten der Station, dass der Geruch geradezu erdrückend gewesen sei. Für die Internationale Raumstation wurde aufgrund dieser Erfahrungen deutlich mehr Wert auf antibakterielle Oberflächen und geruchsarme Materialien gelegt, und durch Aktivkohlefilter werden Geruchsstoffe aus menschlichem Schweiß aus der Luft entfernt.

Dennoch gibt es anscheinend auch auf der ISS immer noch einen sehr charakteristischen Eigengeruch. Wann immer neue Besatzungen die Raumstation betreten, fällt ihnen sofort, wenn sie die Luke öffnen, der „typische ISS-Geruch“ auf. Berichten zufolge handelt es sich um einen seltsamen, metallisch wirkenden Geruch, der sich nicht durch Geruchseindrücke von der Erde beschreiben lässt. Dieser Geruch ist vermutlich eine der exklusivsten Sinneswahrnehmungen, die man haben kann.

Wasser

Eine weitere lebensnotwendige Ressource für menschliches Leben ist Wasser, und zwar nicht nur in flüssiger Form, sondern auch als Luftfeuchtigkeit in der Atemluft. Es sollte frei von Bakterien oder giftigen Chemikalien sein. Für kurzfristige Raumflüge kann es einfach, wie andere Nahrungsmittel, fertig verpackt mitgeführt werden. Deutlich komplizierter wird es bei Langzeitmissionen wie Raumstationen oder Flügen zu anderen Himmelskörpern: Hier muss eine Wasserwiederaufbereitung stattfinden.

Das Abwasser in einem Raumschiff kann hierbei aus höchst unterschiedlichen Quellen kommen: von wissenschaftlichen Experimenten, durch Kondensation aus der Luftentfeuchtungsanlage und nicht zuletzt aus dem Astronautenbadezimmer. In einem mehrstufigen Prozess wird dieses Wasser zunächst destilliert (in einer Zentrifuge, die die fehlende Schwerkraft ersetzt; diese ist in Abb. 2.23 als großes zylinderförmiges Objekt sichtbar). Dann werden sowohl Feststoffe als auch Gasanteile abgefiltert und durch einen Hochtemperaturkatalysator geleitet. Ein automatisches Messsystem entscheidet, ob das Wasser nach dieser Aufbereitung gut genug ist, um als Trinkwasser Verwendung zu finden, oder ob es denselben Vorgang ein weiteres Mal durchlaufen muss.

Auf der ISS wird jedoch ein Großteil des resultierenden Nutzwassers nicht als Trinkwasser wiederverwertet, sondern (insbesondere im russischen Teil der Station) dem Sauerstoffversorgungssystem zugeführt, wo es elektrolytisch in Wasserstoff und Sauerstoff aufgespalten und der Atemluft zugeführt wird. Auf die immer wieder gestellte Frage, ob man im Rahmen der Wasserwiederaufbereitung auf der Internationalen Raumstation denn im Endeffekt seinen eigenen Urin trinkt, kann also eindeutig geantwortet werden: Nein, man atmet ihn!

Das Badezimmer

Neben Trinkwasser und Luftfeuchtigkeit gibt es eine dritte wichtige Anwendung für Wasser am menschlichen Körper: waschen und

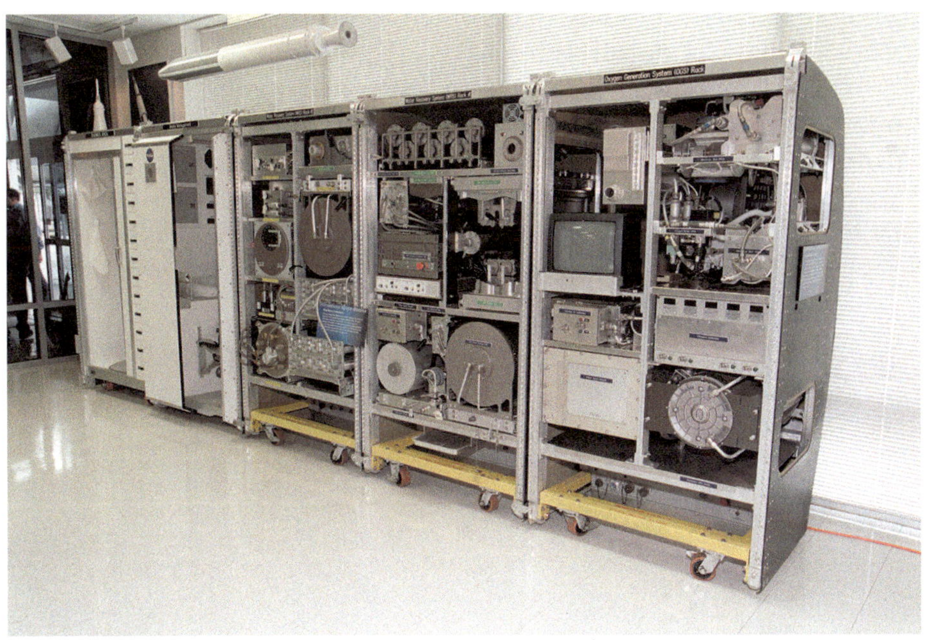

Abb. 2.23 Das *Environmental Control and Life Support System* (ECLSS), Lebenserhaltungssystem der Internationalen Raumstation. Bestehend aus Sauerstoffversorgung, CO_2-Entfernung, Luftfilterung und Wasseraufbereitung. (Bildquelle: NASA)

baden. Doch wie badet man in Schwerelosigkeit? Eine wassergefüllte Wanne ist völlig ausgeschlossen. Das Wasser hätte keinen Grund, in der Wanne zu bleiben, würde ziellos im Raum herumschweben und vermutlich sogar eine Erstickungsgefahr bilden.

Eine Dusche in Schwerelosigkeit ist allerdings im Prinzip möglich. An Bord der amerikanischen Raumstation „Skylab“ gab es eine und für die Internationale Raumstation wurde ebenfalls eine solche Duschkabine, in der Wasser aus einem Duschkopf an der einen Seite ausströmt, und an der anderen Seite wieder abgesaugt wird, entwickelt und gefertigt (in Abb. 2.23 ist sie das Rack ganz links. Sie ist direkt mit dem Wasserversorgungssystem verbunden). Da jedoch Wasserverbrauch, Gewicht und Platzverbrauch letztlich als zu groß eingeschätzt wurden, ist sie nie zur ISS geliefert worden. Zudem stellte sich während der „Skylab“-Missionen sowohl das Absaugen des Wassers als auch das Abtrocknen in Schwerelosigkeit als umständlich heraus. Bleiben also nur nasse Lappen als Waschmöglichkeit übrig. In diesen ist das Wasser durch die Oberflächenspannung am Stoff gebunden und kann deutlich einfacher umherbewegt werden, ohne dabei das gesamte Raumschiffinnere mit Tropfen zu füllen (wie es z. B. bei einem Wasserschlauch der Fall wäre).

Auch ein Waschbecken macht in seiner klassischen Form in Schwerelosigkeit keinen Sinn - wiederum würde das Wasser keinen Grund haben, im Becken zu bleiben, und stattdessen einfach umherfliegen. Wasserhähne für heißes und lauwarmes Wasser gibt es aber direkt an der Wasseraufbereitungsanlage der ISS. Für gewöhnlich füllt man

Abb. 2.24 Die Toilette auf der ISS (hier Nachbau im Kennedy Space Center) funktioniert mit Unterdruck. Spitzname: *orbital outhouse*

das Wasser aus ihnen in Plastikbeutel, um sie von dort zum Trinken, Kochen, Waschen, Zähneputzen etc. zu verwenden.

Bleibt als weiteres Badezimmermöbel noch die Toilette (Abb. 2.24). Jeder, der schon einmal auf einer Flugzeugtoilette war, wird sich erinnern, dass diese nur sehr wenig Wasser einsetzt. Ein Großteil der Spülwirkung wird durch Unterdruck erzielt, der den Inhalt der Kloschüssel absaugt und in einem Tank sammelt. Ebenso funktioniert es im Weltraum, wobei ein permanenter Luftsaugstrom die Schwerkraft ersetzt. Das ISS-Tour-Video von Sunita Williams (s. QR-Code Abb. 4.2) erklärt Bedienung und Funktion des dortigen Klos ausführlich.

2.6 Bordcomputer und Datenmanagement

Gleichgültig, ob man nun rein zum Spaß in den Weltraum fliegt oder zu primär wissenschaftlichen Zwecken (wie es heutzutage hauptsächlich der Fall ist), es fallen dabei eigentlich immer große Datenmengen an: Dies können Photos und Videos sein, die man macht, Experimente, die durchgeführt werden, Erdbeobachtungen oder Beobachtungen der Astronauten selbst (mit anfallenden Gesundheits-, Sport- oder Gefühlsdaten). Gleichzeitig gibt es verschiedenste Telemetrieparameter des Raumfahrzeugs selbst, die in Bodenstationen analysiert werden sollen. In all diesen Prozessen fallen Daten an, die teilweise gesichert, teilweise sofort übertragen und teilweise direkt an Bord analysiert werden sollen. Um diese Datenflut nicht in ein heilloses Chaos ausufern zu lassen, sollte man sich schon vor dem Flug Gedanken darüber machen, wie die Daten strukturiert, priorisiert, gespeichert und übertragen werden.

In der NASA-Terminologie wird dies als *On-board Data Handling* bezeichnet und involviert eine große Menge an standardisierten Interfaces und Datenformaten, mit denen verschiedene Computersysteme an Bord und auf dem Boden miteinander kommunizieren.

Beispiele für die vielen Computer an Bord sind z. B. der Navigationscomputer (engl. *Guidance and Navigational Computer*, GNC), der für die Fluglage und Steuerung verantwortlich ist, und der Nutzlastcomputer (engl. *Payload Computer*, PC), der die mitgeführten wissenschaftlichen Experimente überwacht und ihre Daten verwaltet. Diese beiden teilen sich üblicherweise die Kommunikationskanäle des Raumfahrzeugs (was von einer einzelnen, simplen Funkverbindung bis zu einer Vielzahl von gleichzeitig verbundenen Bodenstationen und

Satellitenverbindungen im Falle der ISS reichen kann). In einem bemannten Raumschiff können diese Computer direkt von Astronauten bedient, Datenübertragungen eingeleitet oder Experimente gesteuert werden; primär werden beide allerdings durch funkübertragene „Telekommandos“ von Bodenstationen aus bedient.

Solch ein Telekommando kann beispielsweise das Einleiten eines Datentransfers, das Zünden eines Triebwerks oder die Löschung eines erfolgreich transferrierten Datensatzes sein – und nicht immer sind sie für die sofortige Ausführung vorgesehen. Ein Telekommando kann auch mit einer Zeitverzögerung oder mit einer bestimmten Zielposition oder Geschwindigkeit zusammenhängen, um z. B. Fotos von der Erdoberfläche an der richtigen Stelle aufzunehmen oder am höchsten Punkt des Orbits ein Beschleunigungsmanöver durchzuführen. Auf diese Art und Weise wird auch der Datenrücktransfer aus dem Raumfahrzeug auf die Erde gehandhabt: Mittels genau angegebener Zeitpunkte für die Transfertelekommandos werden Datenpakete in der Reihenfolge ihrer Priorität transferiert.

Die Bordcomputer selbst sind ebenfalls auf die Bedingungen des Weltraums optimiert: Aufgrund der höheren Strahlungsbelastung im Weltraum kommt es deutlich häufiger zu Rechenfehlern oder zufällig umkippenden einzelnen Bits im Speicher, mit denen das Gesamtsystem umgehen können muss. Häufig sind die Computer mehrfach redundant ausgelegt, wobei mehrere Rechner dieselbe Berechnung durchführen und zunächst das Ergebnis vergleichen, bevor die Berechnung in die Tat umgesetzt werden. Auch die Wahl der Speichermedien ist aufgrund der Strahlungsumgebung anders als auf der Erde: Magnettrommeln, -bänder und magnetische Blasenspeicher, die auf der Erde schon längst durch Flash-Speicher ersetzt worden sind, haben aufgrund ihrer deutlich geringeren Anfälligkeit für Strahlungsstörungen immer noch einen wichtigen Rang in Weltraumanwendungen. Die Mars-Rover „Spirit“ und „Opportunity“ setzen in ihren Bordcomputern allerdings Flash-Speicher ein, die aufgrund von Strahlenbeschädigungen während des langen Flugs zum Mars immer wieder Datenverluste aufweisen und daher von der Software mit besonderer Vorsicht verwendet werden.

Zwei Beispiele für Bordcomputer, mit denen jeder selbst zu Hause einmal Spielen kann, sind der *Apollo Guidance Computer* (AGC), und der *Neptun-M*, der in Sojus-Raumschiffen zum Einsatz kommt:

- Der komplette Quelltext des Apollo-Computers wurde in den Archiven der NASA gefunden, von einer großen Gruppe Freiwilliger in mühevoller Kleinarbeit abgetippt, und das Virtual-Apollo-Guidance-Computer Projekt hat einen Emulator dafür entwickelt, den man auf einem gewöhnlichen PC ausführen und die gesamte Funktionalität mit der Originalsoftware selbst benutzen kann. Abb. 2.25a zeigt den Bordcomputer selbst und Abb. 2.26 enthält einen Link dazu.

- Der Neptun-M-Bordcomputer aus dem Sojus-Programm (seit der Sojus-TMA-Bauform des Jahres 2002 im Einsatz) ist selbst ein PC-kompatibler Rechner, der unter DOS läuft. In Abb. 2.25b ist ein Screenshot sichtbar, Abb. 3.9 zeigt diesen Computer im Betrieb in einer Sojus-Kapsel und auch das Swesda-Modul der ISS setzt diesen Computer für die Lageregelung der Raumstation ein. Eine Variante der Software zum Astronautentraining (die größtenteils fiktive Daten anzeigt) kann unter der URL heruntergeladen werden, die Abb. 2.27 zeigt. Doch Achtung: Sowohl die Website zum Download als auch die Software selbst sind vollständig auf Russisch gehalten!

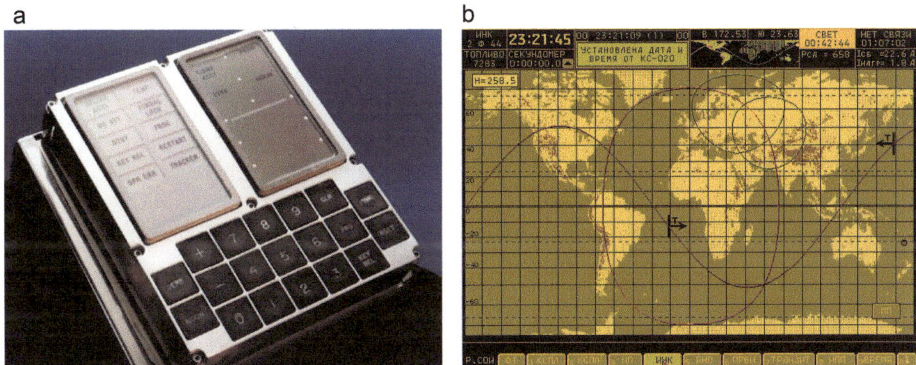

Abb. 2.25 (**a**) Instrumentenpaneel des Bordcomputers einer Apollo-Kapsel (Bildquelle: NASA) (**b**) Screenshot aus der Software des Sojus-Bordcomputers (vgl. Abb. 3.9)

Abb. 2.26 Das Virtual-Apollo-Guidance-Computer Projekt bietet unter der URL http://www.ibiblio.org/apollo/ den gesamten Quelltext des Apollo-Bordcomputers sowie eine virtuelle Umgebung an, um diesen virtuell zu benutzen

Abb. 2.27 Unter der URL http://astronaut.ru/bookcase/prog.htm findet sich eine komplett auf Russisch gehaltene, etwas spartanisch aussehende Website. Hier gibt es die Astronauten-Trainingsversion der Bordcomputersoftware der Sojus-Raumschiffe zum Download!

Anekdote

Beim Design des Bordcomputers des Apollo-Programms wurden viele neuartige Probleme zum ersten Mal mit einem Computer angegangen und einige Programmierkonstrukte zum ersten Mal erfunden, die teilweise erst Jahrzehnte später in anderer Software wiederentdeckt wurden. Ein Beispiel dafür ist die Einführung von dynamischer Speicherverwaltung bei mehreren gleichzeitig laufenden Prozessen und das damit einhergehende Problem des „Speicherlecks" (*Memory Leak*):

Um bei den Computerbauformen der späten 60er-Jahre Gewicht einzusparen, musste für die Landung auf dem Mond ein einziger Computer mehrere unterschiedlich wichtige Operationen gleichzeitig durchführen: die Triebwerksschubsteuerung regeln, mit dem Radar die Höhe messen, Drücke und Spannungen überwachen und Instrumentenanzeigen aktuell halten. Für all diese Funktionen gab es getrennte Programme, zwischen denen schnell hin- und hergeschaltet werden musste, wobei einige wichtiger waren als andere. Eigentlich war das gesamte System so designt worden, dass alle für die Landung benötigten Programme auf diese Art laufen konnten, ohne sich in die Quere zu kommen.

Allerdings hatte die Crew beim Beginn des Landevorgangs vergessen, das Rendezvous-Radar (das eigentlich erst beim Wiederankoppeln an den Orbiter viel später benötigt würde) abzuschalten, sodass der Computer ein Programm mehr (Auslesen der Radardaten) ausführen musste, als ursprünglich vorgesehen war. Da jedoch wichtigere Funktionen (der Höhenmesser) Vorrang hatten, wurde dieses Programm im Speicher quasi „auf die Wartebank geschoben" und fing somit mit der Zeit an, den knapp bemessenen Speicher zu füllen, bis kein weiterer mehr zur Verfügung stand... woraufhin der Computer mit dem „Fehler 1201" abstürzte, sich automatisch neu startete und eine laute Warnung im Raumschiff ertönte.

Ein Ingenieur in der Leitstelle verstand das Problem glücklicherweise sehr schnell und begriff, dass es lediglich die in dem Moment nicht benötigte Rendezvous-Radarfunktion betraf, und der Fehler daher ignoriert werden konnte. Daher landete Apollo 11 schließlich mit lautem Alarmgepiepse und einem Computer, der alle paar Sekunden abstürzte, dennoch sicher auf dem Mond.

Von missionskritischen Steuerungsaufgaben abgesehen gibt es natürlich auch im Weltraum weniger sensible Computersysteme, die zur Planung, aber auch zur Unterhaltung benutzt werden. Diese unterscheiden sich nicht großartig von den normalen Geräten, wie man sie auf der Erde kennt, und sind teilweise nur geringfügig modifiziert: Ein Beispiel sind die Schutzsysteme für Festplattenköpfe, die automatisch den Lesekopf parken, wenn sich das Gerät im freien Fall befindet. Diese müssen in Schwerelosigkeit ausgeschaltet sein, da Notebooks ansonsten niemals einen Festplattenzugriff erlauben, da sie sich permanent im freien Fall wähnen!

Auch Digitalkameras können ganz normal in einem Raumschiff benutzt werden (mit einem etwas höheren Rauschniveau aufgrund der kosmischen Hintergrundstrahlung), und es gibt CD-Player, Laptops, Tablets und sogar ein WLAN auf der ISS.

Funkverbindungen

Es empfiehlt sich außerdem, sich vor seinem Raumflug Gedanken über die Funkkommunikation mit der Erde zu machen, denn Mobiltelefone funktionieren im Weltraum vermutlich[1] nicht. Gegenüber Funkverbindungen zwischen zwei erdgebundenen Stationen hat die Kommunikation im Weltraum den Vorteil, dass es keine Funkhindernisse und (für einen Großteil der Funkstrecke) keine atmosphärische Beeinflussung des Signals gibt. Man kann daher schon mit kleinen Sendeleistungen enorme Entfernungen überbrücken: Das primäre Sendersystem der Voyager-Sonden hat lediglich eine Leistung von 36 Watt und kommuniziert damit vom Rand des Sonnensystems mit der Erde! Eine gute Richtantenne auf beiden Seiten der Funkstrecke, also bevorzugt eine Schüssel, die die gesendeten Funkwellen zum Empfänger bündelt, und dort eine weitere Schüssel, die diese einsammelt, sind dabei zu empfehlen, um nicht einen Großteil der Sendeleistung in den leeren Raum hinaus zu verlieren – doch üblicherweise werden mehrere Antennen verbaut, von denen mindestens eine auch dann in der Lage ist, eine Verbindung aufrecht zu erhalten,

[1] Die Autoren würden gern einen Erfahrungsbericht hören, ob das Telefonieren mit Satellitentelefonen möglich ist! Die offizielle Aussage dazu ist „Nein“, doch es wurde unseres Wissens noch nie probiert.

wenn das Raumfahrzeug z. B. taumelt und keine stabile Ausrichtung zur Erde halten kann.

Doch auch im Weltraum muss man stets eine Sichtverbindung zu einer Bodenstation haben, um mit dieser kommunizieren zu können. Dies bedeutet zum einen, dass man diese an ausreichend vielen Punkten auf der Erde verteilt aufbauen und betreiben muss, und zum anderen, dass keine Kommunikation möglich ist, wenn man sich gerade auf der Rückseite eines anderen Himmelskörpers (wie z. B. des Mondes) befindet – es sei denn, man verfügt über ein Relais-Satellitennetzwerk, wie dem *Tracking and Data Relay Satellite System* (TDRSS) der NASA, oder den äquivalenten *European Data Relay Satellites* EDRS. Diese können Funksignale von einem Satelliten zum nächsten weiterreichen und ermöglichen so stabile Kommunikation auch außerhalb der direkten Sichtlinie einer Bodenstation.

Für den Mond gibt es aktuell keine solchen Satelliten im Orbit. Ein Raumschiff, das auf der Rückseite des Mondes langfliegt (oder dort gar landet), hat keine Möglichkeit, mit der Erde zu kommunizieren! Dies ist einer der Gründe, warum diese auch weiterhin als die *dunkle Seite des Mondes* bezeichnet wird, selbst wenn sie jeden halben Monat von der Sonne beschienen wird. Für den Mars bilden die Raumsonden „Mars Odyssey“, „Mars Reconnaissance Orbiter“ und „ExoMars Trace Gas Orbiter“ neben ihrer eigentlichen Beobachtungsfunktion auch ein provisorisches Weiterleitungsnetzwerk, mit dem u. a. die Kommunikation der Mars-Rover übertragen wird.

2.7 Sonstige Ausstattung

Sitzen, Liegen, Stehen – Möbel in Raumschiffen

Eigentlich braucht man in der Schwerelosigigkeit keine Tische, Stühle oder Betten. Einfach im freien Raum herumzuschweben ist tatsächlich genauso komfortabel, wie es sitzen oder liegen auf der Erde wäre. Dennoch gibt es auch in Schwerelosigkeit einige bauliche Hilfsmittel, die dem Menschen den Aufenthalt komfortabler gestalten.

So lustig das Herumschweben im Raumschiffinneren auch ist, für die meisten Vorgänge möchte man lieber ein wenig an Ort und Stelle fixiert sein. Daher empfiehlt es sich, die Wände mit Griffen oder Schlaufen zu versehen, an denen man sich mit den Händen festhalten oder sogar mit den Füßen einhaken kann, um einen stabilen Halt zu haben.

Obwohl sich eigentlich beliebige Oberflächen in Schwerelosigkeit als Arbeitsfläche eignen, haben Tische dennoch in mehrfacher Hinsicht eine wichtige Funktion: Zum einen ist es für viele Aufgaben für den Menschen komfortabler, in einer Körperhaltung zu arbeiten, die dem Stehen an einem Tisch entspricht, und zum anderen bildet die gemeinsame Essstelle das soziale Zentrum eines Raumfahrzeugs oder einer Raumstation.

Tische müssen nicht besonders stabil konstruiert sein - schließlich übt nichts auf sie eine Gewichtskraft aus - und können daher in verschiedensten Klapp- oder Schiebebauweisen auftreten. Abb. 2.28 zeigt beispielsweise den Esstisch im Crew-Quartier der Raumstation „Skylab", in dem Essenstabletts an eine zentrale ausfahrbare Säule eingehängt wurden.

Sitze oder Stühle sind in der Schwerelosigkeit selbst komplett nutzlos, schließlich *sitzt* man ohne Schwerkraft nicht wirklich auf ihnen, sondern würde schlicht in einer geringen Entfernung über ihnen schweben, sodass man sich das Möbelstück selbst auch gleich sparen kann. Lediglich beim atmosphärischen Wiedereintritt werden besondere Sitzmöbel benötigt, um die beim Abbremsen in der Atmosphäre sowie schließlich bei der Landung potenziell auftretenden starken Beschleunigungskräfte auf die unter Umständen seit längerer Zeit an Schwerelosigkeit gewöhnten Astronauten abzudämpfen und

Abb. 2.28 Der Esstisch in einer Kopie der amerikanischen „Skylab"-Raumstation auf der Erde. An die zentrale, im Boden versenkbare Säule konnten Essenstabletts eingehängt werden. Die Konstruktion von Tischen und Stühlen hat sich als überflüssig erwiesen. In Schwerelosigkeit braucht man so etwas nicht! (Bildquelle: NASA)

gleichmäßig zu verteilen. Es handelt sich hierbei typischerweise um speziell an die Körperform angepasste Schalensitze in Leichtbauweise, die nicht nur gut gepolstert sind, sondern für die Landung zusätzlich mit Schockabsorbern, ähnlich einem Autostoßdämpfer, ausgestattet sind.

Schließlich gibt es noch eine Menge von Sportgeräten, die in der Schwerelosigkeit zum Einsatz kommen, um Muskel- und Knochenabbau (s. Abschn. 5.3) entgegenzuwirken. Von gewöhnlichen, auf der Erde verwendeten Sportgeräten unterscheiden sie sich darin, dass wiederum keine Sitzflächen notwendig sind (so besteht ein Fahrradergometer in Schwerelosigkeit beispielsweise quasi nur aus Pedalen, an denen man seine Füße befestigt) und zudem keine Gewichte gehoben oder gezogen werden – schließlich sind diese schwerelos. Die Funktion der Gewichte, eine Gegenkraft auszuüben, wird stattdessen entweder durch Gummibänder, Unterdruckzylinder (Kraftaufwendung durch Herausbewegen des Stempels) oder in modernen Geräten durch Elektromotoren erfüllt. Details zu den Trainingsgeräten auf der Internationalen Raumstation gibt es in Abschn. 5.4.

Zu guter Letzt gibt es bei der Innenausstattung eines Raumschiffs etwas zu bedenken, das man in einem normalen Wohnhaus auf der Erde vermutlich nicht so oft sieht: Wegweiser. Denn gerade in den ersten Wochen nach dem Start, wenn man sich noch nicht an die Schwerelosigkeit gewöhnt hat, ist die Orientierung in 3-D doch sehr verwirrend. Insbesondere in einer Raumstation, die aus vielen aneinandergedockten, ähnlich aussehenden Modulen besteht, sind diese dringend nötig, um die Übersicht zu behalten.

Müllentsorgung

Die Versorgung eines Raumschiffs oder einer Raumstation mit Verbrauchsgütern ist für sich allein schon ein großes logistisches Problem, doch es bringt zwangsweise noch ein weiteres mit sich: Wohin mit dem Abfall, der naturgemäß anfällt? Zunächst könnte man denken, dass man Abfall einfach aus dem Fenster werfen kann und somit nicht weiter darüber nachzudenken braucht. Leider macht die Orbitalmechanik hierbei jedoch einen Strich durch die Rechnung (vgl. Kap. 3): Jedes Stück Müll, dass man aus einem Raumschiff herauswirft, wird zu einem potenziell gefährlichen Stück Weltraumschrott, und wenn man nicht sehr genau aufpasst, wird es genau einen halben Orbit später wieder mit dem eigenen Raumschiff kollidieren!

Müll ungelenkt aus einem Raumschifffenster zu werfen, ist also keine gute Idee. Ebensowenig kann man ihn allerdings auf immer und ewig im Innern des Raumschiffs ansammeln (es sei denn, der Raumflug dauert sowieso nur eine kurze Zeit). Für Raumstationen ist die einfachste und üblichste Methode der Müllentsorgung, die Transportraumschiffe, die Verbrauchsgüter zur Station hinbringen, auf dem Rückflug mit Müll zu füllen, sodass dieser in der Erdatmosphäre verbrennt.

Für zukünftige, längere Flüge allerdings, wie z. B. zum Mars, wird dieses Verfahren nicht wirklich praktikabel sein, da auf dem Weg keine Versorgungsraumschiffe an- oder abdocken. Es wird daher entweder nötig sein, sämtlichen Müll für die gesamte Missionsdauer mitzutransportieren oder speziell dafür vorgesehene, abtrennbare Müllkapseln mit kleinen Triebwerken zu haben, die gezielt auf Flugbahnen gelenkt werden, in denen sie z. B. auf dem Mars abstürzen. Eine weitere Möglichkeit wäre es, den Müll zu verbrennen und somit seinen Feststoffanteil stark zu reduzieren. Die anfallenden Abgase können leicht an den Weltraum abgegeben oder sogar für Steuermanöver verwendet werden, und die verbliebene Asche stellt kein großes Platzproblem mehr dar. Allerdings sind Verbrennungsprozesse in Schwerelosigkeit, sofern sie nicht gerade in Triebwerken stattfinden, immer noch ein gefährliches Unterfangen und die technischen Erfordernisse hierfür weitestgehend unerforscht.

Anekdote

Bei einem Außeneinsatz an der ISS im November 2008 vergaß die amerikanische Astronautin Heidemarie Stephashyn-Piper eine Werkzeugtasche, die sie mit sich herumtrug, korrekt an einer Haltereling der Raumstation einzuhaken. Die Tasche driftete langsam davon, und die Astronautin bemerkte es erst, als diese bereits außerhalb ihrer Griffweite war. Einen halben Erdorbit (45 min) später driftete die Tasche allerdings wieder näher heran und wäre wieder greifbar gewesen, die Astronautin war jedoch nicht schnell genug darin, an der Außenseite der ISS entlangzuklettern, um sie zu greifen.

So umkreiste noch mehrere Monate lang diese Werkzeugtasche die Erde, entfernte sich langsam von der ISS und wurde von Hobbyastronomen mit Teleskopen mehrfach fotografiert, bis sie im August 2009 schließlich, durch die Rest-Luftreibung verlangsamt, in die Erdatmosphäre eintrat und verglühte.

Redundanz der Systeme

Wenn alle bisher beschriebenen Systeme korrekt funktionieren und alles wie am Schnürchen läuft, dann ist alles wunderbar. Doch was tut man, wenn etwas ausfällt? Zwar sind die Systeme im Innern des Raumschiffs (wie z. B. die Lebenserhaltungssysteme) prinzipiell wartbar, für Triebwerke und Luftschleusen, die Außenhülle und Landevorrichtungen ist dies aber bei Weitem nicht so einfach. Zudem gibt es Flugphasen wie den Start oder den Wiedereintritt, in denen schlicht keine Zeit für eine Reparatur ist. Die Systeme müssen einfach funktionieren. Und um ausfallsicher zu sein, ist die beste Methode, sie redundant zu bauen, also mindestens zwei davon verbaut zu haben.

Beispiele hierfür sind die Raketentriebwerke, mit denen bemannte Raketen starten: Alle Raketen sind dafür ausgelegt, dass eine, oder gar mehrere davon ausfallen können und trotzdem eine kontrollierte Fluglage beibehalten werden kann. Steuerdüsen sind in Gruppen angeordnet, in denen der Ausfall einer einzelnen Düse die Steuerfähigkeit nicht beeinträchtigt. Und nicht zuletzt gibt es auch für Lebenserhaltungssysteme stets ein Ersatzsystem, das zumindest eine zeitweilige Überbrückung ermöglicht, wenn das Primärsystem ausfällt.

Es ist, wann immer möglich, eine gute Idee, die redundanten Systeme in unterschiedlicher Bauweise und/oder von verschiedenen Herstellern bauen zu lassen. Schließlich wäre es reichlich schlecht, wenn sich ein systematischer Defekt in beiden Systemen herausstellt, während man sich gerade auf der Rückseite des Mondes befindet und dort beide gleichzeitig ausfallen.

Eine interessante Ausnahme stellte die Mondlandefähre des Apollo-Programms dar: Hier bewegte man sich auf Messers Schneide, da weder für die Lebenserhaltungssysteme noch die Triebwerke der Aufstiegsstufe noch viele der elektrischen Systeme aus Gewichtsgründen Redundanz vorlag. Durch einen abgebrochenen Schalter am Instrumentenpaneel wäre Apollo 11 beinahe nicht wieder vom Mond weggekommen. Man kann von Glück reden, dass es während der Mondlandungen zu keinen signifikanteren Ausfällen gekommen ist. Eine heutzutage durchgeführte Mondlandungsmission wird deutlich bessere Ausfallsicherheit mit sich bringen müssen!

Literatur

Clark JD (1972) Ignition! an informal history of liquid rocket propellants. Rutgers University Press, New Brunswick. ISBN 0-8135-0725-1

3 Ein Raumschiff fliegen

Wer als angehender Raumfahrer die vorherigen Kapitel aufmerksam gelesen hat und ein bisschen Heimwerkergeschick mitbringt (oder jemanden bezahlt, der dieses Geschick für ihn liefert), hat jetzt vielleicht sein eigenes Raumschiff zur Verfügung.

Es ist also höchste Zeit, sich nun mit Steuerung, Orientierung und Navigation auseinanderzusetzen! Ein Raumschiff zu fliegen ist nicht grundlegend komplizierter als ein Auto oder ein Schiff zu steuern – es ist nur durch andere Gegebenheiten und physikalische Gesetze bestimmt, die zunächst erlernt werden wollen.

3.1 Startvorbereitungen, Countdown und Start

Bevor es losgehen kann, muss der Start vorbereitet und entsprechend aller Vorsichtsmaßnahmen Schritt für Schritt durchgeführt werden. Die Details hängen hier natürlich sehr davon ab, mit welchem Raumschifftyp man starten möchte. Auch lassen sich viele Abläufe sehr verschieden gestalten. Hier eine grundlegende Übersicht.

Startvorbereitungen

Zunächst einmal benötigt man eine Startrampe und ein Raumschiff. Startrampen können je nach Raumschifftyp sehr unterschiedlich aufgebaut sein. Im Allgemeinen gibt es einen Startturm und ggf. eine

B. Ganse, U. Ganse, *Das kleine Handbuch für angehende Raumfahrer*,
https://doi.org/10.1007/978-3-662-54411-2_3

Abb. 3.1 Kennedy Space Center *Launch Pad 39A* (Zustand August 2016). Von hier starteten 12 Saturn-V-Raketen und 81-mal Spaceshuttles. Die 250 m lange Rampe mit 5 % Steigung besteht aus Beton und ermöglicht den horizontalen Antransport der Rakete mit dem *Crawler*. Der Feuerschacht ist 13 m tief, der Wasserturm 88 m hoch. Der Startturm stammt aus der Apollo-Ära

Startplattform aus Stahl und/oder eine Einrichtung, mit der eine Rakete aufgerichtet werden kann. Die NASA verwendet Startrampen aus Beton, in Baikonur werden die Raketen über eine tiefe Grube in der Erde gehängt. Die Startplattform 39A im Kennedy Space Center ist in Abb. 3.1 dargestellt. Während die Sojus-Raketen wie auch z. B. die Raketen der Firma SpaceX horizontal angeliefert und vor Ort auf der Startplattform aufgerichtet werden (Abb. 3.2), baut die NASA ihre Raketen und Raumschiffe im Allgemeinen im Vehicle Assembly Building (VAB, Abb. 3.3) bereits aufrecht stehend zusammen, installiert

Abb. 3.2 Die russischen Sojus-Raketen werden mit einem Zug angeliefert und erst vor Ort in die Senkrechte gebracht. (Bildquelle: NASA)

Abb. 3.3 Das *Vehicle Assembly Building* (VAB) im Kennedy Space Center. Hier werden Raketen zusammengebaut und stehend mit einem *Crawler* zur Startplattform gebracht. Das VAB ist eines der volumenmäßig größten Gebäude der Welt, in das manch anderer Wolkenkratzer mehrfach hineinpassen würde. Hier wurden die Saturn-V-Raketen vertikal zusammengebaut. Die Tore sind mit 139 m die höchsten Tore der Welt

Abb. 3.4 Ein *Crawler* unter einer Startplattform im Kennedy Space Center. Der *Crawler* dient dem Transport der Startplattformen und ist in der Lage, eine Plattform mitsamt Rakete zur Startrampe zu bringen. Aufgrund des erheblichen Gewichtes ist hierzu eine spezielle Straße, ein *Crawlerway*, gebaut worden. Dieser besteht aus Schichten aus Flusskies (oberste Schicht), Asphalt, Kalkstein und Füllstoffen. Diese Schichten sind über 2 m dick. Jede Spur ist 12,2 m breit

diese direkt auf einer Startplattform und fährt die Plattform samt der darauf stehenden Rakete mit einem *Crawler* zur Startplattform (Abb. 3.4).

Tipp für angehende Raumfahrer: Was macht man am Abend vor dem Start? Wer von Baikonur aus startet, sieht traditionell den Film „Die weiße Sonne der Wüste" aus dem Jahr 1970 im Kinosaal vor Ort, einen absoluten Kultfilm der Sowjetunion. Zunächst wurde dieser Film den Kosmonauten als Beispiel für gute Kameraführung gezeigt, damit diese auf ihrer Mission bessere Aufnahmen machen würden. Seit dem Sojus-11-Unglück dient er der Ablenkung am Abend vor dem Start und wurde zu einer glückbringenden Tradition.

Countdown

Vor dem Start müssen alle Informationen an einer Stelle zusammenlaufen und die Startfreigabe unter Beachtung aller wichtigen Kriterien wie der Funktionsfähigkeit der Systeme, des Wetters und des Zeitfensters für den Start erfolgen. Die Überwachung der Vorgänge vor dem

Abb. 3.5 Typische Arbeitsplätze im *Launch Control Center*, dem Startkontrollzentrum im Kennedy Space Center. Hier werden die Startvorgänge überwacht und kontrolliert. Sobald die Rakete abgehoben hat, wird an das *Mission Control Center* in Houston abgegeben

Start erfolgt bei der NASA im *Launch Control Center* im Kennedy Space Center (Abb. 3.5). Die Abfrage der Systeme und die Kontrolle der Vorgänge vor dem eigentlichen Start erfolgen nach einem festgelegten Schema, dem Countdown.

Der Countdown ist der wohl bekannteste Vorgang im Raumflug und wird von den Medien quasi als ikonisches Aushängeschild für die Raumfahrt verwendet. Erfunden wurde der Countdown übrigens vom deutschen Filmemacher Fritz Lang, der für den 1929 erschienenen Film „Frau im Mond" den Raketenstart besonders dramatisch erscheinen lassen wollte. Doch während im Fernsehen meist nur die letzten 10 Sekunden eines Countdowns gezeigt werden, ist der Countdown-Vorgang meist deutlich länger und komplizierter: Für aktuelle Raketenstarts beginnt die Zählung zumeist schon drei Tage vor dem tatsächlichen Starttermin. Es gibt zudem eine Unterscheidung zwischen der „T-Zählung" und der „L-Zählung": Beide zählen zum Startzeitpunkt herunter, nur die L-Zählung gibt hierbei die tatsächlich verbleibende, reale Zeit an. Die T-Zählung hingegen kann gelegentlich angehalten und vor- oder zurückgeschoben werden, um eventuell

Abb. 3.6 Zeitanzeigen im *Space Shuttle Launch Control Center* des Kennedy Space Centers. *Universal time* = Universalzeit in Tagen, Stunden, Minuten und Sekunden seit Jahresanfang. *Shuttle-Countdown* = T-Zählung. *Local time* = Zeit vor Ort. *Window remaining* = Zeit bis zum Ende des Startfensters. *Post lox drainback elapsed time* = Zeit die das Spaceshuttle noch betankt stehen kann. *Hold time remaining* = verbleibende Zeit, bis der Countdown fortgeführt wird

auftretenden Problemen ein Zeitfenster zu geben, in denen sie behoben werden können. Es ist nicht unüblich, dass bis „T minus 10 Minuten" heruntergezählt wird, der Countdown dort für eine halbe Stunde angehalten wird (*hold time*, s. Abb. 3.6) und noch einmal final alle Systeme durchgecheckt werden, bis dann schließlich der *Terminal Count* weiterläuft. Aus den Medien kennt jeder die Ansage: „Ten seconds to lift-off. Nine, eight, seven, six, five, four, three, two, one. Lift-off!" (Oder: „Ignition/Go").

Warum Raketen dampfen und beim Start Eis herunterfällt

Fotos und Filmaufnahmen von Raketen vor dem Start zeigen häufig, dass große Mengen Dampf aus dieser austreten - sowohl am oberen Ende der Tanks als auch bei den Triebwerken. Dies liegt an den verwendeten Treibstoffen, z. B. flüssigem Sauerstoff und Wasserstoff, die bei sehr niedriger Temperatur in den Tanks gelagert werden. Da die Tanks jedoch aus Gewichtsgründen nur aus einer dünnen Metallhülle bestehen, sind sie keine sonderlich guten thermischen Isolatoren, und diese Flüssiggase verdampfen ständig. Sie kochen quasi weg, da sie über ihre Verdampfungstemperatur erhitzt werden. Es ist dieses überschüssige kalte Gas, das durch Überdruckventile am oberen Ende der Tanks abgegeben wird und die Luftfeuchtigkeit kondensieren lässt, sodass sich Dampf bildet. Wenige Sekunden vor dem Start wird in Raketen mit aktivem Triebwerkskühlsystem (vgl. Abschn. 2.3) außerdem bereits flüssiger Sauerstoff durch die Triebwerksdüsen geleitet, um diese herunterzukühlen, sodass auch am unteren Ende der Rakete Gas austritt.

Ein weiterer Nebeneffekt der kalten Flüssiggase in schlecht isolierten Tanks ist, dass sich an der Außenseite Eis am Tank bildet, insbesondere bei Startplätzen mit feuchtem Klima, wie in Florida und Französisch-Guyana. Sobald bei der Triebwerkszündung Vibrationen einsetzen, fällt dieses Eis in kleinen bis größeren Brocken ab, was in vielen Startvideos zu sehen ist.

Eine Ausnahme bildete das Spaceshuttle: Hier bestand (wie sich später herausstellte sehr berechtigte) Angst, dass die herunterfallenden Eisbrocken die Hitzeschutzkacheln des Orbiters treffen und gefährden könnten, sodass der große Außentank mit einem Isolationsschaum umgeben wurde, durch den die charakteristische orange Farbe zustande kam.

Der Start

In den letzten Sekunden des Countdowns schließlich starten die Triebwerke und Sensoren, und Bordcomputer überprüfen ein letztes Mal die korrekte Funktionsfähigkeit aller Systeme.

Sobald der Countdown 0 erreicht, lösen sich die Haltehaken an der Startplattform und lassen die startende Rakete los. Was im Detail auf der Startplattform stattfindet, sieht man in einem beeindruckenden Video, das in QR-Code Abb. 3.7 verlinkt ist.

Nach dem *Liftoff*, also dem Verlassen der Startrampe, folgt der Aufstieg durch die Erdatmosphäre – oder, wenn man von einem anderen Himmelskörper aus startet, eventuell auch durch keinerlei Atmosphäre.

Abb. 3.7 Videoaufnahme der Vorgänge direkt auf der Startplattform beim Start. https://www.youtube.com/watch?v=DKtVpvzUF1Y

Die erste Aufgabe ist es nun, rasch an Höhe zu gewinnen. Bevor man anfangen kann, orbitale Geschwindigkeit aufzubauen, sollte man möglichst schnell die Teile der Atmosphäre mit hohem Luftdruck und somit hoher Reibung hinter sich lassen und zudem mindestens eine Flughöhe einnehmen, die einem einen sicheren Abstand von jeglichen geografischen Hindernissen wie Bergen oder Kraterrändern bietet. Relativ bald sollte man allerdings anfangen, die Flugbahn leicht in die gewünschte Richtung zu neigen (welche das ist, wird in Abschn. 3.3 erklärt), sodass die Rakete beginnt, sich aufgrund der Schwerkraftwirkung langsam in diese Richtung zu neigen. Auf diese Weise kann ein graduelles Herüberschwenken in die Horizontale, der *Gravity Turn* erreicht werden, bei dem die aerodynamischen Kräfte dennoch stets größtenteils längs auf die Rakete wirken und starke Querkräfte vermieden werden.

Start und Aufstieg durch die Atmosphäre gehören zu den gefährlichsten Flugphasen, da hier große Triebwerke viel Schub erzeugen und somit bei Fehlfunktionen Explosionsgefahr besteht. Daher besitzen bemannte Raumfahrzeuge fast immer ein Startrettungssystem, das die Raumkapsel im Notfall schnell vom Rest der (explodierenden) Rakete entfernen kann. In vielen Fällen handelt es sich hierbei um eine kleine Feststoffrakete am obersten Ende, die die Kapsel nach oben und seitlich wegziehen kann (s. Abb. 3.8), beim Dragon-Raumschiff sind es hingegen die eingebauten SuperDraco-Triebwerke, die diese Funktion erfüllen sollen. Dieses System ist keinesfalls angenehm zu benutzen, es beschleunigt ausgesprochen heftig (mehr als 14-fache Erdbeschleunigung) für wenige Sekunden, um möglichst schnell aus der Gefahrenzone zu gelangen. Bisher ist solch ein System nur ein einziges Mal mit einer Besatzung ausgelöst worden, als im September 1983 die Sojus-T-10a-Rakete wenige Sekunden vor dem Start ein Kerosinleck erlitt, Feuer fing und kurz darauf explodierte. Beide Kosmonauten blieben dank des Startrettungssystems unverletzt. Die Spaceshuttles hatten kein derartiges Rettungssystem

Abb. 3.8 Das Startrettungssystem der Orion-Kapsel ist eine kleine Feststoffrakete, die an der Spitze der Rakete sitzt und im Notfall die Raumkapsel mit starker Beschleunigung nach oben von der restlichen Rakete wegziehen kann. Danach öffnen sich die Fallschirme, und die Raumkapsel landet in Sicherheit, einige Kilometer vom Startplatz entfernt. Ähnliche Systeme existieren bei quasi allen bemannten Raumfahrzeugen (das Spaceshuttle ist eine der wenigen Ausnahmen)

vorgesehen - während die Feststoffbooster brannten, war keine Startrettung möglich, was bei der Challenger-Katastrophe verhängnisvoll wurde.

Wenn schließlich die Bereiche der Atmosphäre erreicht werden, in denen die Luftreibung und Auftriebskräfte vernachlässigbar sind, spricht nichts mehr dagegen, das Raumfahrzeug in eine beliebig quer zur Flugrichtung stehende Ausrichtung zu drehen, um optimal Schub für die gewünschte Flugbahn zu geben. Außerdem können eventuelle Verschalungen, das Startrettungssystem, Steuerflügel oder sonstige aerodynamische Hilfsmittel nun abgeworfen werden, um Gewicht zu sparen (es sei denn, man verwendet ein voll wiederverwendbares Raumschiff).

Die Aufgabe der Triebwerke endet an diesem Punkt allerdings noch nicht! Wie Abschn. 3.3 später noch genauer erläutern wird, ist es für einen stabilen Orbit nicht nur notwendig, weit genug *oben* zu sein, sondern sich auch mit einer hohen Geschwindigkeit seitlich zu bewegen. Die Beschleunigung auf die richtige Bahngeschwindigkeit macht sogar einen entscheidenden Anteil der Triebwerksgesamtlaufzeit aus: Es wird tatsächlich weniger Energie benötigt, um ein Kilogramm Masse auf die Höhe der ISS zu heben, als benötigt wird, dasselbe Kilogramm auf die Bahngeschwindigkeit zu beschleunigen!

3.2 Lenkung und Steuerung

Autos, Schiffe, Flugzeuge, Fahrräder und Pferde – all diese erdgebundenen Fortbewegungsmittel, die einem jeden aus dem Alltag bekannt sind, haben gemein, dass sie eine klare „Vorne"- und „Hinten"-Richtung aufweisen und sich im Normalfall geradewegs nach vorne bewegen. Um zu einem gewünschten Zielpunkt zu kommen, muss man auf der Erde lediglich sein Gefährt in Richtung des Ziels ausrichten, beschleunigen und warten, bis man ankommt.

Diese Strategie funktioniert mit einem Raumschiff nicht, auch wenn Science-Fiction uns diese idealisierte Vorstellung gerne weismachen möchte. Um im Weltraum von einem Punkt zum anderen zu gelangen, muss man als Erstes aufhören, in geraden Linien zu denken und stattdessen das Zusammenspiel von Schwerkraft und Schub im Hinterkopf behalten, das sich primär in verschiedenartigen Ellipsen und Hyperbeln darstellt. Dieses Kapitel hat den Anspruch, dieses Zusammenspiel verständlich zu machen und auch Unerfahrenen die Steuerung eines Raumschiffs zu ermöglichen.

Die wichtigste Regel zuerst:

Ruhe bewahren.

Bei der Steuerung eines Raumschiffs hat man immer ausreichend Zeit, sich genau zu überlegen, was man eigentlich tut. Einzelne Vorgänge liegen selten weniger als eine halbe Stunde auseinander.[1]

Joysticks, Hebel und Steuerdüsen

Schaut man sich die Cockpits real existierender Raumschiffe an (Abb. 3.9), so fällt als generelle Gemeinsamkeit auf:

[1] Falls irgendeiner unserer Leser in diesem Moment gerade in einem Raumschiff sitzt und eine Navigationsentscheidung mithilfe dieses Buches zu treffen versucht, empfehlen die Autoren, zunächst den eigenen Puls zu messen.

Abb. 3.9 NASA-Astronaut Scott Kelly im Cockpit einer russischen Sojus-Kapsel. In der unteren Mitte der Instrumente sieht man, links und rechts neben dem Sichtschirm, die zwei Joysticks zur Steuerkontrolle. (Bildquelle: NASA)

1. Sie haben alle unglaublich viele Schalter und Knöpfe.
2. Sie haben alle jeweils zwei Steuerknüppel.

Der erste Punkt ist einfach der Komplexität der Systeme geschuldet, die in einem Raumschiff vorhanden sind (vgl. Kap. 2) und ist zusätzlich besonders ausgeprägt, weil in den 60er- und 70er-Jahren, als viele Raumschiffkonzepte kreiert wurden, die Automatisierung bei Weitem noch nicht so weit fortgeschritten war, wie sie es heutzutage ist.

Das Entscheidende in diesem Kapitel ist jedoch der zweite Punkt: *Sie haben alle jeweils zwei Steuerknüppel*, einen für die linke und einen für die rechte Hand (auch wenn diese nicht immer eine typische Joystickform haben, sondern teilweise als Ventilgriff oder als eher klotzförmiges Kontrollelement ausgeführt sind). Wieso ist das so? Von komplett verschiedenen Nationen über mehrere Jahrzehnte gebaute Raumschiffe, und doch ist die grundlegende Steuerkontrolle quasi identisch? Um dies zu verstehen, muss man zunächst überlegen: Was heißt es eigentlich, im Weltraum zu steuern?

Wie in Abschn. 2.3 beschrieben sind Raketenantriebe die einzige praktikable Methode, im Weltraum Kraft auf ein Raumschiff auszuüben. Neben den großen Haupttriebwerken kommen eine vielzahl weiterer Düsen hinzu. Die verhältnismäßig kleinen, rund um ein

Raumschiff herum angebrachten Raketendüsen bezeichnet man als *Steuerdüsen*, und das gesamte Steuerungssystem als das *Reaktive Kontrollsystem* (engl. *Reaction Control System*, RCS). Abb. 3.10 zeigt Beispiele für Steuerdüsen-Gruppen an einem Apollo-Service-Modul und der Nase eines Spaceshuttles.

Diese Steuerdüsen sind auf den ersten Blick scheinbar wahllos an allen möglichen Ecken und Enden des Raumfahrzeugs angebracht, und jede von ihnen schaut in eine andere Richtung. Doch hinter ihnen steckt eine einfache Logik (hier als einfaches Beispiel in zwei Dimensionen dargestellt): Dadurch, dass man seine Steuerdüsen möglichst weit entfernt vom Massenschwerpunkt des Raumschiffs anbringt, versetzen sie es in Drehung, wenn sie gezündet werden. Eine Steuerdüse an der Nase des Raumschiffs „drückt die Nase herum", während eine Steuerdüse am Heck des Schiffs „das Heck herumdrückt". Nun hat man zwei Möglichkeiten, diese zu betätigen (Abb. 3.11):

Abb. 3.10 Beispiele für Steuerdüsen-Anordnungen: (**a**) Eine Steuerdüsengruppe an einem Apollo-Service-Modul. (**b**) Die Nase eines Spaceshuttle-Orbiters. Es sind jeweils Düsen in allen erdenklichen Richtungen angeordnet

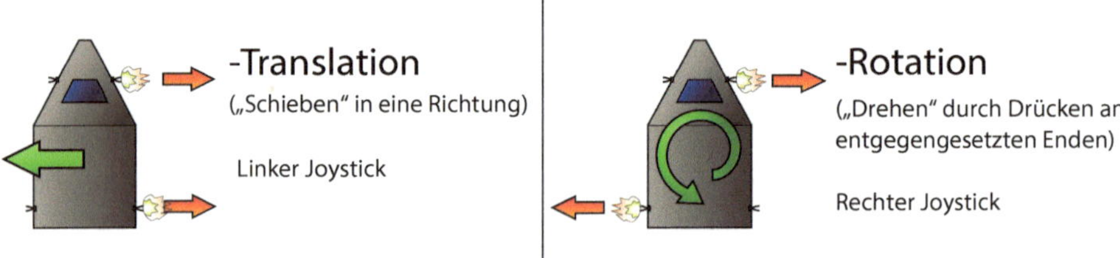

Abb. 3.11 Die zwei primären Modi, in denen Steuerdüsen verwendet werden: für lineare Bewegung („Translation") und zur Drehung des Raumschiffs („Rotation")

1. Zündet man sowohl die Düse an der Nase als auch die Düse am Heck, und zwar gleichzeitig auf derselben Seite, so erfährt das Schiff sowohl vorne als auch hinten, einen Rückstoß. Das entstehende Drehmoment hebt sich auf, und das Schiff wird einfach seitlich in eine Richtung beschleunigt. Dies nennt man eine *Translation*.
2. Werden hingegen die Nasen- und Hecksteuerdüse auf entgegengesetzter Seite gezündet, so wirkt der Rückstoß auf dieselbe Art, als würde man sowohl am Bug als auch am Heck auf das Raumschiff drücken: Die lineare Beschleunigung der Düsen hebt sich auf, es kommt allerdings zu einer Drehbeschleunigung und somit zur *Rotation*.

Und genau diese Funktionen haben die beiden Joysticks in einem jeden bisher gebauten Raumschiffcockpit: Mit dem rechten Joystick dreht man das Schiff um seine Achsen (für gewöhnlich handelt es sich dabei um einen Joystick, den man auch um seine Längsachse drehen kann, um die Längsdrehung des Schiffs zu steuern), und mit dem rechten Joystick kann man in die drei Raumrichtungen beschleunigen. Bei der Bedienung heißt es auch hier wieder: Ruhe bewahren! Wildes herumfuchteln mit den Knüppeln führt zumeist nur dazu, dass das Raumschiff in eine unkontrollierte Taumelbewegung gerät.

Tipp für angehende Raumfahrer Zunächst sollte man die Drehung seines Raumschiffs unter Kontrolle bringen und es so ausrichten, dass eine komfortable Vorstellung davon, wo „oben" und „unten" ist, existiert (wie diese Begriffe definiert werden, ist dabei jedem selbst überlassen). Erst dann sollte man nach dem linken Joystick greifen und beginnen, tatsächliche Flugmanöver durchzuführen.

Triebwerke

Steuerdüsen allein sind jedoch nicht besonders stark – schließlich dienen sie lediglich dazu, das Raumschiff in eine Richtung auszurichten, oder für präzise Steuerbewegungen bei Andockmanövern. Um die großen Geschwindigkeiten zu erreichen, die man sowohl zum Verlassen der Anziehungskraft eines Planeten benötigt, als auch um die gigantischen Entfernungen zwischen Himmelskörpern in erträglicher Zeit zu überwinden, benötigt man hingegen etwas deutlich Kraftvolleres (vgl. Abschn. 2.3). Quasi jedes Raumschiff hat daher ein oder mehrere Haupttriebwerke, durch dessen Ausstoßrichtung sich „vorne" und „hinten" des Raumschiffs definieren.

Für Flugmanöver, bei denen eine signifikante Geschwindigkeitsänderung vonnöten ist, kommen primär diese Haupttriebwerke zum Einsatz – und da in den meisten Manövern eine möglichst schnelle Änderung der Geschwindigkeit die Berechnungen deutlich vereinfacht, werden die Triebwerke typischerweise mit vollem Schub eingesetzt. Der Raumflug gliedert sich also in eine Abfolge kurzer Brennvorgänge, die durch lange Wartezeiten unterbrochen werden. Bei einem bemannten Raumfahrzeug werden diese Brennvorgänge typischerweise mit einem Countdown eingeleitet.

Auch nach dem Start zählt dieselbe Uhr die Missionszeit weiter. Hier werden dann nicht mehr negative Sekunden zum Start herunter-, sondern es wird die Brennzeit der Triebwerke hochgezählt.

Stufentrennung

Da jedes mitgeführte Kilogramm Masse gleich mehrere Kilogramm zusätzlichen Treibstoff erfordert, macht es beim Start häufig Sinn, Triebwerke und Tanks abzuwerfen, sobald sie beim Start nicht mehr benötigt werden (der mathematische Hintergrund der *Raketengleichung* wurde in Abschn. 2.3 schon behandelt). Da zusätzlich das Expansionsverhältnis der Triebwerke stets zu den atmosphärischen Bedingungen der aktuellen Flugphase passen sollte (vgl. Abschn. 2.3), ist es üblich, Raketen in mehreren Stufen zu bauen, die nacheinander gezündet und, nachdem sie ausgebrannt sind, abgeworfen werden. Beim Start beginnt meist eine kraftvolle erste Raketenstufe mit vielen Triebwerken, die für den Betrieb in der Erdatmosphäre vorgesehen sind, das Raumschiff von der Startrampe zu heben und durch die Bereiche starken Luftwiderstands zu schieben. Wenn diese schließlich in einigen Dutzend Kilometern Höhe abgeworfen wird, ist jedoch immer noch ein Restluftdruck vorhanden, der weiterhin Luftreibung hervorruft.

Beim *Stufentrennungsvorgang* müssen daher mehrere Prozesse gleichzeitig im Hinterkopf gehalten werden, für die ein brauchbarer Kompromiss des Stufentrennungsvorgangs gefunden werden muss:

- Da nach der Abschaltung der Triebwerke der vorherigen Stufe einen Moment lang kein Schub produziert wird, aber weiterhin Luftreibung vorliegt, verliert das Raumschiff während des

Trennungsvorgangs an Geschwindigkeit. Um diesen Verlust zu minimieren, sollte dieser also so schnell wie möglich durchgeführt werden.

- Das Abschalten eines Raketentriebwerks passiert jedoch nicht instantan. Verbliebene Restmengen an Treibstoff verbrennen noch ein paar Sekunden länger in der Brennkammer des Triebwerks und erzeugen noch eine gewisse Menge Restschub. Bei der Stufentrennung muss daher darauf geachtet werden, dass die soeben abgetrennte Stufe sich nicht gleich wieder an den oberen Teil der Rakete herandrückt (wie es bei einem der ersten Starts einer Falcon-Rakete passierte).
- Sobald die Stufentrennung erfolgt ist, werden typischerweise die Raketentriebwerke der Folgestufe gezündet und blasen ihre heißen Abgase nach hinten hinaus. Wenn zwischen der Abtrennung und der Zündung nicht genug Zeit gelassen wurde und die Raketenabgase die soeben abgetrennte Stufe treffen, ohne das diese dafür konstruiert wurde, kann es zu Problemen bis hin zur Tankexplosion kommen! Die Stufe sollte also entweder seitlich aus dem Weg bewegt werden oder, wie es bei der Sojus-Rakete der Fall ist, mit einem Hitzeschild am oberen Ende versehen werden.
- Zwischen der Abschaltung der unteren Stufe und der Zündung der oberen befindet sich das Raumfahrzeug für einen kurzen Moment im freien Fall, es wirkt also für eine kurze Weile Schwerelosigkeit auf den gesamten Inhalt. Für flüssigkeitsgefüllte Tanks, wie sie z. B. in Flüssigtriebwerken zum Einsatz kommen, bedeutet das, dass keine Schwerkraft mehr den Tankinhalt „unten“ hält, sondern sich dieser schnell frei im Tankvolumen verteilen kann. Bei der Zündung der oberen Stufe könnten somit Luft- oder Gasblasen angesaugt werden und zu Problemen im Triebwerk führen. Dieses als *Fuel Slushing* bezeichnete Problem kann man auf mehrere Arten in den Griff bekommen: Eine Möglichkeit stellen kleine Feststoffraketen, *Ullage Thrusters* an der oberen Stufe dar, die kurz vor der Stufenzündung ein wenig Beschleunigung bewirken, sodass sich der Tankinhalt wieder am richtigen Ende sammelt. Die Raketen des Apollo-Programms arbeiteten nach diesem Prinzip, während die SpaceX-Raketen hierfür aus Sicherheitsgründen nur Kaltgasdüsen einsetzen. Die von den Sojus-Raketen verwendete Alternative besteht darin, das Triebwerk der zweiten Stufe tatsächlich bereits vor der Stufentrennung mit geringer Drosseleinstellung zu starten (ein weiterer Grund, weswegen der Hitzeschild am oberen Ende der

ersten Stufe notwendig ist) und somit die Freifallphase komplett zu umgehen.

Technisch wird die Stufentrennung zumeist durch Spiralfedern durchgeführt, die die beiden Stufen auseinanderdrücken. Im Normalzustand sind diese komprimiert und werden durch eine Halterung (wie z. B. Stahldraht) zusammengehalten. Im Moment der Stufentrennung wird diese Halterung mit einem kleinen Sprengsatz geöffnet, sodass die Stufen auseinandergedrückt werden. Ebenso sind Pressluftsysteme oder Systeme, die den Restdruck im Treibstofftank nutzen, denkbar.

Außerhalb der Atmosphäre und in einem Orbit angekommen muss man sich nun Gedanken darüber machen, wie man seinen Zielpunkt erreichen kann.

3.3 Navigation im Weltraum

Wer im Physikunterricht aufgepasst hat, weiß: Ohne Luft oder sonstiges Medium im Weltraum gibt es auch keine Reibung, und ohne Reibung bewegt sich alles, einmal angestoßen, auf einer geraden Linie fort. Besteht also Navigation im Weltraum einfach nur daraus, eine gerade Linie zwischen Start- und Zielpunkt zu ziehen und dieser strikt zu folgen? Im freien, leeren Raum jenseits des Sonnensystems, außerhalb der Milchstraße, fernab jeglicher Massekonzentrationen wäre dies tatsächlich so, die Wirklichkeit der bemannten und unbemannten Raumfahrt spielt sich jedoch aktuell – und auch sicher noch für einige Jahrhunderte – innerhalb unseres Sonnensystems ab, in dem Flugbahnen durch die Schwerkraftwirkung von Sonne, Erde und allen anderen Himmelskörpern beeinflusst werden.

„Im Weltraum sein" bedeutet daher einen Großteil der Zeit, sich im Orbit um einen Planeten oder Mond zu befinden. Doch was ist eigentlich ein Orbit?

Der Orbit

Würde man mit einer Rakete einfach senkrecht nach oben starten und an der Flughöhe der ISS ankommen, so hätte dieser Aufenthalt im Weltraum nur eine kurze Dauer: Man würde schlicht und ergreifend von der Schwerkraft der Erde wieder angezogen werden und schließlich

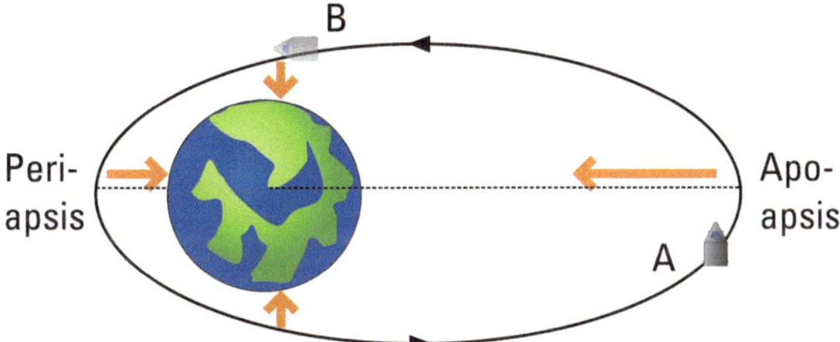

Abb. 3.12 Ein Raumschiff, das sich in einem Orbit um die Erde befindet, *fällt* permanent um diese herum. Das Raumschiff aus Position A bewegt sich schnell genug seitlich, um beim Fallen die Erde zu verfehlen, sodass schon in Position B die Schwerkraft (orange Pfeile) in eine andere Richtung zieht. Schließlich fällt es um den Planeten herum und kommt am selben Ausgangspunkt wieder an

auf die Erdoberfläche zurückfallen. In der richtigen Höhe zu fliegen ist also offenbar noch nicht ausreichend, um von einem Orbit zu reden.

Der entscheidende Trick ist, sich schnell genug seitlich um den Planeten herumzubewegen; so schnell sogar, dass man quasi *am Planeten vorbeifällt*!

Abb. 3.12 illustriert diesen Vorgang: Ein Beispielraumschiff fliegt um einen erdähnlichen Planeten, während die Schwerkraft (dargestellt durch orangene Pfeile) auf es wirkt. Das abgebildete Raumschiff am Punkt A bewegt sich dabei ausreichend schnell um den Planeten herum, sodass es, während es durch die Schwerkraft herunterfällt, den Planeten vollkommen verfehlt. Wenn es schließlich den Punkt B erreicht, ist es bereits ein Viertel um den Planeten herum, und die Schwerkraft wirkt längst nicht mehr in dieselbe Richtung! Tatsächlich führt die Schwerkraft vom Punkt B aus wiederum dazu, dass es hinunterfällt und mit noch deutlich mehr Schwung um den Planeten herum befördert wird.

Schließlich kommt es wieder an seinem Ausgangspunkt an, und dieselbe Geschichte wiederholt sich aufs Neue. Der deutsche Astronom Johannes Kepler entdeckte diese Gesetzmäßigkeit bereits im Jahre 1609 und formulierte sie als das *1. Kepler'sche Gesetz*:

> Körper bewegen sich auf geschlossenen Ellipsenbahnen, wobei sich der Zentralkörper in einem Brennpunkt der Ellipse befindet.

Die Flugbahn eines Orbits ist also stets eine Ellipse und man bezeichnet den Punkt, der dem Zentralkörper am nächsten liegt, als „Periapsis" (aus dem Griechischen, „nah am Körper") und den fernsten

Punkt als „Apoapsis" („fern vom Körper"). Je nach Zentralkörper heißen sie genauer Apo- und Perigäum (Erde), Apo- und Periluna (Mond), Apo- und Perihelion (Sonne), Apo- und Pericytherion (Venus) etc. Der Sonderfall einer Ellipse, bei der diese beiden Punkte denselben Abstand vom Zentralkörper haben, ist ein Kreis, und für sehr viele Satellitenumlaufbahnen ist eine Kreisform tatsächlich von Vorteil.

Das zunächst Entscheidende an diesem Gesetz ist, dass es sich um *geschlossene Bahnen* handelt. Das bedeutet: Befindet sich ein Raumschiff zu einem bestimmten Zeitpunkt seines Orbits an einem Punkt, so wird es auch im darauffolgenden und allen weiteren Orbits durch *denselben* Punkt fliegen, wenn keine sonstige Steuerbewegung ausgeführt wird. Diese Eigenschaft machen sich zum Beispiel Wettersatelliten zunutze: Sie umkreisen die Erde auf einer Umlaufbahn, die über die Pole führt. Während ihre Umlaufbahn sie stets durch dieselben Punkte im Raum führt, dreht die Erde sich mit ihrer 24-stündigen Umdrehung langsam unter ihnen dahin, sodass sie jeden Punkt auf der Erdoberfläche zweimal am Tag überfliegen und so ein komplettes Bild der Erdoberfläche (und des Wetters) aufzeichnen können.

Aus dem 1. Kepler'schen Gesetz folgt jedoch auch etwas ganz Entscheidendes für Steuerbewegungen, die mit einem Raumschiff ausgeführt werden: Sie ändern niemals die Tatsache, dass das Raumschiff auch im nächsten Orbit wieder denselben Punkt passieren wird. Abb. 3.13 illustriert dies an Beschleunigungs- bzw. Bremsmanövern: Diese beeinflussen nicht im Geringsten die Form der Bahnkurve an der Position, an der sie durchgeführt werden; auf der entgegengesetzten Seite hingegen haben sie einen deutlichen Effekt.

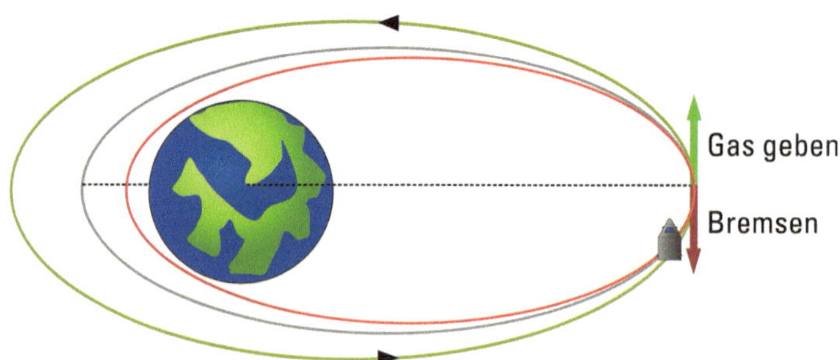

Abb. 3.13 Ein Beschleunigungs- oder Bremsmanöver, das an einem beliebigen Punkt eines Orbits ausgeführt wird, verändert primär die Form des Orbits am gegenüberliegenden Ende

Außerdem kommt es hier zu einem höchst unerwarteten Effekt: Bremst man an einer Stelle des Orbits ab, verringert man also seine Geschwindigkeit, so fällt man folglich näher am Zentralkörper vorbei. Dies führt jedoch dazu, dass man mit deutlich mehr Schwung am entgegengesetzten Punkt des Orbits vorbeifliegt. Mit anderen Worten: Wenn man abbremst, wird man schneller!

Genauer in Worte gefasst hat diesen Sachverhalt wiederum Johannes Kepler, im *2.* und *3. Kepler'schen Gesetz*:

Ein von der Sonne zum Planeten gezogener Fahrstrahl überstreicht in gleichen Zeiten gleich große Flächen.

Die Quadrate der Umlaufzeiten zweier Planeten verhalten sich wie die Kuben der großen Bahnhalbachsen.

Rechenübung: Umlaufzeit von Raumschiffen und Flughöhe von Fernsehsatelliten

Das 3. Kepler'sche Gesetz schreibt sich als mathematische Formel für die Umlaufzeiten T und Halbachsen a zweier Körper:

$$\left(\frac{T_1}{T_2}\right)^2 = \left(\frac{a_1}{a_2}\right)^3. \tag{3.1}$$

Doch diese Formulierung erlaubt es nicht ohne Weiteres, die Umlaufzeiten oder Flughöhen eines Raumschiffs oder Satelliten zu berechnen. Dazu erfordert es, die Umlaufzeit und Masse eines Körpers (wie z. B. des Mondes) genau zu vermessen und die Gesetzmäßigkeit, die diese in Proportionalität setzt, abzuleiten.

Dankenswerterweise haben Astronomen diese Aufgabe bereits übernommen, und die tatsächliche Formel für die Umlaufzeit ergibt sich zu

$$T^2 = \frac{4\pi^2}{GM}a^3, \tag{3.2}$$

mit der Kreiszahl π, der Newton'schen Gravitationskonstante $G = 6.67 \cdot 10^{-11}\,\frac{\text{m}^3}{\text{kg}\cdot\text{s}^2}$ und der Masse M des Zentralkörpers (für die Erde: $M_E = 5.97 \cdot 10^{24}$ kg).

Mit dieser Formel ist es nun möglich, z. B. die Umlaufzeit der ISS zu berechnen, indem man ihre Flughöhe von grob 416 km plus den Erdradius von 6378 km addiert und als große Halbachse einsetzt:

$$T_{\text{ISS}} = \sqrt{\frac{4\pi^2}{GM_E}(6794\text{ km})^3} = 5575\,\text{Sekunden} = 92.9\,\text{Minuten}. \tag{3.3}$$

Die ISS fliegt also in ein bisschen mehr als 1,5 Stunden einmal um die Erde.

Fernsehsatelliten haben eine *geostationäre* Umlaufbahn, d. h., sie befinden sich permanent über demselben Punkt auf der Erde. Also müssen sie eine Umlaufzeit von genau 24 Stunden haben, um sich exakt einmal am Tag um die Erde herumzubewegen. Durch Umstellen der Gleichung nach a kann somit die geostationäre Flughöhe berechnet werden:

$$a = \sqrt[3]{\frac{GM}{4\pi^2}T^2} = 42227\,\text{km}. \tag{3.4}$$

Alle Fernsehsatelliten fliegen also in 42.000 Kilometer Entfernung vom Erdkern bzw. knapp 35.000 Kilometer über der Erdoberfläche.

Hohmann-Transfer

Der Transfer von einem Orbit in einen anderen gehört zu den grundlegenden Flugmanövern, die man im Weltraum beherrschen muss, und ist von elementarer Wichtigkeit, um Raumstationen und andere Himmelskörper zu erreichen. Das Grundprinzip ist hierbei ganz einfach: Wie im vorherigen Abschnitt gezeigt, führt eine Beschleunigung in Vorwärtsrichtung an einem beliebigen Punkt im Orbit dazu, dass das entgegengesetzte Ende des Orbits angehoben bzw. abgesenkt wird, wenn eine Beschleunigung gegen die Bewegungsrichtung stattfindet. Möchte man also von einem niedrigen Orbit in einen höheren wechseln, gibt man zunächst ausreichend Schub, um das entgegengesetzte Ende auf die Zielhöhe anzuheben, wartet dann eine halbe Umrundung ab, während der man dem (nun elliptischen) Orbit folgt, und beschleunigt schließlich auf der Zielhöhe erneut in Vorwärtsrichtung, um auch den Ausgangspunkt anzuheben und den Orbit zu zirkularisieren, also von einer Ellipse in einen Kreis zu verwandeln (s. Abb. 3.14).

Dieses Verfahren bezeichnet man als *Hohmann-Transfer*, benannt nach Walter Hohmann, der dieses Verfahren bereits 1925 in seinem Buch *Die Erreichbarkeit der Himmelskörper* vorschlug (Hohmann 1925).

Ist der Zielorbit selbst elliptisch, ist es am einfachsten, zunächst die Apoapsis, also den erdfernsten Punkt, korrekt an den Zielorbit anzupassen. Dafür muss man exakt auf der gegenüberliegenden Seite des Zentralkörpers mit seinem Brennvorgang beginnen und somit die Apoapsis anheben, bis sie sich mit dem Zielorbit deckt. Versucht man stattdessen, von einem anderen Punkt entlang des Ausgangsorbits den Transfer zu beginnen, wird er sowohl energieineffizienter als auch

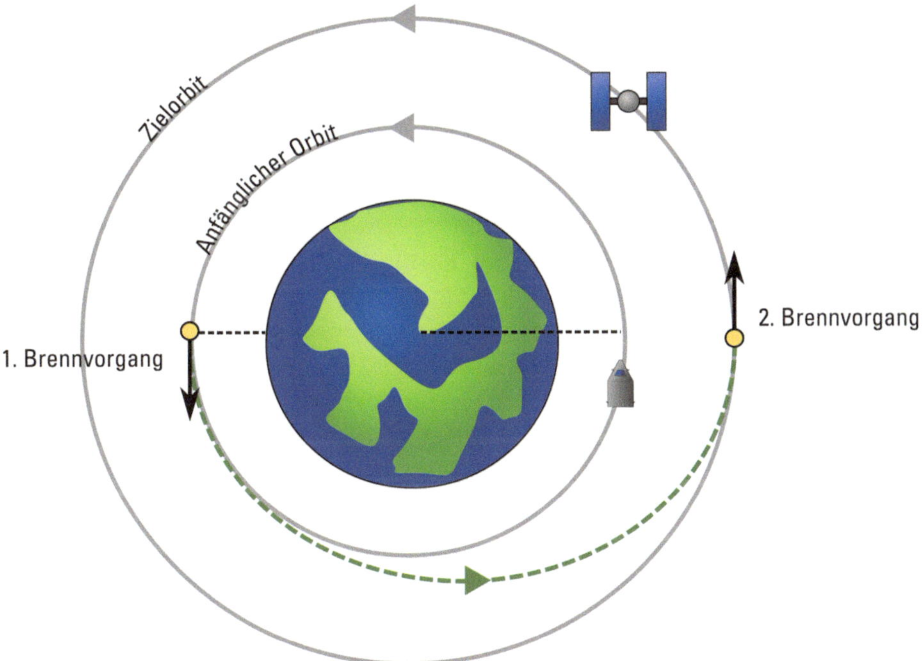

Abb. 3.14 Schema eines Hohmann-Transfers. Vom Ausgangsorbit wird zunächst in einen einseitig angehobenen Transferorbit gewechselt und dieser schließlich zirkularisiert

deutlich schwieriger zu steuern, da in diesem Fall die Schubrichtung nicht mehr nur direkt in oder entgegen der Flugrichtung stehen muss.

Dieses Verfahren ist unkompliziert, energieeffizient und praktisch – aber leider auch sehr langsam: Ein Hohmann-Transfer wird immer eine halbe Umrundung des Zentralkörpers benötigen. Während diese Zeit für Manöver im Erdorbit noch praktikabel ist, würde bei einem Flug zum Jupiter dieses Manöver ungefähr 6 Jahre dauern. Für eine bemannte Mission in das äußere Sonnensystem wird also wohl ein treibstoffintensiverer Flugplan, bei dem zunächst auf einen deutlich elliptischeren Transferorbit beschleunigt und anschließend stärker in den Zielorbit abgebremst wird, vonnöten sein.

Drehen der Orbit-Ebene

Die bisherigen Betrachtungen orbitaler Manöver beschränkten sich vollkommen auf eine einzelne Ebene, als wären Umlaufbahnen um

Planeten eine zweidimensionale Angelegenheit. In Wirklichkeit jedoch sind Planeten (nahezu) kugelförmig und Umlaufbahnen in alle denkbaren Richtungen (sog. Inklinationen) um diese möglich: entlang des Äquators von Ost nach West sowie von West nach Ost, über die Pole und in beliebigen anderen schrägen Winkeln.

Man ist gut dran, wenn man von seinem Raketenstartplatz aus einfach in die richtige Richtung starten und von dort die gewünschte Zielorbit-Ebene direkt erreichen kann. Dann muss man sich in der Folge um die dreidimensionale Natur der Umlaufbahnen keine weiteren Gedanken machen und kann sie, wie es hier bisher geschah, komplett zweidimensional abhandeln. Wenn man von seinem Startplatz aus direkt nach Osten starten kann, hat man als weiteren Bonus den gesamten bereits existierenden Schwung der Erddrehung, der der Bahngeschwindigkeit zu Gute kommt. (Dies ist der Grund, warum die ISS in einer Inklination von 51.56° fliegt: damit ihr Orbit sowohl vom russischen Weltraumbahnhof Baikonur als auch vom amerikanischen Cape Canaveral einfach zu erreichen ist, ohne dabei auf den Schwung der Erddrehung zu verzichten.)

Doch dies ist nicht immer möglich: Manchmal ist es nötig, nach dem Start eine kleine Korrektur der Inklination durchzuführen, um Ungenauigkeiten bei der Berechnung des Raketenaufstiegs zu kompensieren. Und will man gar von einer Raumstation zu einer anderen fliegen, so ist ein Wechsel der Orbitebene unerlässlich.

In Abb. 3.15 ist dieser Vorgang dargestellt: Um von einer ursprünglichen Umlaufebene auf eine andere zu wechseln, wartet man zunächst einen der Schnittpunkte der beiden Ebenen ab und gibt an diesem Punkt dann Schub in senkrechter Richtung zur aktuellen Ebene, sodass die Bewegungsrichtung des Raumschiffs fortan in der gewünschten Zielebene liegt. Wiederum macht man sich an dieser Stelle die Eigenschaft des ersten Kepler'schen Gesetzes (Abschn. 3.3) zunutze, dass ein Punkt, den man in einem Orbit durchläuft, auch im nächsten Umlauf wieder Teil der Bahnkurve sein wird: Dadurch, dass man auf den Schnittpunkt der beiden Orbitebenen gewartet hat, weiß man, dass man sich nach diesem Manöver in der richtigen Ebene aufhalten wird.

An dieser Stelle ging die Annahme, dass die Raumschiffgeschwindigkeit sich quasi-momentan, also in einer vernachlässigbar kleinen Zeitspanne, um ein paar Grad drehen kann, in die Überlegungen ein. Dies ist jedoch nicht unbedingt richtig: Die Navigationstriebwerke von Satelliten und Raumsonden sind typischerweise eher so dimensioniert,

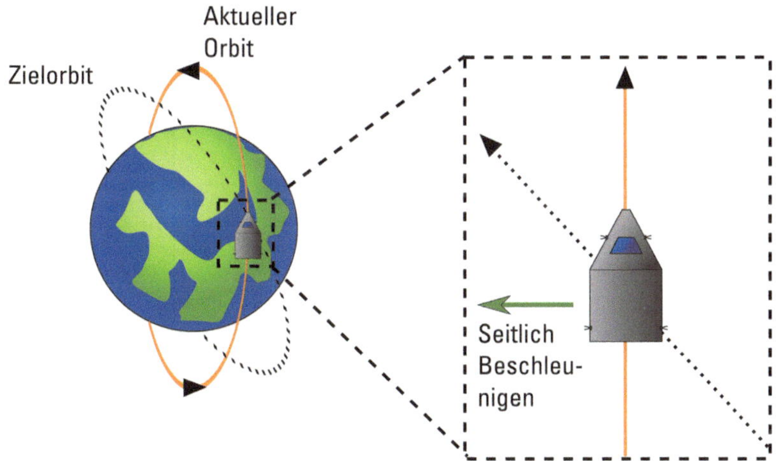

Abb. 3.15 Drehen der Orbitebene: Am Schnittpunkt zwischen aktuellem und Zielorbit beschleunigt man senkrecht zur aktuellen Ebene

dass sie Brennzeiten von einigen Minuten für derartige Manöver benötigen. Man kann daher nicht einfach an einem Punkt des Orbits „auf der Stelle wenden", sondern muss stattdessen in der Nähe des Ebenenschnittpunktes eine langsame Drehung der Orbitebene durchführen. Als Daumenregel kann man hierbei den Brennvorgang so planen, dass zwei Drittel der Brennzeit vor, sowie ein Drittel nach dem erwarteten Schnittpunkt liegen. Der dann noch verbliebene Fehler kann schließlich korrigiert werden, indem einen halben Orbit später, am zweiten Schnittpunkt der Orbitebenen, noch ein weiterer kurzer Brennvorgang in die entgegengesetzte Richtung ausgeführt wird.

Man sollte zudem im Hinterkopf behalten, dass eine Drehung der Orbitebene um mehr als ein paar Grad einen enormen Treibstoffverbrauch bedeutet: Für den Extremfall einer Drehung um 90° muss schließlich die gesamte Bewegungsenergie der Vorwärtsbewegung abgebaut und in der Richtung senkrecht dazu wieder aufgebaut werden! Man bräuchte also für einen solchen Vorgang grob eine genauso große Rakete, wie man sie für den Start von der Oberfläche in den Orbit verwendet hat. Deswegen ist es äußerst wichtig, sich schon vor dem Abflug genaue Gedanken darüber zu machen, in die richtige Ebene zu starten oder, falls möglich, die Schwerkraft eines anderen Himmelskörpers zum Drehen der Ebene auszunutzen (wie z. B. in Abschn. 3.5 im „MEGA-Manöver").

Rendezvous und Andocken

Mit den Manövern aus den beiden vorigen Kapiteln - dem Hohmann-Transfer und dem Verfahren zum Drehen der Orbitalebene - ist es nun prinzipiell möglich, jede beliebige Umlaufbahn zu erreichen (vorausgesetzt, das Raumfahrzeug führt ausreichend Treibstoff mit sich). Um allerdings zu einer Raumstation zu fliegen und an diese anzudocken, reicht es nicht aus, sich im selben Orbit mit ihr zu befinden. Wenn man in einer Umlaufbahn mit der selben Flughöhe und Bahnebene wie die Internationale Raumstation ISS fliegt, hat man schließlich nach dem dritten Kepler'schen Gesetz (Abschn. 3.3) auch exakt dieselbe Umlaufzeit wie diese. Der Abstand zur ISS würde sich dort also nie vergrößern oder verkleinern.

Ebenfalls ist es keine gute Idee, sein Raumschiff einfach in Richtung der Zielraumstation auszurichten und dorthin Schub zu geben: Da sich Orbits nicht in geraden Linien, sondern in Ellipsen bewegen, ist dies quasi ein Garant dafür, niemals dort anzukommen. Viele Science-Fiction-Filme stellen genau dies vollkommen falsch dar.

Stattdessen muss man die zuvor gelernten Prinzipien und Manöver geschickt kombinieren, um nicht nur im richtigen Orbit, sondern auch zum richtigen Zeitpunkt dort anzukommen. Den typischen, etablierten Vorgang, um dies zu erreichen, stellte Buzz Aldrin (bekannt als zweiter Mann auf dem Mond nach Neil Armstrong) in seiner 1963 veröffentlichten Doktorarbeit vor (Aldrin 1963).

Erneut ist das dritte Kepler'sche Gesetz, das die Länge der großen Halbachse einer Umlaufbahn mit ihrer Umlaufzeit in Verbindung setzt, der Ausgangspunkt: Befindet man sich auf einem niedrigeren Orbit als das Zielobjekt, so ist die Halbachse und somit auch die Umlaufzeit kürzer und man „überholt" das Zielobjekt innen. Hat der eigene Orbit hingegen eine längere Halbachse als der des Zielobjekts, so ist auch die Umlaufzeit länger und man fällt gegenüber dem Zielobjekt zurück. Für einen Start von der Erdoberfläche zu einer Raumstation ist daher der beste Ansatz, mit dem Start abzuwarten, bis die Raumstation direkt über dem Startplatz entlangfliegt. In dem Moment startet man in einen etwas niedrigeren Orbit als die Raumstation (aber bereits in der richtigen Ebene, um eine treibstoffaufwendige Drehung der Orbitebene zu vermeiden), während diese in der Zwischenzeit ein wenig Vorsprung herausholt. Abb. 3.16 zeigt den darauf folgenden Vorgang:

In diesem niedrigeren Orbit angekommen hat man zunächst die Möglichkeit, die korrekte Funktionsweise aller Raumschiffsysteme zu überprüfen, bevor man die erste Hälfte eines Hohmann-Transfers

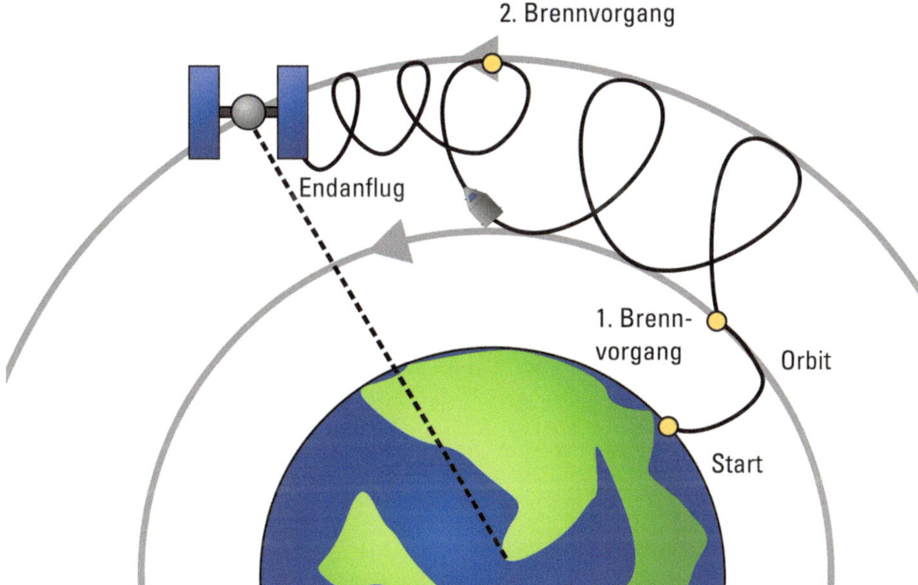

Abb. 3.16 Schema eines orbitalen Rendezvousmanövers, gezeigt aus der Sicht des Zielobjektes: Das anfliegende Raumschiff nähert sich auf einem elliptischen Orbit, der zwischen den beiden grau gezeichneten Höhen hin- und herwechselt, langsam an das Zielobjekt an. Kurz vor dem Erreichen desselben wird das Perigäum des Orbits angehoben, sodass die Annäherungsrate verringert wird. Schließlich erfolgt ein direkter Endanflug

durchführt. In dieser hebt man das Apogäum, also den erdfernsten Punkt des Orbit, an, um mit dem Zielorbit übereinzustimmen. Das Perigäum bleibt jedoch weiterhin auf der Höhe des initialen, niedrigen Orbits, sodass auch die große Halbachse dieses Transferorbits kleiner bleibt als die des Zielobjektes. Man holt also stückweise, Orbit für Orbit, die Raumstation wieder ein. Schließlich erreicht man einen Punkt, an dem man die Zielstation im folgenden Orbit ein- oder gar überholen würde; es wird dann Zeit für den nächsten Brennvorgang. Dieser findet, genau wie die zweite Hälfte eines Hohmann-Transfers, am Apogäum des Transferorbits statt und dient dazu, das Perigäum anzuheben. In diesem Fall hebt man den Orbit jedoch noch nicht vollständig auf die Höhe des Ziels an, sondern halbiert lediglich den Unterschied der beiden Perigäen,[2] sodass ebenfalls der Unterschied der Umlaufzeiten abnimmt und man somit die Annäherungsgeschwindigkeit reduziert.

[2] Wenn man erst einmal einige Raumschiff-Flugstunden hinter sich hat, rollen einem Pluralformen wie diese bestimmt fließend von der Zunge!

Dieser Vorgang wird mehrfach wiederholt, bis man letztendlich ausreichend nah an der Raumstation angekommen ist, um für den Endanflug die Effekte der gekrümmten Orbitalbahnen ignorieren zu können und zum tatsächlichen Andockmanöver überzugehen. Lange Zeit wurde bei Flügen zur ISS genau dieser Vorgang mit ausreichenden Sicherheitsabständen durchgeführt, bei dem die Reise zur Raumstation über 20 Erdumrundungen in Anspruch nahm, bis der Andockvorgang eingeleitet werden konnte. Verbesserungen in der Navigationstechnik und nicht zuletzt über Jahre gesammelte Erfahrung ermöglichen es heutzutage, den Weg zur ISS mit deutlich kleineren Sicherheitsabständen in nur 4 Erdumrundungen, also knapp 6 Stunden, zurückzulegen. Die kürzere Flugzeit ist von großem Vorteil, da man weniger lange in der engen Sojus-Kapsel ohne richtige Toilette verbringen muss.

Die finale Anflugphase beginnt schließlich, wenn sich das Raumschiff von unten an die Zielstation annähert (von unten daher, da es quasi die Aufwärtsbewegung beim letzten Transferorbit ist, in der man der Station letztendlich begegnet). In einem Sicherheitsabstand von etwa hundert Metern führt man den verbliebenen Rest des zweiten Hohmann-Brennvorgangs durch und gleicht somit den eigenen Orbit vollkommen an den der Raumstation an. Von diesem Punkt aus ist das restliche Andockmanöver nur noch ein geradewegs lineares Anfliegen des gewünschten Dockingports, wobei man die Abweichungen von gerader Flugbahn aktiv mit den Steuerdüsen ausgleicht.

Für das eigentliche Andocken gibt es dann aktuell drei verschiedene Strategien (Abb. 3.17):

- Die einfachste Strategie wird für die kommerziellen unbemannten Raumtransporter eingesetzt, die die ISS versorgen: Sie fliegen lediglich auf ungefähr 5 m Abstand an die Raumstation heran und halten dort Position. Der *Roboterarm* der Station greift sie dann und platziert sie an einen freien Andockport. Derselbe Adaptertyp, genannt *Common Berthing Mechanism*, kommt auch zur Verbindung der Raumstationsmodule zum Einsatz (Abb. 3.17a).
- Das Dockingport-System *Androgynous Peripheral Attach System*, das ursprünglich gemeinsam von Amerika und Russland für das Apollo-Sojus Programm entwickelt wurde und sowohl von den Spaceshuttles als auch vom japanischen HTV eingesetzt wurde, hat einen zweistufigen, Soft-Dock-Vorgang, bei dem sich das ankommende Raumfahrzeug mit geringer Geschwindigkeit (wenige cm/s) nähert und zunächst mit einem mit Stoßdämpfern gefederten

Andockring Kontakt bildet. Dieser Ring wird dann hydraulisch herangezogen und schließlich eine feste, luftdichte Verbindung hergestellt. Der zukünftige International-Docking-Adapter-Standard, für den bereits ein Port auf der Internationalen Raumstation existiert, der jedoch bisher noch von keinem Raumfahrzeug genutzt wurde, funktioniert ebenfalls nach diesem Prinzip (s. Abb. 3.17b und d).

- Dem entgegen steht das Hard-Dock-Verfahren, das in den russischen SSVP Ports (und auch beim europäischen ATV) zum Einsatz kommt: Hierbei wird mit einer Anfluggeschwindigkeit von mindestens 6 cm/s direkt ein fester Andockkontakt hergestellt, und das Raumschiff rastet ein (s. Abb. 3.17c).

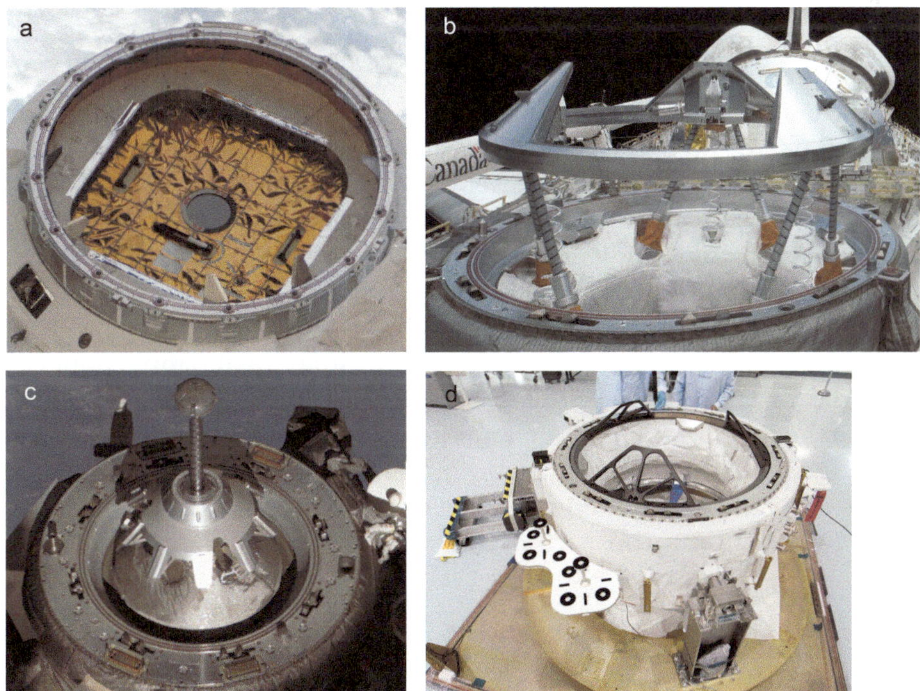

Abb. 3.17 Die vier auf der Internationalen Raumstation zum Einsatz kommenden Andockport-Bauweisen: (**a**) Der *Common Berthing Mechanism* zur Verbindung von Raumstationsmodulen sowie für Raumfahrzeuge, die vom Roboterarm angedockt werden. (**b**) Das APAS-Andocksystem, das von den Spaceshuttles verwendet wurde. (**c**) Das russische SSVP-System, das von Sojus und Progress-Raumschiffen benutzt wird. (**d**) Der neue International-Docking-Adapter-Standard, der in der Zukunft von kommerziellen Raumschiffen verwendet werden soll. (Bildquelle: NASA/Cory Huston)

Allen drei Dockingport-Bauweisen ist jedoch gemein, dass sie mittels Halteklammern eine stabile Verbindung zwischen den Andockpartnern herstellen und über mehrfache Dichtungsringe verfügen, um Luftdichtigkeit zu garantieren.

3.4 Flug zum Mond

Der Mond ist eigentlich zunächst einmal auch nichts anderes als ein Erdsatellit, der in einer hohen Umlaufbahn mit einem Monat Umlaufzeit um die Erde kreist. Insofern ist der Prozess, zum Mond zu fliegen, nicht grundlegend anders als im vorherigen Abschnitt beschrieben: Man startet zunächst in einen niedrigen Erdorbit, der mit der Mond-Bahnebene zusammenliegt, überprüft, dass alle Funktionen des Raumschiffs korrekt funktionieren und führt dann einen Hohmann-Transfer zur Mondumlaufbahn aus.

Für den ersten Teil dieses Vorgangs, den Start in eine Umlaufbahn, die mit der Mond-Bahnebene mit 28° Neigung gegenüber dem Äquator zusammenliegt, empfiehlt sich ein Startplatz auf entweder 28° nördlicher oder südlicher Breite, da man von dort aus exakt nach Osten starten kann und somit ein Maximum an Schwung von der Erddrehung mitbekommt. Und siehe da: Cape Canaveral in Florida befindet sich ziemlich genau auf 28° Nord.

Beim Hohmann-Transfer zum Mond hin sollte man dann darauf achten, dass man innerhalb einer halben Umlaufbahn das Schwerefeld des Mondes erreicht und nicht erst mehrere Monate lang in einem auf- und absteigenden Transferorbit verbringt. Erreicht man dieses schließlich, zeigt sich der Unterschied zu einem gewöhnlichen Andockvorgang an eine Raumstation (Abb. 3.18):

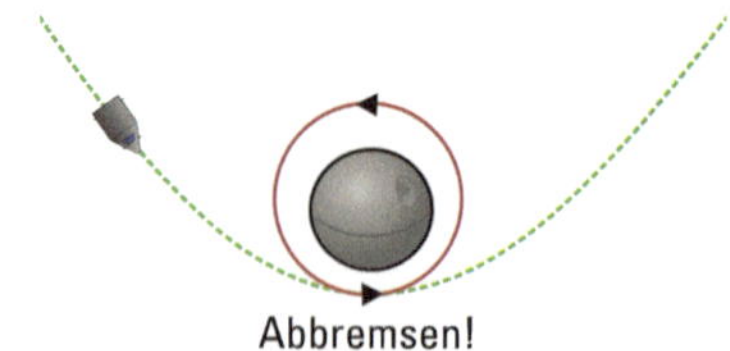

Abb. 3.18 Nähert man sich dem Mond von einer quasi-unendlichen Entfernung aus an, so fliegt man in einer hyperbolischen Umlaufbahn vorbei, wenn man nicht durch ein Bremsmanöver in eine Umlaufbahn einschwenkt

Ist man erst einmal nah genug am Mond, sodass seine Anziehungskraft gegenüber der der Erde dominierend ist, befindet man sich plötzlich nicht mehr auf einer Flugbahn, die von der Erde als Zentralkörper bestimmt wird! Stattdessen kann man dann (zumindest zu einer gewissen Genauigkeit) den Schwerkrafteinfluss der Erde ignorieren und die Überlegungen über Umlaufbahnen mit dem Mond als Zentralobjekt neu tätigen. Vom Mond aus gesehen erscheint es nun plötzlich so, als würde sich ein Raumschiff von *sehr weit weg* in einer Freifallflugbahn nähern. Es handelt sich hierbei also um eine Flugbahn, deren Typ bisher außen vor gelassen wurde: Anschaulich gesehen schliesst sich die Ellipse nicht, sondern formt mathematisch gesehen eine Hyperbel. Anders gesagt: das Aposelenium (der mondfernste Punkt) liegt im Unendlichen. Wie zuvor (Abschn. 3.3) bildet aber auch diese Flugbahn eine *geschlossene Kurve* – das bedeutet, dass der Punkt im Unendlichen weiterhin Ziel des Fluges sein würde, wenn die Flugbahn nicht durch ein Steuermanöver abgeändert wird oder sie die Mondoberfläche irgendwo schneidet.[3]

Um also in einen stabilen Orbit um den Mond zu kommen, muss man eine Steuerbewegung durchführen. Doch welche? Im Prinzip ist es derselbe Vorgang wie gehabt: Durch Abbremsen an einem Punkt im Orbit senkt man die Höhe der Flugbahn am gegenüberliegenden Ende ab. Das Ziel ist es in diesem Fall, die Bahngeschwindigkeit so ausreichend zu reduzieren, dass der Abstand zum Mond auf der gegenüberliegenden Seite nicht mehr unendlich groß ist, sondern wieder eine elliptische Bahnform angenommen wird. Es ist also am besten, dieses Manöver am mondnächsten Punkt (dem Periselenium) durchzuführen. Man kann die benötigte Brenndauer entweder berechnen, indem man die Formel für das dritte Kepler'sche Gesetz (Gl. 3.1) umformt oder als einfache Daumenregel den Höhenmesser über der Mondoberfläche anschaut: Wenn man sich hinter dem mondnächsten Punkt befindet, sollte dieser eigentlich stetig ansteigen. Tut er es nicht mehr, so hat man offenbar einen kreisförmigen Orbit erreicht. Aber Achtung: Wenn man danach noch weiter bremst, läuft man Gefahr das gegenüberliegende Ende des Orbits zu weit abzusenken, sodass dieser die Mondoberfläche berührt – also am besten mittels Berechnungen gegenprüfen!

---

[3] Auch das könnte man strenggenommen als Bremsmanöver bezeichnen, auch wenn es sich eher um die unangenehme Art von Bremsung handeln dürfte.

Aus einem niedrigen Mondorbit kann man schließlich zur Landung übergehen, indem man die verbliebene Bahngeschwindigkeit vollständig abbaut. Ohne eine Atmosphäre ist ein Fallschirm für die Landung auf dem Mond vollkommen ungeeignet, und man muss unter Einsatz der Triebwerke die Geschwindigkeit bis auf wenige Meter pro Sekunde verlangsamen! Glücklicherweise ist die Anziehungskraft des Mondes ausreichend gering, dass dies mit Technologie aus den 60er-Jahren bereits möglich war.

Für den Rückflug wird der ganze Vorgang dann anders herum ausgeführt: Start in einen Mondorbit, Erweitern der Umlaufbahn, bis der mondfernste Punkt (Aposelenium) im Unendlichen liegt und entgegen der Bahngeschwindigkeit um die Erde ausgerichtet ist, und schließlich Rückfall in die Erdatmosphäre.

3.5 Reisen zu anderen Planeten

Will man im Sonnensystem von einem Planeten zum anderen reisen, so unterscheidet sich der Vorgang eigentlich nicht grundlegend vom Rendezvous-Manöver der vorigen Abschnitte: Wiederum geht es darum, die Flugbahn so anzupassen, dass man dem Zielobjekt auf seiner Umlaufbahn irgendwann begegnet, um dann durch geeigneten Schub in einen parallelen Orbit einzuschwenken.

Der wichtigste Unterschied ist nun jedoch, dass das Zentralobjekt, auf das sich alle Flugbahnen beziehen, nicht mehr die Erde ist, sondern die Sonne – und alle Orbitradien wesentlich größer und die Flugzeiten somit deutlich länger sind. Die Umlaufbahn der Erde um die Sonne ist jedem als ein „siderisches“ Jahr gut bekannt: 365 Tage, 6 Stunden, 9 Minuten und 10 Sekunden.

Will man also, wie in den vorherigen Abschnitten, mit einem Hohmann-Transfer von einem Planeten zum nächsten fliegen, benötigt man eine Flugzeit, die irgendwo zwischen einem halben Erdjahr und einer halben Sonnenumrundung des Zielkörpers liegt (vgl. die Beispielrechnung „Flugzeit zum Mars“). Im Falle der äußeren Planeten des Sonnensystems ist dies eine wirklich lange Zeit! Für unbemannte Flüge, in denen die Flugzeit weniger von Belang ist als für bemannte Raumfahrt (Raumsonden brauchen keine Nahrung, Wasser oder Unterhaltung), ist ein solcher Hohmann-Transfer dennoch eine praktikable Methode, um z. B. zum Mars oder zu Reisezielen im Asteroidengürtel zu fliegen. Will man jedoch Menschen auf einen anderen Planeten bringen, muss man sich auf monate- oder, im Falle weiter entfernter Planeten, jahrelange Flüge einstellen.

Rechenübung: Flugzeit zum Mars

Die Kepler'schen Gesetze (Abschn. 3.3) gaben uns eine Formel für die Umlaufzeit eines Objektes auf einer elliptischen Flugbahn:

$$T = \sqrt{\frac{4\pi^2 a^3}{GM}} \tag{3.5}$$

Ein Hohmann-Transfer von der Erde zum Mars ist nun also eine Ellipse, die in ihrer großen Halbachse auf der einen Seite den Radius der Erdumlaufbahn und auf der anderen Seite den der Marsumlaufbahn besitzt:

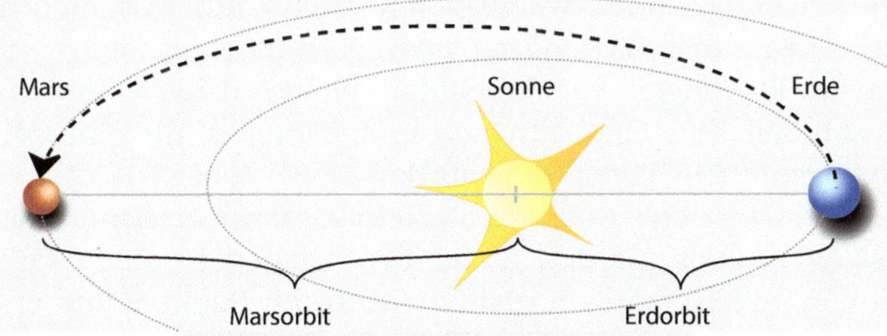

Die Flugbahn von der Erde zum Mars ist eine halbe Ellipse, deren große Halbachse der Summe aus Erd- und Marsumlaufbahnradius entspricht.

Somit ist die Länge der großen Halbachse a:

$$a = \frac{R_{\text{Erde}} + R_{\text{Mars}}}{2} = \frac{149\,\text{Mio km} + 227\,\text{Mio km}}{2} = 188\,\text{Mio km} \tag{3.6}$$

und mit der Masse der Sonne $M = 210^{30}$ kg und der Gravitationskonstante $G = 6{,}6710^{-11}\ \frac{\text{m}^3}{\text{kg}\cdot\text{s}^2}$ kann man die Umlaufzeit dieser Ellipse berechnen:

$$T = 44344356\,\text{Sekunden} = 513\,\text{Tage}. \tag{3.7}$$

Für den tatsächlichen Flug zum Mars vollführt man natürlich nur einen halben Orbit, sodass die tatsächlich Flugzeit von Planet zu Planet die Hälfte dieser Dauer, also 256 Tage, beträgt.

Zum Vergleich dieser kruden Rechnung: Die tatsächliche Flugdauer der „Curiosity"-Marssonde betrug 253 Tage, die Abweichung beträgt also nur grob 1 %.

Die Hohmann-Transfer-Flugbahn ist jedoch nicht die einzige, die für einen interplanetaren Flug infrage kommt. Wie in Abschn. 3.3 beschrieben, ist sie lediglich die *treibstoffgünstigste*, da bei ihr die geringste Geschwindigkeitsänderung notwendig ist, um den Zielorbit zu erreichen. Wenn man bereit ist, mehr Geld für eine größere Rakete mit mehr Treibstoff auszugeben, kann man prinzipiell die Flugzeit deutlich verkürzen und dafür an Nahrung, Wasser, Sauerstoff und anderen Verbrauchsgütern für den Flug sparen. Hierbei ist jedoch die Raketengleichung (vgl. Rechenübung in Abschn. 2.3) ein weiteres Mal der Haken an der Sache: Jedes zusätzliche Kilo Treibstoff, das man in der Orbit hebt, erfordert weiteren Treibstoff, um es selbst anzuheben, und dieser erfordert wiederum Treibstoff... Eine Reise zum Mars ist ohnehin schon ein wirtschaftlich ungünstiges Unterfangen und wird durch exponentiell wachsenden Treibstoffbedarf nicht gerade günstiger, wenn man die Flugzeit verringern möchte.

Aktuelle Planungen für Marsflüge gehen daher stets von der günstigst-möglichen Flugbahn aus und haben somit eine Missionsdauer von rund 550 Tagen im Hinterkopf.

Erreicht man schließlich den Zielplaneten, so kann man dort genauso wie zuvor für den Mond beschrieben in einen Orbit einschwenken, indem man am planetennächsten Punkt Schub entgegen der Bewegungsrichtung ausübt. Wenn der Zielplanet eine ausreichend dichte Atmosphäre aufweist (alle Planeten außer dem Merkur haben eine, alle Zwergplaneten und die meisten Monde allerdings nicht), kann man bei diesem Manöver eine ganze Menge Treibstoff sparen, indem man den Bremsvorgang nicht mit seinen Triebwerken ausführt, sondern stattdessen die Atmosphäre des Planeten zum Bremsen verwendet. Dies wird als Aerobraking- oder Aerocapture-Manöver bezeichnet. Hierbei ist es immens wichtig, das atmosphärische Dichteprofil des Zielkörpers zu kennen: Dringt man zu tief und in zu dichte Schichten ein, droht man zu stark aufzuheizen. Trifft man jedoch eine zu dünne atmosphärische Schicht, kann es sein, dass man nicht ausreichend abgebremst wird und den Zielkörper in einem hyperbolischen Orbit wieder verlässt. Sobald der körperfernste Punkt des Orbits auf diese Weise ausreichend weit abgesenkt ist (Abschn. 3.3), muss am entgegengesetzten Punkt durch einen kleinen Brennvorgang der Orbit wieder soweit angehoben werden, dass er die Atmosphäre nicht mehr berührt (es sei denn, es ist eine Landung auf dem Planeten vorgesehen).

Das Swing-by-Manöver

Bestünde das Sonnensystem nur aus Sonne, Erde und einem weiteren Planeten, wäre die Abhandlung von Flugbahnen hier abgeschlossen. Das tatsächliche Sonnensystem enthält jedoch acht Planeten, zahlreiche Zwergplaneten, unzählige Monde und Asteroiden. Gibt es eventuell Flugbahnen, die in der bisherigen, auf zwei Körper beschränkten Sicht ignoriert wurden, und von denen im Raumflug zusätzlich profitiert werden kann?

Tatsächlich gibt es eine Vielzahl solcher Flugbahnen, mit denen man die Hohmann-Bahn um einiges schlagen kann. Leider sind jedoch viele von ihnen durch komplizierte Viel-Körper-Gravitationseffekte dominiert und weder sehr anschaulich noch einfach zu berechnen (die NASA selbst benötigt einen großen Supercomputer, um die Bahnen zu finden. Mit Papier und Bleistift ist da nichts mehr zu machen). Einige sind jedoch auch für angehende Raumfahrer zu verstehen und zu benutzen: In diesem Abschnitt wird zunächst das Swing-by-Verfahren beschrieben, während sich der nächste auf den *Moon-Earth Gravity Assist* (MEGA) konzentriert.

Für einen Swing-by, auch als „Steinschleuder"-Manöver bezeichnet, nutzt man die Schwerkraftwirkung eines Himmelskörpers im Vorbeiflug, ohne dabei in einen stabilen Orbit einzuschwenken. Genau wie zuvor in Abschn. 3.4 beschrieben, nähert man sich diesem Himmelskörper (sei es nun ein Planet, Zwergplanet oder Mond) aus der Sicht von diesem von „unendlich weit weg" an – man befindet sich also aus der Sicht dieses Planeten auf einer Bahnkurve, die unendlich weit geöffnet ist und somit nicht die Form einer Ellipse, sondern einer Hyperbel hat (Abb. 3.19). Durch die Schwerkraftwirkung wird diese Bahn in der Nähe des Planeten abgelenkt, hat am planetennächsten Punkt, der Apoapsis, die größte Geschwindigkeit und wird symmetrisch auf der anderen Seite wieder davongeschleudert, wenn man zwischendurch keine Steuermanöver durchführt.

Zuvor, beim Einschwenken in den Mondorbit, wurde genau an der Apoapsis das Raketentriebwerk benutzt, um die Flugbahn in eine Ellipsenform abzubremsen – doch diesmal, beim Swing-by, soll das Raumschiff gar nicht in einen stabilen Orbit eintreten, sondern genau diese Schleuderwirkung des Planeten ausgenutzt werden.

Denn während aus der Sicht des Swing-by-Planeten der gesamte Vorgang vollkommen symmetrisch abläuft – das Raumschiff kommt von unendlich auf der einen Seite angeflogen, schwingt einmal kurz herum

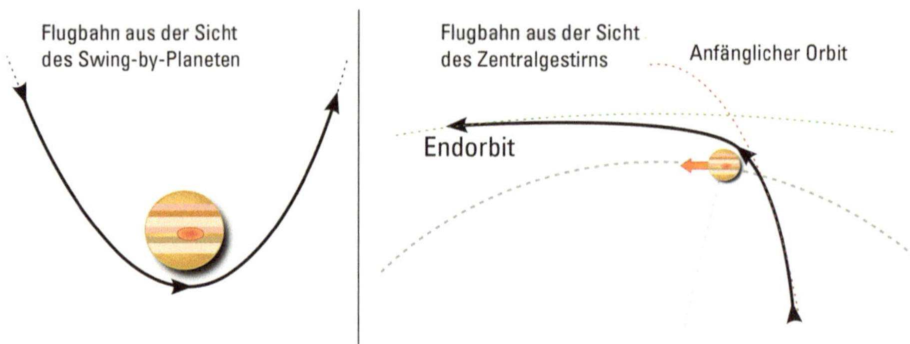

Abb. 3.19 Schema eines Swing-by-Manövers: Aus der Sicht des Swing-by-Planeten fliegt man einfach eine symmetrische Hyperbel, ohne jeglichen Treibstoffverbrauch. Aus der Sicht des Zentralgestirns hingegen holt man beim Vorbeiflug Schwung

und fliegt genauso auf der anderen Seite nach unendlich wieder hinfort –, ist in der Gesamtsicht des Sonnensystems hier ein großartiger Trick vollführt worden: Ohne auch nur einen Tropfen Treibstoff zu verbrauchen, wurde die Flugbahn ordentlich (beinahe 90° sind möglich!) abgelenkt. Und als Bonus noch dazu: Da der Swing-by-Planet sich ja selbst auf einer Umlaufbahn mit nicht unbedeutender Geschwindigkeit bewegt, wurde ein Teil dieser Geschwindigkeit noch hinzugewonnen!

Die Impulserhaltung, wie bereits in Abschn. 2.3 erklärt, grundlegendes Prinzip aller Fortbewegung im Weltraum, gilt natürlich auch bei diesem Vorgang noch und das bedeutet: Dadurch, dass das Raumschiff beim Swing-by an Geschwindigkeit gewinnt, verliert der Planet eine klitzekleine Menge an Geschwindigkeit. Aber keine Angst, es bräuchte Milliarden von Voyager-Sonden-Swing-bys, um die Umlaufzeit des Jupiters auch nur um eine Sekunde zu verändern.

Je schwerer der zum Swing-by genutzte Planet ist und je weiter man sich ihm annähert, desto stärker ist die Bahnablenkung, die man erfährt, und desto mehr Energie kann man durch ein Swing-by-Manöver einsparen. Deshalb ist im Sonnensystem der Gasriese Jupiter quasi der zentrale Verkehrsknotenpunkt für alle Missionen, sowohl in das äußere als auch in das innere Sonnensystem … und darüber hinaus.

Exzellente Beispiele für Swing-by-Flugbahnen bieten die beiden Voyager-Sonden 1 und 2, die 1977 auf die *Grand Tour* durch das Sonnensystem starteten. Durch die glückliche Lage von Jupiter und Saturn zum Startzeitpunkt dieser Raumsonden war es möglich,

Swing-by-Vorgänge an beiden großen Gasplaneten durchzuführen und Voyager 1 zum derzeit weitestentfernten menschengemachten Objekt zu machen, das inzwischen den Sonnenwind verlassen hat und ins Interstellare Medium vorstieß, während Voyager 2 zusätzlich noch Vorbeiflüge an Uranus und Neptun durchführen konnte. Insgesamt hat jede der Voyager-Sonden in mehreren Swing-bys einen Geschwindigkeitsgewinn von mehr als 20 km/s erhalten, also weit mehr, als je mit einer direkten Flugbahn von einer Trägerrakete erreicht werden könnte! (Zum Vergleich: Selbst eine komplette Saturn-V-Rakete könnte lediglich 10 km/s an Geschwindigkeit aufbringen; s. Rechenbeispiel in Abschn. 2.3).

Grundlegend kann ein Swing-by-Vorgang jedoch nicht nur zum Gewinn von Geschwindigkeit sondern ebenso zum Abbremsen verwendet werden: Hierzu muss schlicht die andere Seite des Planeten angesteuert und umrundet werden. Die hyperbolische Umlaufbahn führt einen entgegen der orbitalen Bewegungsrichtung wieder vom Planeten weg und die Katapultwirkung führt somit zu einer deutlichen Verlangsamung der Bahngeschwindigkeit. Dies kann von großer Nützlichkeit sein, um z. B. die inneren Planeten unseres Sonnensystems zu erreichen: Möchte man einen Hohmann-Transfer zu diesen durchführen, so erfordert dies zunächst eine signifikante Verringerung der Orbitalgeschwindigkeit um die Sonne, die am einfachsten durch ein Verlassen des Schwerefelds der Erde, gefolgt von einem Swing-by an derselben, durchgeführt werden kann.

Für den Flug zum Merkur verwendete die „MESSENGER"-Raumsonde gleich mehrere dieser bremsenden Swing-by-Vorgänge, um zuerst von der Erde zur Venus und von dort zu einem Swing-by am Merkur zurück zur Venus zu gelangen. Erst dann war es nach einem zweiten Bremsmanöver möglich, eine stabile Merkur-Umlaufbahn tatsächlich zu erreichen.

Anekdote

Die japanische Raumsonde „Akatsuki" sollte am 6. Dezember 2010 nach halbjährigem Flug in einen Orbit um den Planeten Venus einschwenken, als aufgrund eines Triebwerksproblems der Bordcomputer das Triebwerk notabschaltete und in eine Trudelbewegung überging. Ohne ausreichend verlangsamt worden zu sein, um in einen Orbit einzuschwenken, führte die Sonde einen ungewollten Swing-by an der Venus durch und befand sich hinterher in einem ungeplanten Sonnenorbit, der sie bis auf 0,6 Erdumlaufbahn-Radien an die Sonne heranführte.

Erst fünf Jahre später, am 7. Dezember 2015, führte dieser Orbit glücklicherweise wieder nah genug an die Venus heran, um in einem zweiten Versuch erfolgreich in einen Orbit einzuschwenken – der missglückte Swing-by hätte genausogut zu einem Orbit führen können, von dem aus die Venus unerreichbar gewesen, oder die Sonde gar in Sonnennähe verglüht wäre.

Eine weitere besondere Form des rückwärts gerichteten Swing-by-Manövers ist die sog. Free-Return-Trajektorie, die sowohl bei den Apollo-Missionen beim Flug zum Mond als auch bei Missionsvorschlägen für zukünftige Marsflüge zum Einsatz kommt. Hierbei wird der Ziel-Himmelskörper wiederum in einer Flugbahn angeflogen, die auf der „Vorderseite", also der Seite von dessen Bahnbewegungsrichtung, vorbeiführt. Bei einem gewöhnlichen Missionsverlauf wird dann, wie zuvor beschrieben, ein Bremsvorgang durchgeführt, um in einen Orbit um den Zielkörper einzuschwenken und letztendlich auf ihm zu landen. Sollte jedoch während der Mission ein Problem auftreten, selbst wenn es der Art ist, dass sämtliche Steuerbewegungen unmöglich werden (z. B. ein Triebwerksausfall oder Treibstoffverlust), ist die Flugbahn so berechnet, dass als Resultat des Swing-bys die Orbitalgeschwindigkeit ausreichend reduziert ist, um einen direkten Rücksturz zur Erde zu ermöglichen. Für bemannte Missionen ist dies aus Sicherheitsgründen sehr zu begrüßen und war z. B. bei der Apollo-13-Katastrophe, als eine Explosion an Bord das Kommandomodul unbenutzbar machte, von enormem Vorteil (Abb. 3.20).

Lagrange-Punkte

Sowohl die Erde als auch der Mond üben eine Anziehungskraft auf jedes Objekt aus, das zwischen ihnen umherfliegt. Da stellt sich die berechtigte Frage: Gibt es zwischen beiden einen Punkt, an dem sich die Anziehungskräfte genau aufheben, sodass ein dort geparktes Raumschiff ohne Kraftaufwand ewig geparkt werden kann? Diesen Punkt gibt es tatsächlich, und man bezeichnet ihn als den *1. Lagrange-Punkt* (L1).

Allerdings ist dieser Punkt nicht stabil: Schon eine kleinste Abweichung mondwärts führt dazu, dass die Mondanziehungskraft von diesem Moment an überwiegt und man sich fortan auf geradem Wege Richtung Mondoberfläche befindet; eine ebenso kleine Abweichung

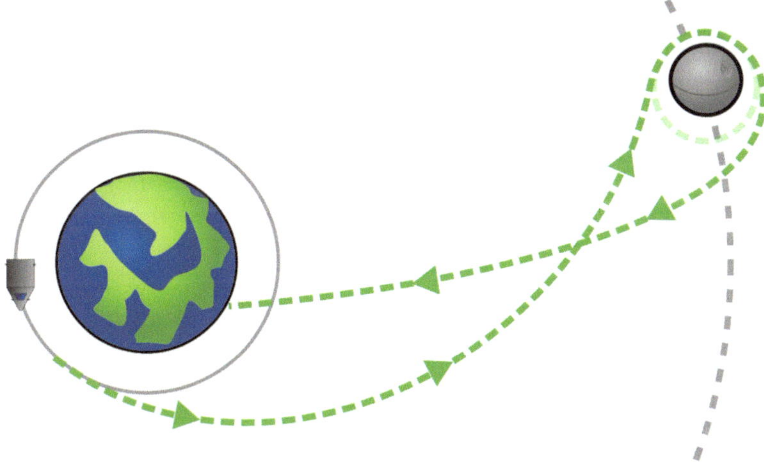

Abb. 3.20 Die Flugbahn der Apollo-Missionen stellte eine Free-Return-Trajektorie dar. Falls der Brennvorgang zum Einschwenken in den Mondorbit ausgelassen wurde, führte die Flugbahn direkt wieder zurück zu einem Wiedereintritt in die Erdatmosphäre

in Erdrichtung führt zu einem Rückfall auf die Erde. Diese Abweichungen werden allein durch die Schwerkraftwirkung der Sonne bzw. des Jupiters ständig auftreten, sodass für einen stabilen Aufenthalt in diesem Lagrange-Punkt Lageregelungstriebwerke zum Einsatz kommen müssen. Diese müssen nicht sonderlich stark sein: Kleine Steuerdüsen sind vollkommen ausreichend, um gelegentlich einen Schubs zurück in Richtung des L1 zu geben, sobald man von diesem abgewichen ist.

Doch nicht nur zwischen Erde und Mond, sondern zwischen allen einander umkreisenden Himmelskörpern gibt es diesen Lagrange-Punkt. Der L1-Punkt des Sonne-Erde-Systems ist ein beliebter Ort, um dort Sonnenbeobachtungssatelliten zu parken, wie z. B. das „Solare und Heliosphärische Observatorium“ (SOHO), der sonnenwindmessende *Advanced Composition Explorer* (ACE) sowie die Gravitationswellenmission LISA.

Wie der Name „L1“ schon andeutet, ist dies jedoch nicht der einzige Punkt, an dem ein Raumfahrzeug kräftefrei geparkt werden kann, sondern es gibt noch 4 weitere: Die Lagrange-Punkte 2 und 3 (auch als L2 und L3 bezeichnet) liegen ebenfalls auf der Achse der beiden beteiligten Himmelskörper, wobei sie jeweils außen, also z. B. hinter dem Mond oder hinter der Erde, angesiedelt sind (Abb. 3.21). In diesen Punkten addieren sich somit die Anziehungskräfte beider

Körper derart, dass eine kreisförmige, stabile Umlaufbahn durch diese Punkte exakt dieselbe Umlaufdauer hat wie der Umlauf des kleineren Körpers um den größeren. Diese Punkte existieren nicht immer: Bei einem sehr kleinen Mond, der einen sehr großen Planeten umkreist, können sie sich durchaus im Inneren des Mondes befinden - und somit nicht mehr erreichbar sein. Und ebenso wie der L1 sind diese Punkte nicht stabil, sondern erfordern gelegentliche Stabilisierung durch Steuerdüsen.

Dennoch hat auch der L2-Punkt des Sonne-Erde-Systems eine große Praxisrelevanz: Da er sich direkt hinter der Erde befindet, ist er der perfekte Aufenthaltsort für Weltraumteleskope, da hier störendes Licht von Sonne und Erde stets aus derselben Richtung kommt und somit leicht abgeschirmt werden kann. Für das James-Webb-Teleskop, den geplanten Nachfolger des Hubble-Teleskops, ist genau dieser Aufenthaltsort vorgesehen. Der L3-Punkt wurde bisher von keinem Raumfahrzeug angesteuert: Da er sich entweder hinter der Sonne oder dem Mond befindet, wäre Kommunikation mit der Erde ausgesprochen schwierig (er wäre jedoch der ideale Ort, um als verrückter Wissenschaftler seine geheime Raumstation zu verstecken).

Die L4- und L5-Punkte schließlich bilden mit den beiden Himmelskörpern ein gleichseitiges Dreieck (Abb. 3.21). Diese Punkte sind, interessanterweise, für ein darin *ruhendes* Raumschiff gar nicht stabil,

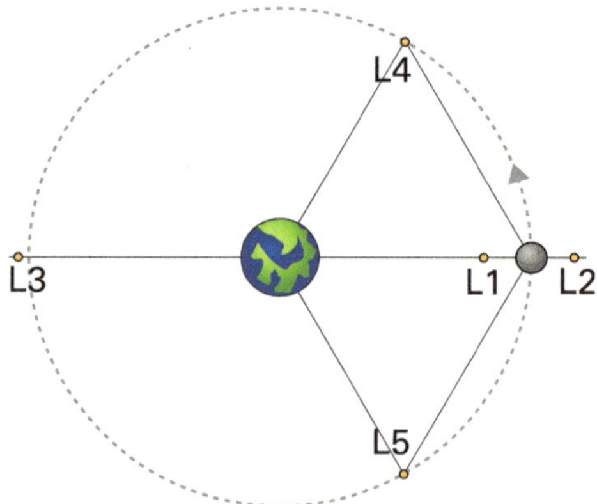

Abb. 3.21 Lage der 5 Lagrange-Punkte in einem System von zwei sich umkreisenden Himmelskörpern. L1 bis L3 liegen auf der Achse der beiden Körper, während L4 und L5 jeweils ein gleichseitiges Dreieck bilden

erlauben jedoch, sie mit geringer Geschwindigkeit stabil zu umkreisen, was als dynamische Stabilität bezeichnet wird. Hierbei führen auch kleine Abweichungen der Position nicht sofort zu einem katastrophalen Abweichen vom Lagrange-Punkt, solange sie klein genug sind. An den L4- und L5-Punkten der großen Gasplaneten Jupiter und Saturn haben sich daher mit der Zeit kleinere Asteroiden angesammelt, die als *griechische* (im L4) und *trojanische Asteroiden* (im L5) bezeichnet werden. Die Erde selbst scheint zwar keine Asteroiden, aber immerhin Staubwolken in ihren L4- und L5-Punkten zu halten.

In Saturns Mondsystem gibt es noch weitere interessante Beispiele für die Stabilität der Lagrange-Punkte 4 und 5: So hat der Mond Thetys die beiden kleineren Monde Calypso und Telesto in seinen Lagrange-Punkten, während der Mond Dione in seinen Punkten Helene und Polydeuces hält.

Das MEGA-Manöver

Wie bereits in Abschn. 3.3 beschrieben, ist das Drehen der Orbitebene sehr treibstoffaufwendig. Wenn möglich, sollte daher immer angestrebt werden, gleich in die korrekte Ebene zu starten und lediglich kleine seitliche Korrekturen auszuführen. Doch bestimmte Weltraummissionen erfordern zwangsweise eine Änderung der Bahnebene: Ein Flug von einer Raumstation zu einer anderen würde beispielsweise in den meisten Fällen einen solchen Vorgang erfordern.

Was kann man also tun, um die Bahndrehung weniger treibstoffintensiv zu gestalten? Irgendwie muss man seine Bewegungsgeschwindigkeit drehen können, ohne dabei Treibstoff zu verbrauchen, und hier kommt der Schwerkrafteinfluss des Monds ins Spiel, beim *Moon-Earth Gravity Assist* (MEGA). Hierzu ist es zunächst nötig, zumindest ein Ende der Flugbahn ausreichend anzuheben, um in den Schwerkraft-Einflussbereich des Mondes zu kommen – ähnlich wie es bei einem Swing-by-Vorgang üblich wäre. Anstatt sich aber nun innerhalb der Bahnebene des Mondes diesem zu nähern, ist die Flugbahn so gewählt, dass man am mondnächsten Punkt deutlich oberhalb oder unterhalb seiner Bahnebene ist. Die Schwerkraftwirkung des Mondes übt dann eine Kraft aus, die einen senkrecht zur Bahnebene beschleunigt. Ähnlich wie in Abschn. 3.3 beschrieben führt dies dazu, dass sich die Bahnebene ein Stück weit dreht.

Die Schwerkraftablenkung durch den Mond muss dabei gar nicht sonderlich groß sein. Wenn man genügend Zeit hat (z. B. mit einem unbemannten Raumfahrzeug), kann man relativ weit vom Mond entfernt bleiben und jeweils nur eine Bahndrehung um wenige Grad pro Mond-Annäherung durchführen. Dieser Vorgang kann dann mehrere Male infolge durchgeführt werden. Dies ermöglicht insbesondere zwischendurch eine Kontrolle der Bahn und eine potenzielle Anpassung der Trajektorie. Da für eine bemannte Mission mehrere Monate Wartezeit nicht infrage kommen dürften, wäre hier eine Flugbahn, die deutlich näher am Mond vorbeiführt und somit in einem Schwung eine deutlich größere Bahndrehung bewirkt, sinnvoll.

Solch ein Manöver ist nicht nur am Erdmond möglich, um die Bahnebene eines Erdorbits zu verändern, sondern kann gleichermaßen auch an anderen Himmelskörpern ausgeführt werden: So nutzte beispielsweise die „Cassini"-Sonde am Saturn die Schwerkraft des Mondes Titan, um von einer Umlaufbahn nahe der Ringebene zu einer polaren Umlaufbahn zu wechseln.

Literatur

Edwin Eugene Aldrin Jr (1963) Thesis: Line-of-sight guidance techniques for manned orbital rendezvous. Massachusetts Institute of Technology, Cambridge

Walter Hohmann (1925) Die Erreichbarkeit der Himmelskörper. Verlag Oldenbourg, München. ISBN 3-486-23106-5

4 Alltag im Weltall

In den ersten Kapiteln dieses Buches wurden die technischen Grundlagen für einen Raumflug gelegt. Nun soll es um das Leben an Bord und den All-Tag gehen. Hier ist einiges zu bedenken!

4.1 Orientierung ohne oben und unten

Der Hauptunterschied zum Leben auf der Erde ist sicherlich die Schwerelosigkeit. Menschen sind es gewohnt, Räume in einer bestimmten Perspektive zu sehen und die Orientierung an der Schwerkraft auszurichten. Unser Gehirn kennt das zunächst einmal nur so. In Schwerelosigkeit dauert es mehrere Wochen, bis eine vollständige Anpassung an die neuen Möglichkeiten im dreidimensionalen Raum ohne oben und unten stattgefunden hat. Wenn man Bilder oder Filme von Crews sieht, die gerade erst eine Raumstation betreten haben, dann halten diese sich meist in gleicher Orientierung auf, sprich alle Füße und Köpfe zeigen in dieselbe Richtung, weil man sich darauf geeinigt hat, wo oben und wo unten ist. Später sieht dies ganz anders aus: Der Raum wird optimal ausgenutzt und es ist völlig normal, sich auf dem Foto oben in der Ecke mit dem Kopf nach unten aufzuhalten. Auf der ISS finden sich viele zunächst nicht zurecht, weil ein noch so vertrautes Modul aufgrund der fehlenden Orientierung nicht wiederzuerkennen ist, wenn man es aus einer anderen Perspektive betritt (Abb. 4.1). An den Kreuzungspunkten ist es besonders schlimm.

B. Ganse, U. Ganse, *Das kleine Handbuch für angehende Raumfahrer*,
https://doi.org/10.1007/978-3-662-54411-2_4

Abb. 4.1 Das Destiny-Modul der ISS. Der Raumeindruck ändert sich entschieden, wenn man das Bild in unterschiedlicher Drehung anschaut. Ist das verwirrend? (Bildquelle: NASA)

Abb. 4.2 Führung von Sunita Williams durch die Internationale Raumstation ISS, https://www.youtube.com/watch?v=doN4t5NKW-k

Deshalb sind überall Beschriftungen und Pfeile angebracht. Es gibt im Internet Führungen durch die ISS, die diese Verwirrung nachvollziehen lassen, wie z. B. die Führung der Astronautin Sunita Williams (QR-Code Abb. 4.2).

In Schwerelosigkeit fliegt man, wenn man sich abgestoßen hat, linear in eine Richtung. Man gewöhnt sich daran, dass die Fortbewegung anderen Gesetzen folgt als auf der Erde. Interessanterweise dauert es nach der Rückkehr auf die Erde bei Raumfahrern eine ganze Weile, bis das Gehirn sich diese anderen Gesetze wieder abgewöhnt hat. Angeblich laufen Raumfahrer nach der Rückkehr häufig beim Versuch, in eine Tür abzubiegen, nachdem sie sich von der gegenüberliegenden Wand mit dem Finger abgestoßen haben (!), gegen den ersten Türrahmen (anekdotisch berichtet von dem deutschen Astronauten Hans Schlegel). Auch sei es vorgekommen, dass Raumfahrer Gegenstände haben fallen lassen in der unterbewussten Annahme, sie würden dort schweben bleiben, wo sie sind. Hinzu kommen Veränderungen der Koordination - der Lernprozess für die Anpassung an die neuen Bewegungsformen dauert in Schwerelosigkeit etwa einen Monat, und nach der Rückkehr auf die Erde sehen die Bewegungen zunächst sehr vorsichtig aus. Die Koordination ist nach der Rückkehr verändert. In Schwerelosigkeit benutzt man fast gar nicht die Beine und stößt sich fast nur mit den Händen und Fingern ab. Angeblich ist ein Astronaut schon einmal mitten in einem Modul der ISS *gestrandet* und kam dort nicht mehr weg, so sehr er auch strampelte. Hier gilt *Actio* = *Reactio* und strampeln hilft nicht. Man könnte Masse in eine Richtung werfen, um in die andere Richtung zu fliegen, man könnte Luft pusten, um einen langsamen Impuls zu erzielen, oder man streckt

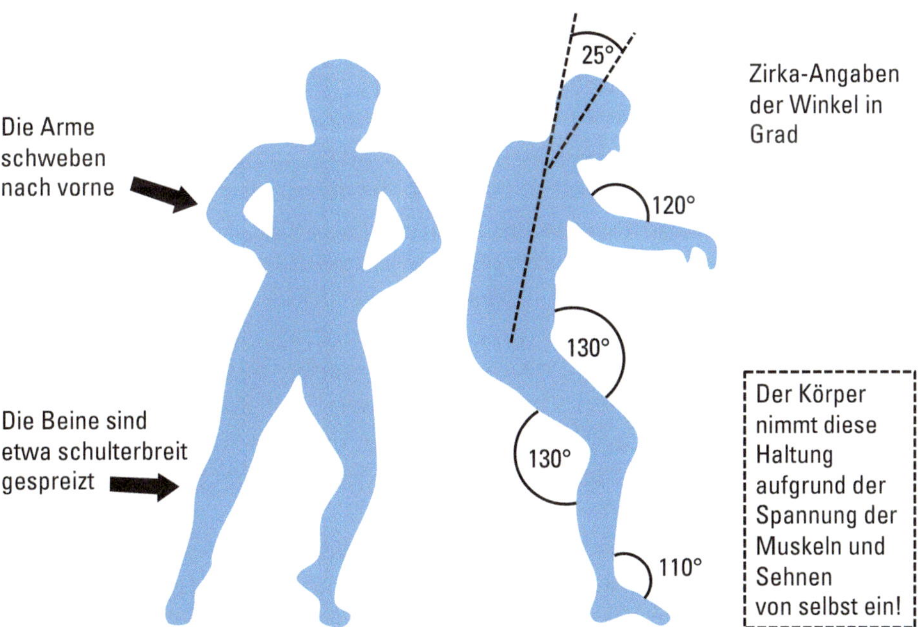

Abb. 4.3 Die neutrale Körperhaltung in Schwerelosigkeit

sich so sehr aus, dass man mit den Fingerspitzen die Wand erreicht, um sich abzustoßen. Hier gelten ganz andere Gesetze! Unbetroffen ist die Feinmotorik. Schreiben und zeichnen kann man in Schwerelosigkeit genauso gut wie auf der Erde.

Es gibt eine angenehme, neutrale Körperhaltung, die man in Schwerelosigkeit instinktiv einnimmt (Abb. 4.3). Die Spannung des Muskel- und Sehnenapparates gibt diese Stellung vor. Dabei sind die Knie und die Hüfte jeweils um ca. 130° gebeugt, die Ellenbogen um etwa 120° gebeugt, die Füße um ca. 110° gestreckt und der Kopf um etwa 25° nach vorne geneigt.

Ordnung und Unordnung

Auch die unaufgeräumteste Wohnung, der zugekramteste Schreibtisch und die dreckigste Rumpelkammer auf der Erde haben gemein, dass die Unordnung, die in und auf ihnen herrscht, grundlegend zweidimensional ist. Zwar mögen Dinge in mehreren Ebenen übereinander oder in chaotischen Haufen liegen, aber solange nicht ein signifikanter Teil der Raumhöhe ausgefüllt ist, bleibt „nebeneinanderliegen" der primäre Unordnungsvorgang, während sich nach oben und unten von selbst eine Ordnung ausbildet (ein Beispiel hierfür ist eine Kiste voller Bauklötze, in der die kleinsten Klötze stets nach unten durchfallen, während die größeren oben „aufschwimmen"). Anders in Schwerelosigkeit:

Sobald man mehr als eine Handvoll an Gegenständen auf einmal in einem Raum umherschweben hat, ist man sehr schnell mit dem Konzept der dreidimensionalen Unordnung konfrontiert. Es gibt keine Schwerkraft mehr, die in der Oben-Unten-Richtung die Unordnung kompakt hält, und keine selbststabilisierende, vertikale Ordnung. Alles fliegt durcheinander und füllt innerhalb kürzester Zeit das zur Verfügung stehende Volumen gleichmäßig aus. Selbst in Videos von der Internationalen Raumstation, wo viel Aufwand betrieben wird, alles ordentlich zu halten, scheint es, dass stets Gegenstände umherfliegen und es nie wirklich einer gewöhnlichen Definition von „ordentlich" entspricht.

Daher ist es in Schwerelosigkeit sehr wichtig, nichts frei umherfliegen zu lassen, sondern alles festzuschrauben, festzubinden oder anderweitig an Oberflächen zu befestigen oder in Schubladen zu verstauen. Das Material, das in Raumschiffen zu diesem Zweck quasi allgegenwärtig ist, ist Klettverschluss. Auf allen Gegenständen und Oberflächen angebracht, erlaubt dieses Material, Dinge schnell festzukleben und wieder mitzunehmen. Auch Astronautenkleidung selbst wird gerne mit Klettverschlussstreifen versehen, um einfacher Gegenstände transportieren zu können. Man sollte bei der Planung eines Raumfahrzeuges ausreichend Stauraum einplanen, um einem chaotischen Durcheinander vorzubeugen.

Wärmeregulation und Luftstrom

Bei Gravitation steigt warme Luft bekanntermaßen auf, während kalte Luft absinkt. Sobald sich Luft an der Haut eines Menschen aufgewärmt hat, steigt sie nach oben und kältere Luft strömt hinterher, und wärmt sich an der Haut auf. Somit gibt es einen ständigen Austausch und Abtransport der Luft an unserer Haut, die sog. Konvektion. In Schwerelosigkeit funktioniert das jedoch nicht (Abb. 4.4)! Hier gibt es kein oben und kein unten, weshalb die Luft da bleibt, wo sie ist. Wenn

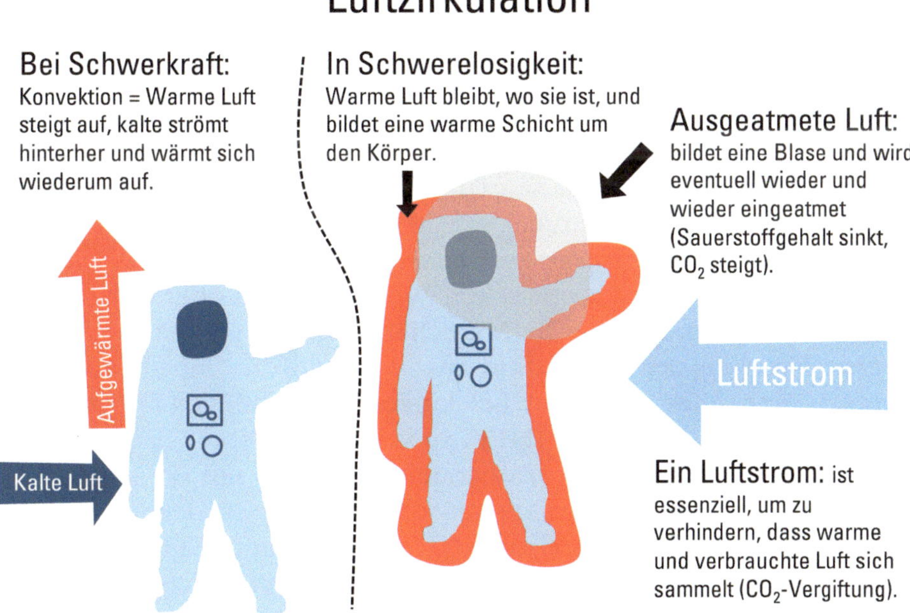

Abb. 4.4 Prinzipien der Luftzirkulation bei Gravitation und in Schwerelosigkeit

man sich nicht bewegt oder die Luft um einen herum sich nicht bewegt, bildet sich eine Hülle mit warmer Luft. Ähnlich verhält es sich mit der ausgeatmeten, kohlendioxidreichen Luft. Sie sammelt sich in einer Blase um den Mund und man atmet sie wieder ein, wenn man sich nicht entweder selbst bewegt oder die Luft es tut. Man würde die kohlendioxidreiche und sauerstoffarme Luft immer wieder einatmen, bis ein Gasaustausch in der Lunge nicht mehr möglich wäre. Aus diesen Gründen ist ein ständiger Luftstrom in Schwerelosigkeit essenziell. Menschen sind wiederum sehr empfindlich für Luftströme und empfinden diese als „Zug", wenn sie zu stark werden. Zugleich ist der Bereich unserer „Komforttemperatur" sehr eng, und sie ändert sich, wenn man gerade Sport getrieben hat oder schläft. Auch liegt die Komforttemperatur von Frauen über der von Männern. Will man sich z. B. einen Schlafsack kaufen, so ist die Komforttemperatur als Balken angegeben mit farblicher Kodierung für beide Geschlechter. Man muss also im Weltraum einen Kompromiss finden aus notwendigem Luftstrom und Komfort, was sicherlich nicht in jeder Situation gelingt, und gegebenenfalls die Kleidung entsprechend anpassen.

4.2 Tageszeiten und Schlaf

Die ISS umrundet etwa alle 92 Minuten einmal die Erde. In dieser Zeitspanne ist es einmal Nacht und einmal Tag, wie lange, hängt von der Position über und der Jahreszeit auf der Erde ab. Natürlich kann man als Raumfahrer seinen Rhythmus nicht derartig umstellen und jede 90 Minuten einmal schlafen. Auf der ISS werden deshalb alle Zeiten in *koordinierter Weltzeit* (UTC) angegeben. Die UTC entspricht der mitteleuropäischen Winterzeit –1h oder der mitteleuropäischen Sommerzeit –2h. Mit Schaltsekunden gleicht die UTC die Schwankungen der Erdrotation aus, während die Universalzeit (Universal Time) dies nicht tut. Bei kürzeren Raumflügen ist es üblich, die *Mission Elapsed Time* (MET) zu verwenden. Die Zeitmessung beginnt dann mit dem Start. Es handelt sich quasi um die abgelaufene Missionszeit oder bisherige Missionsdauer. Zu Beginn der Spaceshuttle-Ära hieß die MET noch *Ground Elapsed Time* (GET), wovon man abgekommen ist, weil sie häufig mit der *Greenwich Mean Time* (GMT) verwechselt wurde. Wenn man einen kurzen Raumflug plant, bietet es sich also an, die MET zu verwenden, während man bei längeren Raumflügen oder auf Raumstationen mit der UTC besser bedient ist.

Der Tag-Nacht-Rhythmus

Als *zirkadianen Rhythmus* bezeichnet man die innere Uhr von Lebewesen, die auf regelmäßig wiederkehrende Ereignisse vorbereitet und den Körper darauf einstellt. Die Fachdisziplin der Chronobiologie beschäftigt sich mit den Vorgängen der biologischen Rhythmen. Viele Rhythmen haben bei Menschen eine Periodendauer von 24 Stunden, z. B. der Schlaf-Wach-Rhythmus. Mit dem Schlaf-Wach-Rhythmus verändern sich die Konzentrationen verschiedener Hormone, und er koordiniert Schwankungen der Körpertemperatur, des Blutdruckes und macht müde. Auch das Leistungsvermögen unterliegt einem Rhythmus, der bei Menschen sehr unterschiedlich sein kann. Die meisten zirkadianen Rhythmen sind nicht genau 24 Stunden lang, können aber durch Reize auf 24 Stunden eingestellt werden. Zum Beispiel kann der Schlaf-Wach-Rhythmus durch Tageslicht und warmes Licht von unten (Feuer = abends) modifiziert werden. Diese Reize nennt man Zeitgeber. Die Anpassung (Synchronisation) dauert allerdings ein paar Tage und das kennt man vom Jetlag. Der Schlaf-Wach-Rhythmus wird von der Hypophyse (Zirbeldrüse im Gehirn) gesteuert. Diese schüttet das Hormon Melatonin aus. Im Auge befinden sich spezielle Rezeptoren, die Informationen über Tageslicht an die Hypophyse leiten, damit diese den Rhythmus synchronisieren kann. Bezogen auf den Schlaf-Wach-Rhythmus gibt es bei Menschen drei Typen:

1. Den Frühaufsteher (Lerche)
2. Den Spätaufsteher (Eule)
3. Den Normaltyp

In der Bevölkerung ist der Normaltyp am häufigsten, gefolgt vom Spätaufsteher. Frühaufsteher sind die kleinste Gruppe. Der Chronotyp verändert sich im Laufe des Lebens. Aufgrund vorgegebener Arbeitszeiten haben viele Menschen das Problem, dass sie sich morgens aus dem Bett quälen müssen, im Laufe der Woche ein erhebliches Schlafdefizit ansammeln und am Wochenende ausschlafen müssen. Menschen, die im Schichtdienst arbeiten, bekommen bei häufigen Wechseln zwischen Tag- und Nachtdienst erhebliche Probleme mit der inneren Uhr, was auf die Leistungsfähigkeit schlägt und Schlafprobleme bereiten kann.

Zurück zu den Raumfahrern: Hier bedeuten diese Kenntnisse über die Chronobiologie, dass man im All in etwa einen 24-Stunden-Rhythmus anstreben sollte. Dabei sollten 8 Stunden Schlaf eingeplant werden, die immer zur selben Zeit stattfinden. Wenn möglich sollten UV-Lampen als Zeitgeber eingesetzt werden. Auch ist es wichtig, dass das körperliche Training nicht direkt vor der Schlafphase stattfindet, da man meistens nicht sofort einschlafen kann. Es ist günstig, sich Riten anzugewöhnen, die sich täglich wiederholen. Dazu gehören soziale Riten wie ein gemeinsames Mittagessen und Verhaltensweisen wie das Lesen vor dem Einschlafen.

Schlaf in Schwerelosigkeit

In Schwerelosigkeit schlafen die meisten in einem Schlafsack am besten, optimalerweise in einem eigenen, verschlossenen und dunklen Raum. Auf der ISS haben Raumfahrer dafür ihre eigenen Kojen, in denen sich auch ihre persönlichen Gegenstände und Laptops befinden. Es ist aber theoretisch möglich, einfach irgendwo in der Raumstation zu schlafen, solange man darauf achtet, dass man sich so befestigt, dass man nicht gegen etwas stößt und sich verletzt. Wichtig ist, dass der Schlafplatz gut belüftet ist. Denn das ausgeatmete Kohlendioxid sammelt sich ja wie in einer Blase vor dem Mund an, wenn es nicht vom Luftstrom abtransportiert wird.

Schlafprobleme, Schlaflosigkeit und Müdigkeit stellen im Leben auf einer Raumstation oder in einem Raumschiff ein erhebliches Problem dar. Viele Raumfahrer nehmen Schlafmittel ein, um schlafen zu können. Im Durchschnitt schlafen Raumfahrer kürzer als auf der Erde, nämlich nur 6 Stunden pro Tag. Wahrscheinlich spielen hier verschiedene Gründe eine Rolle, zum einen Stress und Isolation, dann laute Geräusche und ein hoher Hintergrundlärmpegel, aber auch der Umstand, dass man schwebt und kein Bett unter sich hat. Wenn der Stresslevel hoch ist und man z. B. aufgeregt ist, weil eine schwierige Aufgabe wie ein Weltraumspaziergang ansteht, ist die Schlafzeit besonders gering. Raumfahrer haben von intensiven Träumen berichtet und davon, dass sie in Schwerelosigkeit schnarchen. Seit vielen Jahren ist bekannt, dass die Qualität des Schlafes die Leistungsfähigkeit erheblich beeinflusst. Man sollte deshalb möglichst viel daransetzen, der Crew einen guten Schlaf zu ermöglichen. Hierfür ist körperliches Training ein ausgesprochen hilfreiches Mittel. Man kann bei

Problemen zusätzlich mit Melatonin und Schlafmitteln wie Zolpidem arbeiten.

Wenn man im Weltraum schläft, sieht man bei geschlossenen Augen immer wieder helle Striche bzw. Lichtblitze. Diese kommen im Auge zustande, wenn elektrisch geladene Teilchen von der Sonne oder aus den Tiefen des Weltalls auf die Netzhaut treffen. Hier lösen sie einen Nervenimpuls aus, der an das Gehirn weitergeleitet wird. Vom Leben auf der Erde kennt man diese Lichtblitze nicht, weil die entsprechenden Teilchen vom Magnetfeld und der Atmosphäre der Erde abgeschirmt werden (vgl. Abschn. 5.7). Soll noch mal einer behaupten, Strahlung könne man nicht sehen!

Für besonders lange Raumflüge, z. B. zu den äußeren Planeten oder gar in andere Sternensysteme, gibt es die Idee, Raumfahrer in *Hyperschlaf*, also einen künstlichen, dem Winterschlaf ähnlichen Zustand stark verminderter Stoffwechselaktivität zu versetzen, in dem sie nicht bei Bewusstsein wären und eventuell wenig bis gar nicht altern würden. Da andere Säugetiere ähnliche Schlafphasen im Rahmen ihres gewöhnlichen Winterschlafs regelmäßig durchlaufen, spricht nichts grundlegend dagegen, dass auch Menschen in einen solchen Zustand versetzt werden und insbesondere in der Umgebung eines Raumschiffs potenziell sehr lange Zeit darin verbringen könnten, doch die Forschung in diesem Bereich kommt nur extrem langsam voran. Viele unbekannte Einflüsse auf den menschlichen Stoffwechsel bei niedrigen Temperaturen machen Versuche nicht ungefährlich. Dennoch handelt es sich um eine Idee, die längerfristig bei der Reise zu entfernten Himmelskörpern hilfreich sein könnte.

4.3 Essen und Trinken

Zunächst einmal vorweg: Ja, man kann in Schwerelosigkeit normal schlucken und essen, und nein, man muss sich nicht auf Tubenessen und Flüssigkeiten beschränken! Vor den ersten bemannten Raumflügen hat es diesbezüglich große Sorge gegeben. Zum Glück stellte sich schnell heraus, dass Essen und Trinken an sich keine Probleme bereiten. Schwierig war es jedoch, Zubereitungsformen zu finden, die man in Schwerelosigkeit gebrauchen kann. Nachdem in den frühen 1960er-Jahren zunächst Essen in Tuben verwendet wurde, schritt die Entwicklung auf diesem Gebiet schnell voran. Auch die

Auswahlmöglichkeiten wurden größer und die Nahrung vielseitiger. In den Apollo-Missionen stand bereits heißes Wasser zur Verfügung, was die Mitnahme gefriergetrockneter Speisen erlaubte. An Bord der US-Raumstation „Skylab" in den 1970er-Jahren gab es bereits einen Kühlschrank und eine Tiefkühltruhe sowie eine Auswahl von 72 Speisen. Schon damals gehörte der Shrimpscocktail zu den Favoriten. In der Sowjetunion wurde länger als in den USA Essen in Tuben und in Metallbüchsen verwendet, darunter Borschtsch, Rinderzunge und Kaviar. Heutzutage ist die Auswahl extrem groß und es gibt neben verschiedensten Gerichten auch frisches Obst und Gemüse. Verschiedene internationale Nahrungsfirmen haben Essen für die Raumfahrt entwickelt, das man zum Teil auch im Supermarkt kaufen kann. Die russischen Kosmonauten haben heutzutage die Wahl zwischen über 300 Gerichten. Auch chinesisches, japanisches und koreanisches Essen wurde bereits im Weltraum konsumiert. Üblicherweise erhalten Raumfahrer vor einem Flug ein *Foodtasting*, bei dem sie Gerichte probieren und daraus auswählen können. Jedoch sind die Ergebnisse nur von begrenztem Nutzen, denn Astronauten berichten übereinstimmend, dass Essen im Weltraum deutlich anders schmeckt als auf der Erde (Abschn. 4.3). Abb. 4.6 zeigt Nahrung und Verpackungen von der ISS. Man benötigt im Alltag an Bord einer Raumstation etwa so viele Kalorien wie auf der Erde auch, denn der grundlegende Kalorienbedarf (Grundumsatz) unterscheidet sich nicht. Deutlich mehr Kalorien verbraucht man z. B. bei einem Weltraumspaziergang, der körperlich meist sehr anstrengend ist. Für die Berechnung des Kalorienbedarfs gibt es verschiedene Formeln. Er hängt u. a. vom Geschlecht, der Muskelmasse, dem Körpergewicht und dem Alter ab.

Tipp für angehende Raumfahrer Wenn man auf der Erde Kaffee kocht, lässt man dazu heißes Wasser durch das Kaffeepulver und dann durch einen Siebträger oder einen Filter laufen. Dies erfordert Schwerkraft! Wie also kann man in Schwerelosigkeit Kaffee zubereiten?

Die ISS-Expedition 7 erfand dafür im Jahr 2003 eine einfache Methode: Zunächst mischt man Kaffeepulver und Wasser in einem Becher und legt ein Sieb am oberen Becherende auf. Danach verschließt man den Becher mit einem Deckel und … steckt ihn in eine Socke!

In der Socke kann man ihn nun herumschleudern und somit künstliche Schwerkraft erzeugen, mit der das Sieb heruntergedrückt wird, das Wasser vom Kaffeepulver getrennt wird und schließlich (angeblich) leckerer Kaffee übrig bleibt.

Anekdote
Der Kosmonaut Juri Gagarin aß 1961 beim ersten bemannten Raumflug der Geschichte (Dauer: 1h 48 min.) den Inhalt von drei Zahnpastatuben à 160 Gramm: zweimal püriertes Fleisch und einmal Schokoladensauce.

Verändertes Geschmacksempfinden

Schon seit den ersten Jahren der bemannten Raumfahrt ist bekannt, dass sich das Geschmacksempfinden in Schwerelosigkeit verändert. Eine Theorie dazu ist, dass die Geschmacksknospen durch die Flüssigkeitsverschiebung im Körper anschwellen, so ähnlich wie bei einer Erkältung. Raumfahrer bevorzugen meist stark gewürzte und intensiv schmeckende Speisen, das gilt aber nicht für jeden gleich. Es haben sich deshalb auf der Erde eher untypische Gerichte zu den Klassikern des Weltraums entwickelt, allen voran der *Shrimpscocktail* bestehend aus Krabben, Sahne, Sherry, Mayonnaise, Tomatenmark, und je nach Rezept, Eisbergsalat, Tabasco und Gewürzen.

Tipp für angehende Raumfahrer Shrimpscocktail selber machen! Man benötigt folgende Zutaten:

- 350 g Krabben
- 4 EL Mayonnaise
- 2 EL Sahne
- 1 EL Sherry
- 2 EL Tomatenmark, nach Wunsch Tomaten
- 1 Zitrone/Limette oder etwas Zitronensaft
- Eisbergsalat
- Dill
- Tabasco, Salz und Pfeffer

Am besten serviert man Shrimpscocktail in einem Glas. Für die Sauce vermischt man die Mayonnaise, die Sahne, den Sherry, das Tomatenmark und den Zitronensaft, bis eine homogene Masse entsteht. Diese schmeckt man mit Tabasco, Salz und Pfeffer ab. Den Eisbergsalat legt man unten ins Glas, darauf kommen die Krabben und die Sauce. Man kann die Krabben entweder direkt mit einrühren oder alternativ mit der Sauce übergießen. Garnieren kann man den Shrimpscocktail mit Dill und z. B. einem Stück Zitrone oder Tomaten. Guten Appetit!

Verpackung und Zubereitung von Mahlzeiten

Nahrung muss an Bord eines Raumfahrzeuges verschiedenen Anforderungen gerecht werden: Sie muss möglichst leicht sein, nahrhaft, schnell zuzubereiten, leicht zu verdauen und darf in Schwerelosigkeit keine Probleme bereiten (sollte z. B. möglichst klebrig sein, siehe Abb. 4.5). Krümel wären an Bord einer Raumstation ungünstig, weil sie umherfliegen und Geräte beschädigen könnten. Kohlensäurehaltige Getränke werden im Allgemeinen als unangenehm empfunden, weil die Luftverteilung im Darm sich anders gestaltet als bei Gravitation. Die Verpackung muss möglichst leicht und unkompliziert sein. Während die USA Speisen meist in Kunststoff- und Metallfolien vakuumversiegelt und manchmal auch gefriergetrocknet transportieren (Abb. 4.6), benutzt Russland gerne Konserven und Büchsen. Beides scheint gut zu funktionieren. Frisches Obst und Gemüse muss möglichst innerhalb von zwei Tagen gegessen werden, da es schnell verdirbt. Produkte wie Nüsse und Müsliriegel können ohne weitere Probleme unverändert eingepackt und gegessen werden. Fleisch hingegen wird bestrahlt, um das Wachstum von Keimen zu verhindern. Auch eine Hitzebehandlung

Abb. 4.5 Die NASA-Astronautin Karen Nyberg verspeist ein Gericht. (Bildquelle: NASA)

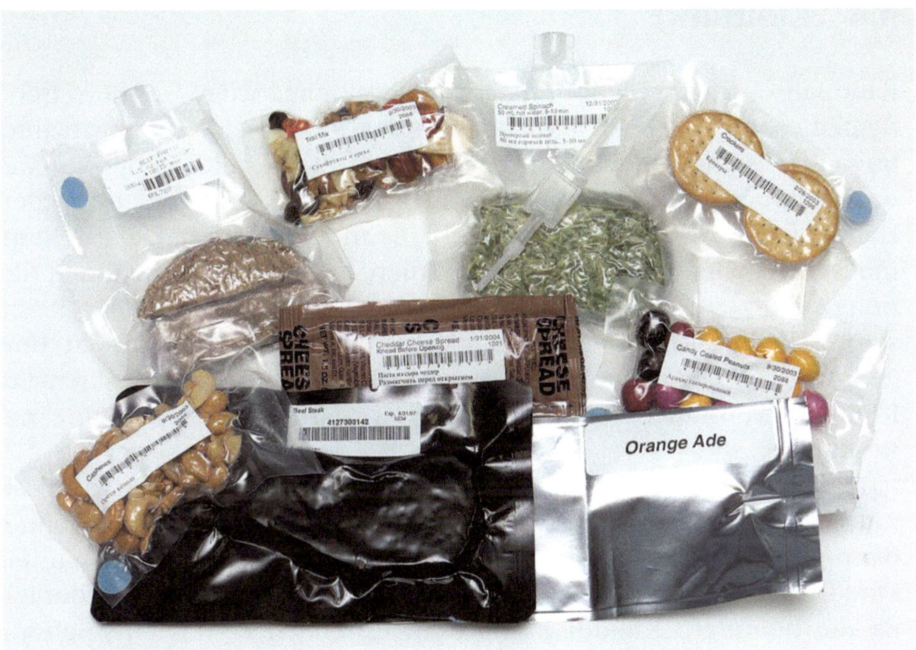

Abb. 4.6 Beispiele für Essen auf der ISS und unterschiedliche Verpackungen. (Bildquelle: NASA)

kann Keime abtöten. Fleisch wird schon fertig zubereitet mitgenommen und darf nicht an Bord gebraten werden. Einigen Speisen muss vor dem Verzehr Wasser zugeführt werden. Diese sind zuvor mit Hitze, Gefriertrocknung oder osmotischer Trocknung behandelt worden.

Tipp für angehende Raumfahrer In Outdoorläden kann man wie in der Raumfahrt behandelte und vorbereitete, vakuumversiegelte Speisen für Wanderungen und Trekking superleicht verpackt kaufen – warum nicht mal ausprobieren?

Anekdote

Bei Gemini 3 schmuggelte der Astronaut John Young ein Sandwich mit gepökeltem Rindfleisch an Bord der Raumkapsel. Auch sein Kollege Gus Grissom beteiligte sich an dem Schmaus im Weltraum. Als dies die Offiziellen der NASA mitbekamen, waren sie verärgert – Krümel hätten die empfindliche Elektronik stören und die Mission gefährden können.

4.4 Kleidung

Raumfahrer tragen nicht den ganzen Tag Raumanzüge, sondern benötigen diese nur in speziellen Situationen. An Bord kann man prinzipiell tragen, was man möchte. Praktisch sind Stoffe, die wenig stinken, dann kann man die Kleidung länger tragen, auch ohne sie zu waschen. Häufig werden T-Shirts und Polohemden verwendet. Die Kleidung muss den Vorschriften für Materialien an Bord aus Gründen des Brandschutzes genügen. Aktuell gibt es auf der internationalen Raumstation keine Waschmaschine, weshalb alle Kleidung mit an Bord gebracht, getragen und dann weggeworfen wird. Das Waschen von Kleidung verbraucht übermäßig viel wertvolles Wasser - eine rare Ressource.

Raumfahrer bringen häufig an ihren Hosen *Velcro* (Klettband) an, um Gegenstände z. B. am Oberschenkel zu befestigen. Diese können dann genutzt werden ohne wegzufliegen und verloren zu gehen. Für eine Langzeitmission ist eine Form von Waschmöglichkeit erforderlich, da die benötigte Kleidung sonst ein erheblicher Gewichtsmehraufwand wäre.

Bei Start und Landung tragen Raumfahrer üblicherweise Raumanzüge, die *Rettungsanzüge* genannt werden. Diese können bei einem Druckabfall eine Beatmung mit 100 % Sauerstoff sicherstellen, sind aber weniger komplex aufgebaut als die Anzüge für Weltraumspaziergänge (Abschn. 4.5). Beispiele für Rettungsanzüge sind der US-amerikanische *ACES-Anzug*, der im Spaceshuttle verwendet wurde, und der russische *Sokol-Anzug* (Abb. 5.9). ACES steht für *Advanced Crew Escape Suit* (Abb. 4.7). Dieser Anzug wurde nach der Challenger-Katastrophe eingeführt, um die Astronauten im Spaceshuttle besser zu schützen. Die äußere Hülle besteht aus orangefarbenem *Nomex*, einem feuerfesten Material, das auch bei Feuerwehrkleidung Verwendung findet. Darunter befindet sich ein Druckanzug wie beim Trocken-Taucheranzug. Die NASA hatte nach dem Ende des Spaceshuttle-Programms zunächst geplant, den ACES-Anzug nicht weiter zu verwenden, sondern für zukünftige Raumfahrtsysteme den *Constellation Space Suit* einzusetzen, der zugleich auch für Weltraumspaziergänge geeignet ist. Inzwischen wurde aber bekanntgegeben, dass es im Orion-Raumschiff eine Neuauflage des ACES, den *MACES-Anzug*, geben wird. Dieser soll im Gegensatz zum ACES mehr Bewegungsfreiheit bieten und ein *Closed-Loop-System* (geschlossenes System) enthalten, durch das Atemgas gespart wird.

Abb. 4.7 Die Ärztin Dr. Mae Jemison im ACES-Anzug beim letzten Check des Anzugs vor STS-47 (eine Spacelab-Mission). Sie war die erste afroamerikanische Frau im All und hat eine lesenswerte Autobiografie, „Find Where The Wind Goes", geschrieben (Jemison 2003). (Bildquelle: NASA)

Der Sokol-Anzug besteht aus einer Außenhülle aus Nylon und einer inneren Schicht aus Kapron (einer hochelastischen Kunstfaser) als Druckhülle. Die Handschuhe sind abnehmbar und mit einer Kupplung aus blaueloxiertem Aluminium mit dem Anzug verbunden. Das Visier besteht aus Polycarbonaten. China hat für sein bemanntes Raumfahrtprogramm Sokol-Anzüge von Russland gekauft und dann in Anlehnung daran einen eigenen Anzug konstruiert.

4.5 Weltraumspaziergänge

In der Fachsprache bezeichnet man einen Weltraumspaziergang als *EVA* (*extravehicular activity*). Per Definition sind hier sämtliche Aktivitäten außerhalb des Raumschiffes eingeschlossen, sei es in der Umlaufbahn um einen Planeten oder auf der Planetenoberfläche selbst. Auch Mondspaziergänge fallen unter den Begriff EVA. Für eine EVA benötigt man einen Raumanzug, der wie ein kleines Raumschiff aufgebaut sein muss, mit allen Lebenserhaltungssystemen, die das Überleben in der sonst lebensfeindlichen Umgebung ermöglichen. Die erste EVA wurde 1965 von Alexei Leonow von „Woschod 2" aus durchgeführt. Der Ausflug dauerte 12 Minuten und endete beinahe in einer Katastrophe, weil der Raumanzug sich aufgeblasen hatte und daher bei der Rückkehr in das Raumschiff die Luke zu klein war. Leonow musste Luft aus dem Anzug lassen, um durch die Luke zurück an Bord zu kommen. Nachdem er schließlich wieder an Bord war, schloss die Luke nicht richtig dicht und das Lebenserhaltungssystem begann, reinen Sauerstoff in die Kabine zu pumpen, um den Druck auszugleichen. Damit bestand ein erhebliches Feuerrisiko in einem Raumschiff, das nicht für derartige Sauerstoffkonzentrationen ausgelegt war.

Aufgrund des kalten Krieges wurde diese Information jedoch nicht anderen raumfahrenden Nationen mitgeteilt. Und so kam es, dass beim ersten Weltraumspaziergang des Amerikaners Ed White exakt dasselbe Problem auftrat, und auch er den Druck in seinem Anzug deutlich reduzieren musste, um die Raumkapsel wieder betreten zu können.

Inzwischen sind mehrere hundert EVAs sicher durchgeführt worden. 28 EVAs (insgesamt 80 Stunden) haben auf dem Mond stattgefunden. Es gab allerdings auch immer wieder Probleme, z. B. Leckagen, Erfrierungen, Blutergüsse unter den Fingernägeln und eingeschränkte Sicht wegen Kondenswassers auf dem Visier. Um Probleme zu vermeiden, gibt es strenge Vorschriften und festgelegte Prozeduren. Im Fall eines Notfalls der zur Handlungsunfähigkeit eines EVA-Raumfahrers führt, muss dieser von den Kollegen zur Luftschleuse gebracht werden.

Weltraumspaziergänge sind unheimlich anstrengend. Die Raumfahrer verbrauchen dabei sehr viele Kalorien, müssen extrem aufpassen und sind ständig dem Lärm des Lebenserhaltungssystems ausgesetzt. Auf dem Mond hatte man mit dem Mondstaub schwer zu kämpfen, der sich in allen Ritzen absetzte und schwer zu entfernen war. Unter anderem wurden deshalb die *Moon Boots* entwickelt, Schuh-Überzieher, die den Mondstaub abhielten (Abb. 4.8).

Der Raumanzug

Raumanzüge für EVAs müssen, anders als Raumanzüge, die innerhalb eines Raumschiffes getragen werden, eine eigene Sauerstoffversorgung mit sich führen. Es muss ein System zur Temperaturregulation integriert sein und es ist ein Schutz gegen Mikrometeoroiden

Abb. 4.8 *Moon Boots* aus dem Jahr 1969 als Überzieher, um zu verhindern, dass Mondstaub in die Mondlandefähre kommt

erforderlich (Schutzschicht). Die entsprechenden Anzüge der NASA heißen *Extravehicular Mobility Units* (EMUs, Abb. 4.9). Das russische Pendant dazu ist der *Orlan-Anzug*, zu dem der chinesische EVA-Anzug *Feitian* (übersetzt für „fliegender Himmel" in Mandarin) fast identisch ist. Der Orlan-Anzug wurde zunächst für das sowjetische Mondprogramm entwickelt. Inzwischen befindet sich die fünfte Generation dieser Anzüge, der Orlan-MK, auf der ISS (Abb. 4.13). Beide Anzüge zeichnet ein fester Torso aus (*Hard Upper Torso* = HUT). Von zentraler Bedeutung ist das Lebenserhaltungssystem (beim EMU *PLSS* genannt), das die Zusammensetzung der Atemluft, den Druck und die Temperatur reguliert, das Kohlendioxid entfernt (vgl. Abschn. 2.5) und außerdem Systeme für Kommunikation, Telemetrie und Anzeigen für Herzfrequenz und andere wichtige Parameter bereit hält. Der Helm ist bei beiden Modellen fest am Torso angebracht, sodass man den Kopf im Helm dreht und durch eine große Scheibe mit Visier ein ausreichendes Gesichtsfeld hat. Wichtig ist auch, dass Urin gesammelt wird und dass es im Anzug nicht stinkt. Der Druck beträgt in der EMU während des Betriebs 30 kPa, also nur ein Drittel des üblichen Drucks in einer Raumstation. Die Atmosphäre in der EMU besteht zu 100 % aus

Abb. 4.9 Scott Kelly in der *Extravehicular Mobility Unit* (EMU) 2015. (Bildquelle: NASA)

Sauerstoff. Die EMU erlaubt EVAs bis zu 8,5 Stunden, im Orlan sind 9 Stunden möglich.

Raumanzüge haben häufig sehr viele Anschlüsse für Schläuche. Abb. 4.10 erklärt am Beispiel eines Apollo-Anzuges, welcher Anschluss welche Funktion hatte.

In den 1970er-Jahren wurde ein Raumanzug entwickelt, der das autarke Fliegen eines Astronauten im Weltraum ermöglichte, die *Manned Maneuvering Unit* (MMU, Abb. 4.11). Damit fliegt ein Raumfahrer

Abb. 4.10 Anschlüsse eines Raumanzuges, der bei Apollo 14 von Alan Shepard auf dem Mond getragen wurde. Die drei Anschlüsse auf der linken Seite sind: oben: Kommunikationsleitung, Mitte: Externe Luftzuleitung, unten: Externe Luftausleitung. Auf der rechten Seite: oben: Wasserzufuhr, Mitte: Rucksack-Luftzuleitung, unten: Rucksack-Luftableitung. Details s. das NASA-Handbuch „Extravehicular Mobility Unit" (Bildquelle: NASA 1970)

völlig unabhängig und auf sich allein gestellt mit manueller Steuerung in der Umgebung eines Raumschiffes oder einer Raumstation. Aufgrund von Sicherheitsbedenken wurde dieser aber nur dreimal im Jahr 1984 verwendet und danach nicht mehr. Das Nachfolgemodell SAFER (*Simplified Aid for EVA Rescue*) ist rein für den Notfall gedacht und wird als Sicherheitssystem bei jeder EVA mit dem EMU-Anzug getragen. Es handelt sich dabei um einen speziellen Anbau für den Rucksack.

Abb. 4.11 Erste EVA mit der *Manned Maneuvering Unit* 1983 durch Bruce McCandless ohne Verbindung zum Spaceshuttle in einer Entfernung von über 100 m. (Bildquelle: NASA)

Der Schub wird bei beiden Systemen durch Stickstoff-Kaltgasdüsen erzeugt, von dem ein SAFER 1,4 kg trägt.

Durchführung eines Raumspaziergangs

Die Durchführung von Raumspaziergängen und speziell benötigte Handgriffe werden schon vor dem Flug auf der Erde in einem Schwimmbecken trainiert. Die NASA hat in Houston eine sehr große derartige Einrichtung, genannt das *Natural Buoyancy Laboratory* (Abb. 4.12). Raumfahrer haben berichtet, dass sich eine echte EVA noch anders anfühlt, weil der Widerstand des Wassers nicht mehr

Abb. 4.12 Die NASA-Astronautin Peggy Whitson trainiert im *Natural Buoyancy Laboratory* in Houston. (Bildquelle: NASA)

da ist. Auf der Erde stellt das Training im Wasser jedoch die beste Möglichkeit dar, für EVAs zu trainieren.

Bei einer EVA besteht ein erhebliches Risiko für einen Druckabfall, sei es durch ein Loch im Handschuh oder eine Undichtigkeit irgendwo am Anzug. Aus praktischen Gründen beträgt außerdem der Druck im Raumanzug nur etwa ein Drittel des Drucks in der Raumstation. Um zu verhindern, dass der Raumfahrer Probleme mit der *Dekompressionskrankheit* (s. Abschn. 5.5) bekommt, ist eine spezielle Prozedur erforderlich. Die Dekompressionskrankheit entsteht durch das Ausperlen von Stickstoff im Körper. Um dies zu verhindern, muss vor einer EVA der Stickstoff aus dem Körper möglichst entfernt werden. Dies gelingt, wenn man über mehrere Stunden reinen Sauerstoff atmet (*Prebreathing*). Früher haben die US-Astronauten vor einer EVA tatsächlich einfach für mehrere Stunden reinen Sauerstoff geatmet, seit 2006 wird eine Prozedur namens *Camping Out* durchgeführt. Die Astronauten schlafen dafür in der Nacht vor der EVA in der Luftschleuse (*Quest*) der ISS, in der der Druck langsam um etwa ein Drittel reduziert wird. Am Morgen dürfen die EVA-Astronauten die Luftschleuse noch einmal kurz mit einer Sauerstoffmaske verlassen, um das Badezimmer zu besuchen und zu frühstücken. Danach ziehen sie sich die EMUs an und begeben sich wieder in die Luftschleuse. Hier wird nun langsam der Druck gesenkt, bis der Druck im Raumanzug erreicht ist. Erst dann kann man die Luke nach außen öffnen und den Airlock verlassen. Nach einem Raumspaziergang wird in der Luftschleuse der Druck langsam wieder gesteigert, bevor die Raumstation selbst wieder betreten werden kann.

4.6 Forschung

Zwei zentrale Aufgaben von Raumfahrern sind heutzutage die Durchführung von Forschungsprojekten an Bord und das Dasein als Versuchskaninchen. Zum einen führen Raumfahrer für Forscher deren Versuche durch, die ihnen vorher im Detail beigebracht wurden. Die Forscher können diese Projekte bei Ausschreibungen einreichen, *Announcements of Opportunity*. Mehr über diesen Prozess in Abschn. 5.9.

Zum anderen sind sie selbst das Objekt des Forschungsinteresses und nehmen als Probanden an Forschungsexperimenten teil. Welche Experimente sie selbst durchführen und bei welchen sie Probanden sind, können sie mitbestimmen. Jeder Raumfahrer soll möglichst viele Experimente machen, wird aber nicht dazu gezwungen. Die Forscher, denen die Experimente gehören, schreiben Informationsbroschüren (in der Forschung mit Menschen generell Probandeninformation genannt), anhand derer die Raumfahrer sich informieren und auswählen können. Es gibt bei den Raumfahrorganisationen dann sog. Astronautentrainer (so heißen sie zumindest in den USA und in Europa), die die Durchführung der Experimente vor dem Flug immer wieder mit den Astronauten trainieren, damit diese optimal vorbereitet sind. Hier ein paar Beispiele für unterschiedliche Experimente an Bord der Raumstation ISS:

Die EXPOSE-Facility kann per EVA außen an der Raumstation angebracht werden, um biologische und chemische Proben direkt dem Weltraum zu exponieren (Abb. 4.13). Bei Bakterien ist z. B. von Interesse, wie lange sie in der Umgebung überleben können. Derartige Fragestellungen werden von Astrobiologen bearbeitet, die wissen wollen, ob es möglich ist, dass das Leben auf Asteroiden von woanders zur Erde gekommen sein könnte. In der EXPOSE-Facility sind die Proben in kleinen Kammern untergebracht, die nur mit einer dünnen MgF_2-oder Quarzschicht (die beide UV-transparent sind) zum Weltraum

Abb. 4.13 Der Kosmonaut Dmitri Kondratjew inspiziert EXPOSE, um es einzupacken, damit es zur Auswertung auf die Erde zurückgebracht werden kann. (Bildquelle: NASA)

abgeschirmt sind, damit sie nicht herausfallen. Innerhalb der kleinen Kammer kann nicht nur Vakuum sein, sondern man kann auch die Atmosphären anderer Planeten simulieren, z. B. die des Mars. Proben sind auf diese Art schon für über ein Jahr dem Vakuum und der Strahlung des Weltalls ausgesetzt gewesen. Die Strahlung wird mit Dosimetern gemessen, damit man hinterher weiß, wie viel Strahlung die Proben abbekommen haben. Zu den konkreten Experimenten der EXPOSE-Facility gehörten unter anderem PROTECT and ADAPT. Im PROTECT-Experiment wurde die Stressreaktion von Bacillus subtilis auf Erdorbit-Bedingungen und simulierte Marsbedingungen untersucht. Es zeigte sich, dass DNA-Schäden, Protein- und Hüllenschäden sowie oxidativer Stress im Erdorbit erheblich ausgeprägter waren als in simulierter Marsatmosphäre. Ein weiteres Ergebnis war, dass Sporen in mehreren Schichten viel besser überleben, als wenn sie nur in einer Schicht aufgetragen sind. Bei ADAPT überlebten 8 % der Bacillus-subtilis-Spezies Erdorbit-Bedingungen und 100 % simulierte Marsbedingungen, was zeigt, dass von Raumschiffen und Raumsonden auf dem Mars eingeschleppte Sporen vermutlich lange Zeit überleben können.

Abb. 4.14 Der amerikanisch-britische Astronaut Michael Foale checkt die *Microgravity Science Glovebox*. (Bildquelle: NASA)

In der *Microgravity Science Glovebox* können Experimente z. B. mit giftigen Flüssigkeiten durchgeführt werden, die nicht frei in der Raumstation herumschweben sollen. Auch verhindert die Arbeit in der Box die Kontamination der Experimente. Als Raumfahrer steckt man die Hände von außen in zwei fest angebrachte Gummihandschuhe, mit denen man in der Box hantieren kann (Abb. 4.14). Eines der Experimente war das PromISS-2-Experiment, bei dem Wachstumsprozesse von Proteinkristallen in Mikrogravitation untersucht wurden.

Auch die Raumfahrer selbst werden häufig als Forschungsobjekt untersucht. So z. B. im Thermolab-Experiment, das der Erforschung der inneren Uhr und des Wärmehaushaltes des Menschen in Schwerelosigkeit dient. Das Experiment wird von Forschern aus der Berliner Charité! geleitet und nutzt einen Wärmesensor, der auf die Haut des Astronauten aufgeklebt wird und über ein spezielles Verfahren die Körperkerntemperatur berechnet. Messungen werden z. B. beim Training auf dem Fahrrad durchgeführt.

Auch wenn man in Zukunft auf einer längeren Mission nicht mit einer forschungsorientierten Organisation unterwegs ist, sollte man darüber nachdenken, ob man die Zeit für wissenschaftliche Experimente nutzen möchte.

4.7 Der Notfall an Bord

Über medizinische Notfälle im Weltraum gibt es in Kap. 5 einiges zu lesen. Jetzt soll es um den Umgang mit nichtmedizinischen Notfällen an Bord gehen. Grundsätzlich muss man sich bei der Planung von Notfallprozeduren die Frage stellen, ob eine sofortige Rückkehr zur Erde möglich ist oder nicht. Von der ISS aus kann man jederzeit zurück auf die Erde. Bei Langzeitmissionen zu anderen Planeten, Monden oder Asteroiden wird diese Möglichkeit nicht gegeben sein. Dann müssen gute Ideen her, wie man mit verschiedenen Situationen umgeht. Um welche Notfälle geht es nun eigentlich? Zum Beispiel um diese hier:

- plötzlicher Druckabfall wie etwa beim Einschlag eines Mikrometeoroiden,
- Austritt eines giftiges Gases oder einer giftigen Flüssigkeit (z. B. Ammoniak aus dem Kühlsystem),
- Defekt des Lebenserhaltungssystems,
- Explosion an Bord (z. B. eines Sauerstofftanks),
- Verlust der Fluglagekontrolle oder Steuerfähigkeit (aufgrund Triebwerks- oder Computerausfall).

Man benötigt Prozeduren, die vorgeben, was im Notfall zu tun ist, doppelt vorgehaltene Systeme, um im Notfall nicht aufgeschmissen zu sein, und Rückzugsmöglichkeiten. Für die ISS sind die Notfallprozeduren in dem in Abb. 4.15 verlinkten Dokument festgelegt. Dieses Dokument enthält genaue Anweisung für die einzelnen Schritte, die in verschiedenen Notfällen erforderlich sind. Zum Beispiel wird bei einem Leck oder einem Gasaustritt in einem Modul des internationalen Teils der Raumstation der internationale Teil geräumt; alle Raumfahrer begeben sich in das zentrale Swesda-Modul, und dann wird genauer

Abb. 4.15 Dokument für Raumfahrer mit den offiziellen Notfallprozeduren für die Internationale Raumstation, http://www.spaceref.com/iss/ops/iss.emergency.ops.pdf

analysiert, was das Problem ist. Sobald man das Problem auf ein Modul eingegrenzt hat, kann man dieses Modul isolieren und muss dann die Reparatur planen. Über sog. IMV-Ventile wird Überdruck aus den Modulen abgelassen. Mit einer speziellen Prozedur kann man die Atmosphäre in betroffenen Modulen wiederherstellen. Es gibt Feuerlöscher im internationalen und im russischen Teil der Station, bei deren Benutzung man sich darüber im Klaren sein muss, dass sie in Schwerelosigkeit eine Beschleunigung verursachen und man sich sicher festhalten muss. Nach dem Löschen eines Brandes kann die Atmosphäre mittels eines CSA-CP (*Compound Specific Analyzer - Combustion Products*) und anderen Geräten auf Brandrückstände überprüft werden. Auch gibt es von der Firma Dräger hergestellte Messtechnik, die hier Verwendung findet. Die Lebenserhaltungssysteme der ISS sind so redundant ausgestattet, dass man theoretisch über Monate überleben kann, auch wenn ein Teil der ISS defekt ist. Genug Nahrung ist ebenfalls für den Fall vorhanden, dass über längere Zeit kein Nachschub kommen kann. Eine Evakuierung der gesamten ISS würde nur im äußersten Notfall infrage kommen.

Bisher ist zum Glück noch niemand im Erdorbit gestorben, aber auch für diesen Fall ist vorgesorgt. Einfach die Luftschleuse zu öffnen und die Person aus dem Raumschiff zu werfen, ist, genauso wie bei der Abfallentsorgung (Abschn. 2.7), keine gute Idee! Denn dann würde sie ebenfalls in einer Umlaufbahn die Erde umkreisen, und es könnte zu einer Kollision kommen. Außerdem würde der Körper im Vakuum anfangen zu kochen - kein würdiges Ende. Auf der ISS befinden sich deshalb Säcke, mit denen Leichen im Falle eines Falles gelagert und zurück auf die Erde gebracht werden können. Hoffentlich wird das niemals nötig sein.

4.8 Sozialleben in Isolation

Sozialleben und psychologische Aspekte liegen in der Raumfahrt nah beieinander und sind ausgesprochen wichtig für die erfolgreiche Durchführung einer Mission. Meistens führt die Interaktion im beengten Raum zu Konflikten und psychischer Belastung. Ein ganz klassischer Konflikt ist der zwischen der Crew und dem Bodenpersonal. Die Kommunikation und das Verständnis der sozialen Vorgänge spielen hier eine zentrale Rolle. Konflikte können am ehesten gelöst werden, wenn man sie frühzeitig erkennt und nicht abwartet, bis es zur Eskalation kommt. All diese Dinge nehmen gerade im Angesicht einer interplanetaren Langzeitmission einen zentralen Platz ein, weil sie einen nicht unerheblicher Risikofaktor darstellen. Deshalb steht psychosoziale Forschung bei den Raumfahrtorganisationen derzeit hoch im Kurs.

Umgang miteinander

Häufige Ursachen für Spannungen in einer Gruppe sind mangelnde psychologische Kompatibilität, mangelnde Führung, unklare Rollenstrukturen, fehlende Rückzugsmöglichkeiten und kulturelle Unterschiede (Herkunft, Religion, Gerüche etc.), die zu Verständnisproblemen führen können. Es gibt bekannte Verhaltensweisen, die eher ungünstig für die Gruppendynamik sind und deshalb frühzeitig erkannt und unterbunden werden sollten. Dazu gehört das capegoating (englisch für: Sündenbock). Die Suche nach einem Sündenbock ist in der Isolation ein typischer Mechanismus in Gruppen, gruppenpsychologisch aber sehr ungünstig, weil er zu einem reduzierten Teamzusammenhalt führt. Das Gleiche gilt für Außenseiter und Untergruppen innerhalb der Crew. Durch Training und guten Führungsstil lässt sich dieses Verhalten reduzieren. Es müssen alle verstehen, welche Konsequenzen ihr Verhalten am Ende für alle haben kann und frühzeitig entsprechend handeln. Die zentrale Frage ist hier die nach dem praktizierten Führungsstil. In der klassischen Sozialpsychologie unterscheidet man nach Kurt Lewin den autoritären, den demokratischen und den Laisser-faire-Stil (Lewin et. al 1939). Der autoritäre Stil ist durch eine klare Hierarchie und Befehlsreihenfolge geprägt, während Gemeinschaftsentscheidungen den demokratischen Stil prägen. Im Laisser-faire-Stil hingegen gibt die Führungsperson wenig vor und lässt den Teammitgliedern viele Freiheiten.

Auch wenn das Konzept der Bewertung verschiedener Führungsstile aus methodischen und inhaltlichen Gründen in der Forschung inzwischen als überholt gilt, macht es für viele Gruppenmitglieder einen Unterschied, ob ein eher militärischer Befehlsstil geübt wird oder ein kooperativer, demokratischer Stil. Der oder die Führende muss ein gewisses Geschick zeigen, die Gruppenmitglieder abzuholen, sie zu motivieren und zu integrieren. Über psychosoziale Aspekte der Raumfahrt wurden schon diverse Studien durchgeführt. Die Ergebnisse zeigten, dass der Kommandant zentral für den Zusammenhalt in der Gruppe verantwortlich ist und hinsichtlich dieser Rolle entsprechend ausgebildet sein sollte.

Spannungen und negative Emotionen bestanden in der Geschichte immer wieder zwischen der Crew und den Mitarbeitern von *Mission Control*, aber auch in anderen Isolationsstudien und z. B. in der Antarktis („Wir und die"-Syndrom / „Us vs. Them"-Syndrome). Der Mechanismus ist der folgende: Die Crew betrachtet diejenigen, die auf der Erde oder zu Hause bleiben, als schwach und ahnungslos. So stellt die Crew im Verlauf zunehmend fest, dass die anderen keine Ahnung haben, was wirklich geschieht und bildet sich ein, dass sie keine wirkliche Hilfe darstellen können. Angesichts von Gefahren und Problemen fühlt sich die Crew auf sich allein gestellt und empfindet *Mission Control* (oder eben diejenigen, die auf der Erde für sie zuständig sind) als überflüssigen Klotz am Bein und als nicht hilfreich. Wenn nun *Mission Control* der Crew sagt, was sie zu tun hat, und ihnen womöglich auch noch einen sehr engen und fordernden Zeitplan aufzwingt, kann dies zu Konflikten führen. Um von vornherein bessere Bedingungen für die Kommunikation zu schaffen, werden häufig der Crew sehr gut bekannte Astronauten eingesetzt, um die Kommunikation zwischen der Crew und dem Bodenpersonal durchzuführen.

Anekdote
Die dritte Besatzung auf der Raumstation „Skylab" klagte 1973 wochenlang über ein zu hohes, kaum schaffbares Arbeitspensum. Alle von ihnen waren zum ersten Mal im Weltraum. Als *Mission Control* auf die Beschwerden nicht einging, entschied sich die Crew, für einen Tag den Funkverkehr mit der Erde zu unterbrechen und sich freizunehmen. Als sie am nächsten Tag das Funkgerät wieder einschalteten, war das Bodenpersonal gerne bereit, den Arbeitsumfang zu reduzieren und auf die Wünsche der Crew einzugehen.

In einer sozialpsychologischen Studie kam heraus, dass in der zweiten Missionshälfte die interpersonellen Probleme zwischen den Crewmitgliedern um 20 Prozent zunahmen. Andere Studien zeigten, dass über die Zeit in der Crew die Vielfalt der Themen, über die gesprochen wurde, und deren Inhalt abnahm, während man als Gruppe begann, die nach außen gegebenen Informationen zu filtern (Fachbegriff: *Psychological Closing*, s. Gushin et. al. 1997). *Psychological Closing* ist ein Verhalten, das sich auch im normalen Alltag in verschiedenen Bereichen findet. Es werden z. B. Informationen über Aktivitäten oder

Konflikte zwar in der Gruppe besprochen, aber nicht nach außen weitergegeben. Ein anderes Beispiel ist, dass Anspielungen oder Witze den Außenstehenden nicht erklärt werden, die dann nicht wissen, worum es geht oder warum etwas witzig sein soll. Damit kapselt sich die Gruppe gegenüber den anderen ab. Einen psychologischen Belastungsfaktor für die Crew stellen zudem die Ankunft neuer und der Abflug alter Crewmitglieder dar. Nun muss man sich neu aufeinander einstellen. Erheblich schwerwiegender ist zudem die ungeplante Verlängerung einer Mission. Bei der ISS-Expedition 43 musste z. B. wegen des Absturzes eines Progress-Raumtransporters die Rückkehr um vier Wochen verschoben werden. Der italienische Astronaut Paolo Nespoli erlebte eine besonders schwierige Situation, als seine Mutter starb, während er auf der ISS war. So konnte er nicht an der Beerdigung teilnehmen und keine Zeit mit seinen Angehörigen verbringen. Wichtige familiäre Ereignisse wie Todesfälle und Geburten zu verpassen, gilt als besonders schwerer Belastungsfaktor, und wird bei Langzeitmissionen zu anderen Planeten vermutlich eine noch größere Rolle spielen.

Bekannt ist, dass der Gruppenzusammenhalt durch gemeinsam verbrachte Zeit besser wird. Diesen Effekt muss man gerade in der Raumfahrt nutzen. Zudem ist es wichtig, eine Unter- oder Überlastung zu vermeiden und den Crewmitgliedern im möglichen Rahmen die Kontrolle über ihre Zeiteinteilung zu geben. Auch psychologische Beratung während des Fluges zeigt positive Effekte ebenso wie die Kommunikation mit der Familie und mit Freunden. Zudem haben Studien gezeigt, dass Gruppen besser funktionieren, wenn Frauen an Bord sind. Die Anwesenheit von Frauen reduziert bei Männern Verhaltensweisen mit größerem Konfliktpotenzial. Stereotype und unterbewusste Vorurteile gegen Frauen wie auch gegen Mitglieder anderer Nationalitäten sollten schon früh im Training thematisiert und abgestellt werden, damit dies später nicht zu Konflikten führt. Häufig lernen sich Raumschiffbesatzungen in Filmen erst nach dem Start kennen. Die Autoren raten von diesem Vorgehen ab. Zugleich ist es sicherlich erforderlich, Lösungen für die sexuellen Bedürfnisse der Besatzung anzubieten und dieses Thema schon vor dem Flug zu adressieren. Hierzu gab es bisher keine offiziellen Studien oder wesentlichen Erfahrungsberichte, was sicherlich zum Teil der konservativen Haltung der USA zu schulden ist. Ein Ratgeber zu diesem Thema würde sich sicherlich gut verkaufen und zum Gelingen einer Marsmission beitragen.

Psychologie in der Raumfahrt

Psychische Stabilität in der Raumfahrt hängt von vielen Faktoren ab. Belastungsfaktoren können sein: das *Confinement* (= Eingeschlossensein), die vermeintlich feindliche Umgebung, Langeweile, Monotonie, Isolation vom gewohnten Umfeld und soziale Probleme mit Besatzungsmitgliedern. Es kann im Verlauf einer Mission zum in Fachkreisen umstrittenen Bild der *Asthenie* kommen. Hierbei handelt es sich um einen massiven Motivations- und Interessenverlust mit Passivität, Erschöpfung und erhöhter Reizbarkeit sowie psychosomatischen Symptomen. Diese Phase tritt wohl vor allem im dritten Viertel der Mission auf, auch *Third-Quarter-Phänomen* genannt. Am Ende der Mission weiche die Asthenie dann der Euphorie aufgrund der Vorfreude auf die Rückkehr zur Erde. Die Begriff der Asthenie zur Beschreibung des Phänomens ist unter Experten umstritten und wurde primär von der Sowjetunion geprägt. Unabhängig vom Begriff der Asthenie ist das Third-Quarter-Phänomen immer wieder nachweisbar. Nach den Aufregungen und der Motivation des Anfangs ist der Reiz des Neuen verloren gegangen und einer immer gleichen Alltagsroutine gewichen. Im Verlauf der Mission nehmen die Anspannung und Freude über die Teilnahme immer weiter ab und führen im dritten Viertel der Missionszeit zu einem Tiefpunkt der Motivation und Zufriedenheit. In dieser Phase kommt es vermehrt zu Spannungen und psychischen Problemen. Das nahende Ende der Mission mit der Vorfreude auf die Zeit danach beendet diese Phase schließlich.

Im Rahmen von Anpassungsstörungen kommt es auch in der Raumfahrt manchmal zu Angststörungen und Symptomen einer Depression. Psychiatrische Krankheitsbilder wie Schizophrenie sind in der Raumfahrt noch nicht berichtet worden. In der psychologischen Auswahl scheint die Selektion relativ gut zu funktionieren. Auswahlverfahren bestehen aus Fragebögen, Computertests und Gesprächen. Besonders wichtig sind psychische Stabilität, das glaubhafte Interesse an einer Teilnahme und das sozialkompetente Verhalten. Ein hoher Bekanntheitsgrad und die erhöhte Medienpräsenz führen bei manchen Raumfahrern zu Persönlichkeitsveränderungen im Sinne eines veränderten Verhaltens. Auch können Ängste und Probleme damit einhergehen, dass man ständig erkannt und angesprochen wird. Den Umgang mit dieser Rolle muss man erlernen, und das fällt vielen nicht leicht.

Freizeitgestaltung

Das nächste, sehr angenehme Thema der Raumfahrt ist das der Freizeitgestaltung. Diese spielt für das Sozialleben und Wohlbefinden wie auch für die Psyche der Raumfahrer eine besonders wichtige Rolle. Monotonie und Langeweile sollten sich in Isolation nicht einstellen! In den ersten Missionen, die es in der Raumfahrt gab, war die Freizeit rar und jede Sekunde wertvoll. Die Raumfahrer auf der ISS hingegen nutzen ihre Freizeit häufig, um zu entspannen, über das Internet zu kommunizieren und andere Menschen an ihren Erlebnissen teilhaben zu lassen. Bei interplanetaren Raumflügen wird es voraussichtlich sehr viel freie Zeit geben, die neben den zu verrichtenden Routine- und Alltagsaufgaben sowie dem Training anfällt. Aus psychologischen Gründen sollte nun keine Langeweile aufkommen. Zunächst einmal ist es, wie man weiß, wichtig, Zeit mit den anderen Crewmitgliedern zu verbringen und z. B. Geburtstage oder andere Anlässe zu feiern. Auch empfiehlt sich eine Besprechung z. B. jeden Morgen zu einer festen Uhrzeit, und man sollte gemeinsame Mahlzeiten fest einplanen. Dann spielt der Kontakt zu Freunden und der Familie zu Hause auf der Erde eine wichtige Rolle. Zu Anfang der Mission wird man noch ohne wesentliche zeitliche Verzögerung kommunizieren können, im Verlauf wird das schwieriger. Genauso ist es zu Beginn noch möglich, Computerspiele online mit seinen Freunden oder anderen Menschen auf der Erde zu spielen, durch die Verzögerung geht das aber bald nicht mehr.

Das Internet-Protokoll TCP/IP hat einen eingebauten Timeout, sprich eine maximale Signallaufzeit von 90 Sekunden, nach der Datenpakete automatisch als verloren angenommen werden. Die 90 Sekunden gelten pro Round-Trip, was bedeutet, dass man maximal 45 Lichtsekunden entfernt sein darf, um das Internet benutzen zu können. Die meisten Funktionen des Internets laufen über TCP/IP. In weiterer Entfernung wird die Kommunikation hauptsächlich über das Verschicken von Datenströmen laufen. Das Surfen im Internet fällt damit als Freizeitbeschäftigung weg.

Freizeitbeschäftigungen wie Training, Computerspielen, Lesen, Schreiben, Malen usw. sind keine Grenzen gesetzt. Neuere Entwicklungen gibt es bei Virtual-Reality-Systemen mit 3D-Brillen, die ein sehr reales Erleben ermöglichen. Die in Science-Fiction-Filmen häufig zelebrierte Option, Menschen einzufrieren und am Zielpunkt wieder aufzutauen, ist bisher technisch nicht umsetzbar, wenn auch theoretisch möglich. Die Technik wird *Hyperschlaf* (Abschn. 4.2) genannt.

Es macht gerade hinsichtlich einer langen Reise im Weltraum oder bei der Planung einer menschlichen Kolonie auf einem fremden Planeten Sinn, die Erfahrungen aus den Stationen in der Arktis und Antarktis zu nutzen. Hier sind Menschen über mehrere Monate genauso isoliert und von der Außenwelt abgeschieden, wie sie es bei einem Raumflug wären. Viele Länder betreiben kleinere und größere Forschungsstationen in der Arktis und Antarktis. Besonders interessant in Bezug auf psychologische Phänomene sind die Minenstädte, die Russland in der Arktis betreibt. Die nördlichste und isolierteste dieser Minen ist die inzwischen verlassene Kohlemine Pyramiden auf Spitzbergen in der Arktis auf 79 Grad Nord (Abb. 4.16). Hier lebten und arbeiteten über viele Jahre bis zu 1000 Menschen zwischen Gletschern, im Winter in völliger Dunkelheit. Um den reibungslosen Betrieb zu gewährleisten, gab es ein umfangreiches Sozialleben und Freizeitangebot für die Minenarbeiter und ihre Familien. Dieses umfasste ein großes Sportzentrum mit Schwimmbad und Turnhallen, ein Kino, Chöre und Orchester, uvm. Die Stadt lockte mit einer exzellenten Ausstattung inklusive Schule und Krankenhaus. Es gab einen Tierstall, sodass immer ausreichend Eier, Milch und Fleisch zur Verfügung standen. Unter den Bergleuten wurden nur die Besten der Besten hier angenommen und durften zwei Jahre mit spitzenmäßiger Bezahlung in Pyramiden verbringen. Dies war eine große Ehre und wurde als Auszeichnung empfunden. Dieses Prinzip hat gut funktioniert und zeigt, mit welchen Methoden man arbeiten kann, um Menschen zu helfen, die Isolation gut zu überstehen. Kolonien auf anderen Himmelskörpern werden mit ähnlichen Herausforderungen konfrontiert sein und können von diesen Erfahrungen profitieren.

4.9 Roboter

Schon seit Jahrhunderten träumen Menschen von der Erschaffung künstlicher, menschenähnlicher Wesen, sog. humanoider Roboter. Die Gestalt humanoider Roboter ist dem Menschen nachempfunden, in der Science-Fiction-Welt sogar bis dahin, dass ein Unterschied nicht oder nur schwer zu erkennen ist (Beispiel: Commander Data bei „Star Trek – The Next Generation"). In diesem Fall spricht man von einem Androiden. In der Realität ist man von Robotern, bei denen Verwechslungsgefahr zu echten Menschen besteht, noch sehr weit entfernt.

Abb. 4.16 Die Stadt Pyramiden auf Spitzbergen als Beispiel für eine arktische Bergbausiedlung

Es wird noch lange dauern, bis der erste Androide für einen echten Menschen gehalten wird. Bisher sind humanoide Roboter nicht in die Massenproduktion gegangen, aber die Entwicklung schreitet zügig voran. Im letzten Jahrzehnt hat man erhebliche Fortschritte gemacht und insbesondere die Motorik und das Gangbild deutlich optimiert. Inzwischen können einige Modelle, wenn sie geschubst werden und hinfallen, wieder aufstehen, Gegenstände tragen, Musikinstrumente spielen und vieles mehr. Auch ist auf der Ebene der künstlichen Intelligenz und Lernfähigkeit sehr viel passiert, und die Systeme sind deutlich autonomer geworden. Man kann einfache Unterhaltungen bereits führen; die Grenzen der verbalen Kommunikation und das

Abb. 4.17 „Robonaut 2" und der US-Astronaut Dan Burbank auf der ISS. (Bildquelle: NASA)

Verständnis sind jedoch noch erheblich. Doch was haben humanoide Roboter mit der bemannten Raumfahrt zu tun? Eine ganze Menge! Denn sie sollen bei der Erkundung fremder Planeten und bei der Reparatur und Wartung von Raumfahrzeugen und -stationen helfen, gefährliche Weltraumspaziergänge einsparen und den Raumfahrern als Werkzeug und Teammitglied dienen. Die NASA hat zusammen mit der *Defense Advanced Research Projects Agency* (DARPA) den *Robonaut* für den Einsatz bei Weltraumspaziergängen entwickelt. „Robonaut" ist eine Abkürzung für *Robotic Astronaut*. Es gibt inzwischen verschiedene Modelle, je nach Einsatzbereich. Eine Weiterentwicklung des „Robonaut" ist der „Robonaut 2" (Abb. 4.17), der von der NASA in Zusammenarbeit mit General Motors gebaut wurde. Ein Exemplar davon befindet sich seit 2011 auf der ISS. Er kann mit seinen besonders geschickten Händen dieselben Werkzeuge benutzen wie die menschliche Besatzung auch. Das aktuelle Modell ist aber bisher nur für den Einsatz innerhalb der Raumstation konstruiert und dient der Erprobung in Schwerelosigkeit und insbesondere der autonomen Bewegung auf der Raumstation. Verschiedene Firmen und Universitäten erforschen das Sozialverhalten im Umgang mit Robotern und den Einfluss von Robotern auf Gruppen.

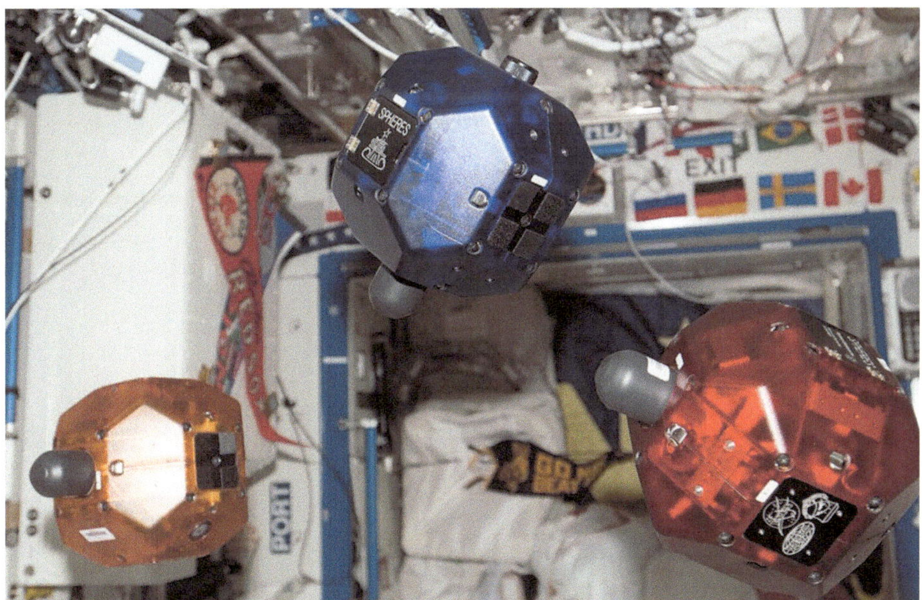

Abb. 4.18 Drei SPHERES an Bord der ISS. (Bildquelle: NASA)

Eine ganz andere, aber nicht minder spannende Entwicklung, die derzeit auf der ISS getestet wird, sind in der Station frei fliegende Mini-Satelliten, *SPHERES* (Abb. 4.18). Diese kleinen Satelliten, seit 2006 auf der ISS, sind mit CO_2-Antrieben ausgestattet und sie werden für eine Reihe von Experimenten verwendet. Hauptsächlich geht es dabei um die Navigation und Koordinierung der Zusammenarbeit in der Gruppe, um in Zukunft autonom z. B. Aufgaben der Kartografierung durchführen zu können.

Literatur

Gushin VI, Zaprisa NS, Kolinitchenko TB, Efimov VA, Smirnova TM, Vinokhodova AG, Kanas N (1997) Content analysis of the crew communication with external communicants under prolonged isolation. Aviat Space Environ Med 68(12):1093–1098

Lewin K, Lippitt R, White R (1939) Patterns of aggressive behavior in experimentally created social climates. J Soc Psychol 10:271–301

Mae Jemison (2003) Find Where The Wind Goes. Scholastic Press, New York, USA. ISBN 0-439-13196-0

NASA (1970) Apollo operations handbook extravehicular mobility unit, volume 1, system description apollo 14. http://www.hq.nasa.gov/alsj/A14EMU-v1.pdf: Zugriffsdatum 10.06.2017.

5 Weltraummedizin

In den vorherigen Kapiteln wurden schon hier und da medizinische Aspekte der Raumfahrt erwähnt, doch nun wird es ernst: Die Weltraummedizin ist ein für Wissenschaftler hochspannendes und für Raumfahrer überlebenswichtiges Gebiet, das viele Überraschungen bereithält. Die Dinge verhalten sich in der Raumfahrt häufig anders, als man es von der Erde kennt. Bei der Planung eines Raumfluges darf man medizinische Aspekte nicht vernachlässigen. Starke Beschleunigungskräfte bei Start und Landung, die Schwerelosigkeit, aber auch die Exposition gegenüber einer menschenfeindlichen Umwelt, führen zu einer Reihe von Veränderungen im menschlichen Körper. Diese können mit Symptomen und möglichen Erkrankungen einhergehen. Zum einen soll dieses Kapitel die angehenden Raumfahrer darauf vorbereiten und vor Problemen schützen, zum anderen dient es als Nachschlagewerk, falls unerwartet körperliche Symptome auftreten. Wer weiß schon, was G-Masern sind, warum man in den ersten 24h in Schwerelosigkeit um durchschnittlich 5 cm wächst, was bei der Weltraumkrankheit passiert und welche Symptome auftreten, wenn der Raumanzug beim Weltraumspaziergang undicht wird? Einen Überblick über die Anpassungsprozesse des Körpers auf die Schwerelosigkeit gibt Abb. 5.1.

Was ist bei einem Raumflug anders als auf der Erde? Die folgenden Punkte sind besonders wichtig:

- limitierte Ressourcen (Speisen, Getränke etc.),
- Isolation, Enge und ein vorgegebener Zeitplan,

B. Ganse, U. Ganse, *Das kleine Handbuch für angehende Raumfahrer*,
https://doi.org/10.1007/978-3-662-54411-2_5

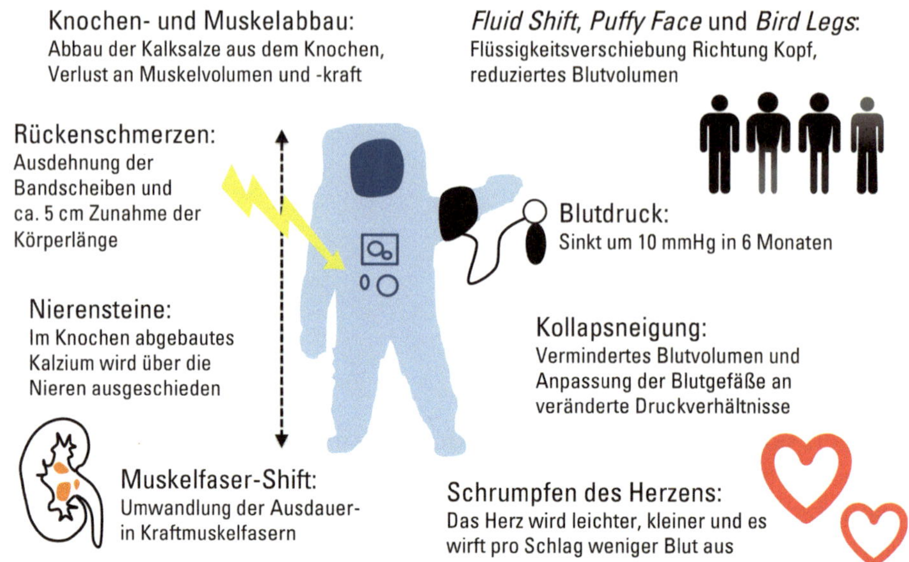

Abb. 5.1 Überblick über die Anpassungsvorgänge des menschlichen Körpers an die Schwerelosigkeit

- Schwerelosigkeit,
- Gase/Gifte/Gerüche in einer künstlichen Umgebung,
- Lärm,
- Hyper-G (Beschleunigungskräfte) bei Start und Landung,
- Strahlung.

Da die Weltraummedizin noch eine sehr junge Disziplin ist, macht es Sinn, sich die Ereignisse in der Geschichte vor Augen zu führen. Deshalb geht es mit einer Reise durch die medizinische Geschichte der Raumfahrt los, gefolgt von den einzelnen Organsystemen, Krankheiten und Symptomen.

5.1 Geschichte der Weltraummedizin

Bis in die 1950er-Jahre war der Wissenschaft völlig unklar, ob ein Mensch die Schwerelosigkeit und Strahlung bei einem Flug ins Weltall überleben kann. Hierzu gab es die wildesten Theorien, die das gesamte Spektrum von „völlig unmöglich“ bis „kein Problem“ abdeckten. Einige Wissenschaftler glaubten z. B., dass die Strahlung sofort zu Symptomen der akuten Strahlenkrankheit führen und man innerhalb kürzester Zeit daran versterben würde (mehr dazu in Abschn. 5.7). Andere vermuteten, dass die Schwerelosigkeit den Blutkreislauf zum Erliegen bringe und deshalb zügig zum Tod führe. Auch kam die Theorie auf, dass der Gastrointestinaltrakt nicht funktioniere und man deshalb intravenös (über die Venen) ernährt werden müsse. Bis 1957 war das Fachgebiet der Weltraummedizin ein rein spekulatives mit den größtmöglichen Kontroversen.

Im Jahr 1957 wurde den Spekulationen durch die Sowjetunion ein Ende gesetzt (vgl. Abb. 1.2). Sie schickten mit Sputnik 2 die Hündin „Laika“ in die Erdumlaufbahn und überwachten ihre Körperfunktionen, um herauszufinden, was passiert. Überraschenderweise hatte „Laika“ keine wesentlichen Probleme und zeigte normale Herz-/Kreislaufparameter, bis ihr nach 6 Tagen der Sauerstoff ausging. Dieser war zu knapp kalkuliert worden. Damit hatte die UdSSR als erste Nation ein Lebewesen ins All geschickt und gezeigt, dass nicht umgehend der Tod eintritt.

In den nächsten Jahren erfolgten diverse Experimente mit Hunden durch die Sowjetunion, der es im Jahr 1960 erstmals gelang, die ersten Hunde lebend auf die Erde zurückzubringen. Die USA führten in den Jahren 1959 bis 1961 in Mercury-Kapseln Versuche mit Affen durch, die vergleichbare Ergebnisse lieferten.

Man fühlte sich nun darauf vorbereitet, den ersten Menschen ins All zu bringen. Die erste Generation bemannter Raumschiffe waren Wostok in der Sowjetunion und Mercury in den USA. Beide Nationen wollten jeweils den ersten Menschen ins All bringen, der Wettlauf um die Vorherrschaft im All, das *Space Race*, war in vollem Gange. In dieser Zeit ging es rein um den Erfolg der Mission und das politische Prestige, jedoch noch nicht um den Gewinn medizinischer Erkenntnisse. Am 12. April 1961 gewann die UdSSR diesen Wettlauf, indem sie Juri Alexejewitsch Gagarin mit Wostok 1 als ersten Menschen über die Grenze von 100 km hinaus beförderten und lebend auf die Erde zurück brachten. Dabei umkreiste er in 108 Minuten einmal die Erde. Der erste Amerikaner im All war am 5. Mai 1961 Alan Shepard, der nach seinem Flug in 187 km Höhe nach 15 Minuten und 22 Sekunden wasserte. John Glenn umkreiste als erster Amerikaner am 20. Februar 1962 in der Mercury-Atlas-6-Mission

„Friendship 7" dreimal die Erde. 1998 flog er mit 77 Jahren noch einmal mit dem Spaceshuttle „Discovery" als ältester Mensch ins All.

Nachdem klar war, dass der Mensch an sich einen kurzen Raumflug, die Schwerelosigkeit, Strahlung und Landung überleben kann, zeigte die Sowjetunion im Jahr 1963, dass auch Frauen dazu imstande sind, indem sie in Wostok 6 Walentina Wladimirowna Tereschkowa ins All brachten. Bis 1982 blieb die Kosmonautin die einzige Frau, die in den Weltraum reiste.

Folgende medizinische Erkenntnisse des Mercury-Programms wurden veröffentlicht:

1. Menschen können in der Umgebung des Weltraums existieren.
2. Es gab keinen Hinweis auf Einschränkungen in der Leistungsfähigkeit der Piloten.
3. Alle gemessenen physiologischen Parameter blieben in normalen Bereichen.
4. Es gab keinen Hinweis auf sensorische oder psychologische Störungen.
5. Die Strahlendosis stellte sich als medizinisch unerheblich heraus.
6. Im Anschluss an die Flüge wurde ein Anstieg der Herzfrequenz und ein Abfall des Blutdrucks beobachtet.

Sechs Wochen nach Juri Gagarins Flug kündigte John F. Kennedy das *Apollo-Programm* und den bemannten Flug zum Mond an. Als Vorbereitung sollten 10 *Gemini-Flüge* zur Entwicklung der Technologien für das Apollo-Programm stattfinden. Diese sollten neben der Navigation und Dockingmanövern zur *operational proficiency* erstmalig auch medizinische Experimente umfassen.

Insgesamt verbrachten Menschen im Gemini-Programm über 2000 Mannstunden in Schwerelosigkeit (Abb. 5.2). Erstmalig wurden medizinische Experimente an Astronauten vor, während und nach dem Flug durchgeführt (*Pre-, In- und Postflight-Experimente*). Auch wurden erstmalig Blut- und Urinproben entnommen und untersucht.

Zu den umfassenden medizinischen Erkenntnissen des Gemini-Programms gehören u. a. die folgenden:

1. Man stellte einen Gewichtsverlust und eine Kollapsneigung (sog. orthostatische Hypotension) nach dem Flug fest, die sich später darauf zurückführen ließen, dass sich das Blutvolumen verringerte

Abb. 5.2 Die Astronauten von Gemini 8 in ihrem Raumschiff nach der Wasserung. Der rechte Astronaut ist Neil Armstrong, später erster Mensch auf dem Mond. Links abgebildet ist David Scott zu sehen, der später mit Apollo 15 auf dem Mond war. Zum leichteren Auffinden der Kapsel durch Suchtrupps tritt Fluoreszein im Wasser aus und leuchtet grün. Man beachte die geringe Größe der Kapsel. (Bildquelle: NASA)

und die Reflexe der Blutgefäße schwächer wurden (mehr dazu in Abschn. 5.2).

2. Es zeigte sich nach 8 Tagen Flug ein Verlust von 20 % der roten Blutkörperchen, die für den Transport von Sauerstoff und Kohlendioxid zuständig sind. Zudem zeigte sich eine Veränderung der Konzentrationen von Natrium und Kalium im Blut. In späteren Raumflügen stellte man diese Veränderungen nicht mehr fest, und man glaubt, dass die roten Blutkörperchen in den frühen Flügen durch die hohen Kräfte zerstört wurden, die auf den Körper der Raumfahrer wirkten. Bei ihrer Zerstörung wurde Kalium frei gesetzt, das sich normalerweise in den Zellen befindet. Diese Veränderungen sind später mit verbesserten Raumschiffen und sanfteren Landungen

nicht mehr vorgekommen, aber theoretisch beim Auftreten hoher G-Kräfte wieder möglich.
3. In Gemini 4 erfolgte der erste Weltraumspaziergang eines Amerikaners (*Extravehicular Activity* = EVA). Hier wurde ein hoher Energieverbrauch (großer Kalorienumsatz) festgestellt.
4. Es zeigte sich erstmalig ein Verlust an Knochendichte (Demineralisation, mehr dazu in Abschn. 5.3)
5. Weder traten psychologische noch bleibende Probleme des Gleichgewichtssinns auf.
6. In Gemini 10 kam es zu einem Druckabfall, in dessen Rahmen die Astronauten Symptome der Taucherkrankheit erlebten. Insbesondere traten *Bends* auf, Gelenkschmerzen, die auf eine Ansammlung von Stickstoffblasen im Gelenk zurückzuführen sind. Der Stickstoff liegt normalerweise im Gewebe verteilt vor, perlt aber bei einem Druckabfall in Blasen aus, die zu verschiedenen Problemen führen können (mehr dazu in Abschn. 5.5).

Parallel zum Gemini-Programm trieb die Sowjetunion im *Woschod-Programm* ihre Entwicklung voran. Am 18. März 1965 gelang Alexei Leonow in Woschod 2 als erstem Menschen ein Weltraumspaziergang. Wieder hatte die UdSSR die Nase gegenüber den USA vorn. Als erster US-Amerikaner führte Edward H. White am 3. Juni 1965 in Gemini 4 einen Raumspaziergang durch. Das Woschod-Programm hatte eine deutlich größere Nutzlast als Wostok, und es konnten drei Kosmonauten auf einmal transportiert werden. Es wurden zwei bemannte Flüge durchgeführt. Erstmalig wurde hier die *Weltraumkrankheit* beschrieben. Aufgrund der Irritation des Gleichgewichtsorgans in Schwerelosigkeit erhält das Gehirn nicht übereinstimmende Informationen des optischen und des Gleichgewichtssystems, was zu erheblicher Übelkeit und Erbrechen führt, ähnlich der Seekrankheit. Diese Symptome können bis zu einigen Tagen anhalten (mehr dazu in Abschn. 5.6), danach tritt ein Gewöhnungsprozess ein.

Im *Space Race* war das nächste Ziel der Mond. Für das Apollo-Programm bauten die USA die größte bisher dagewesene Rakete, die Saturn V mit einer Länge von 110,6 m. Am 20. Juli 1969 gelang nach vorherigen unbemannten und bemannten Flügen um den Mond herum mit Apollo 11 die erste bemannte *Mondlandung*. Es handelte sich um ein gigantisches Medienspektakel mit größtmöglicher weltweiter Aufmerksamkeit und Begeisterung. Insgesamt wurden sechs bemannte Landungen durchgeführt. Bis heute (Jahr 2017) waren

Abb. 5.3 James Irwin auf der Mondoberfläche während der Apollo 15 Mission. (Bildquelle: NASA)

nur mit dem Apollo-Programm Menschen auf dem Mond, und zwar insgesamt 12 US-amerikanische Männer (für die Zwischenfälle im Zusammenhang mit der Explosion eines Sauerstofftanks bei Apollo 13 und den dramatischen Verlauf der Beinahe-Katastrophe s. den Exkurs in Abschn. 2.3).

Keine andere Nation hat bisher Menschen auf den Mond gebracht, und nach dem Jahr 1972 war niemand mehr dort (s. Abb. 5.3). Es sind in diesem Zusammenhang noch einige Titel zu vergeben, z. B. der der ersten Frau auf dem Mond, den des ersten Menschen anderer als US-amerikanischer Nationalität oder kaukasischer Abstammung und den

Abb. 5.4 Buch „Biomedical Results of Apollo", NASA SP-368, http://history.nasa.gov/SP-368/contents.htm

des ersten Haustiers. In nicht allzuferner Zukunft wird kein Mensch mehr auf der Erde leben, der einmal auf einem anderen Himmelskörper gewesen ist. Gut, dass die Leser dieses Buches das ändern wollen!

Im Apollo-Programm gab es ein großes medizinisches Forschungsprogramm, das zu beeindruckenden Erkenntnissen geführt hat. Über das medizinische Programm, die Ereignisse und Erkenntnisse wurde von der NASA ein Buch mit dem Titel *Biomedical Results of Apollo* veröffentlicht, das im Internet frei zur Verfügung steht (Johnston et al. 1975, s. Abb. 5.4).

Das medizinische Programm der Apollo-Missionen hatte drei Ziele (in dieser Reihenfolge):

1. Die Sicherheit und Gesundheit der Crew mit Fokus auf *inflight illness*.
2. Prävention der Kontamination von möglichen unbekannten, extraterrestrischen Organismen.
3. Erforschung der normalen physiologischen Effekte des Aufenthaltes im Weltall auf den Menschen.

Die wesentlichen Ergebnisse des Apollo-Programms waren eine erhebliche Einschränkung durch die Raumkrankheit, ein reduziertes Herzschlagvolumen und reduzierte Parameter der Ausdauer nach dem Flug, eine Schwächung des Herz-/Kreislaufsystems im Sinne einer verringerten Leistungsfähigkeit nach dem Flug, ein Gewichtsverlust von 0,5–6 kg und Veränderungen der Konzentrationen einiger Hormone: Renin, antidiuretisches Hormon (ADH) und Aldosteron. Der 20 %-Verlust an roten Blutkörperchen aus dem Gemini-Programm konnte nicht bestätigt werden. Stattdessen wurde in den Apollo-Missionen ein Verlust von ca. 2 % nachgewiesen.

Die Verhinderung der Kontamination mit möglichen unbekannten, extraterrestrischen Organismen stellte ein wichtiges Element des medizinischen Programms dar. Es wurden z. B. nach jedem Mondspaziergang die Raumanzüge mit einer Art Staubsauger gereinigt. Letztendlich wurde keine Kontamination mit fremden Organismen nachgewiesen.

Exkurs
Im Jahr 1971 wurde bei den Astronauten Irwin und Scott der Apollo-15-Mission erstmalig ein medizinisches Phänomen festgestellt. Aufgrund eines Defektes der Wasserversorgung im Astronautenanzug kam es bei den 7-stündigen Mondspaziergängen der beiden Astronauten zur Dehydratation (Wassermangel), vermutlich gepaart mit einem Mangel an Kalium und Magnesium. Beide Astronauten erlebten Schmerzen und Schwellung der Fingerspitzen sowie Herzrhythmusstörungen. Irwin wurde nach der Rückkehr zum Kommandomodul sogar aufgrund einer Herzrhythmusstörung (Typ Bigeminus) für kurze Zeit bewusstlos. 20 Monate später erlitt er einen Herzinfarkt. Man nannte dieses medizinische Phänomen später das Apollo-15-Space-Syndrom.

Nachdem die USA als Erste auf dem Mond gewesen waren, brach die UdSSR ihre Bemühungen ab, bemannt zum Mond zu fliegen. Im Anschluss an das Apollo-Programm fokussierten sich beide Raumfahrtnationen auf den Bau von Raumstationen und die Grundlagenforschung in Schwerelosigkeit, verfolgten im Kalten Krieg aber auch militärische Ziele.

Von sowjetischer Seite wurden von 1971–1991 die sieben Saljut-Raumstationen gebaut, von 1986–2001 betrieben die UdSSR und danach Russland die Raumstation „Mir“ (bedeutet „Frieden“ oder „Welt“). Medizinische Forschungsergebnisse wurden in dieser Zeit von sowjetischer Seite sehr spärlich publiziert. Die USA machten ihre Forschung der internationalen Öffentlichkeit besser zugängig. Im Mai 1973 brachten die USA ihre erste und einzige eigene Raumstation mit der letzten Saturn-V-Rakete in die Erdumlaufbahn: „Skylab“ (s. Abb. 5.5). „Skylab“ bestand aus der obersten Stufe der Rakete, in der die Treibstofftanks durch Wohnraum ersetzt wurden, und sie war mit 280 m^3 Innenraumvolumen die damals bisher größte Raumstation. Auf ihr haben insgesamt drei Mannschaften gearbeitet und viele medizinische Experimente durchgeführt.

Abb. 5.5 Die „Skylab" Raumstation der NASA. (Bildquelle: NASA)

Anekdote
Eigentlich war für „Skylab" ein deutlich längerer Betrieb vorgesehen. 1974 stürzte die Station aber aufgrund erhöhter Sonnenaktivität und damit verbundener vermehrter Reibung der Erdatmosphäre ungeplant über Australien ab und Trümmerteile erschlugen in der Nähe von Perth (Australien) eine Kuh.

Medizinische Experimente auf „Skylab" umfassten u. a. diverse Blutuntersuchungen, Studien zum Mineralhaushalt, Knochendichtemessungen, Schlaf- und Gleichgewichtsstudien, Messungen der Körpermasse (in Schwerelosigkeit nicht einfach) und ein Kreislauftraining mit

Abb. 5.6 Buch *Biomedical Results of SKYLAB*, NASA, lsda.jsc.nasa.gov/books/skylab/biomedical_result_of_skylab.pdf

einer Unterdruckkammer (LBNP = *Lower Body Negative Pressure*, s. Abb. 5.11). Die wichtigsten Studienergebnisse wurden wie schon bei Apollo in einem öffentlich verfügbaren Buch publiziert (s. Abb. 5.6).

In der Folge wurden medizinische Studien und Fragestellungen immer komplexer. Gleichzeitig intensivierte man internationale Kooperationen, denn man hatte begriffen, dass eine Zusammenarbeit und Vernetzung größere Projekte ermöglichte. Eine erste Kooperation fand 1975 im Apollo-Sojus-Testprojekt statt. Hier koppelten ein Apollo- und ein Sojusraumschiff im Erdorbit mittels eines speziellen Kopplungssystems. 15 Jahre später, nach dem Fall des eisernen Vorhanges, wurde auch die Raumstation „Mir" für internationale Kooperationen geöffnet. Das US-amerikanische Spaceshuttle durfte nun an die „Mir" andocken (Shuttle-Mir-Programm). Raumfahrer verschiedener Nationen arbeiteten an gemeinsamen Forschungsprojekten. Als erster Deutscher hielt sich während der Mir-92-Mission Klaus-Dietrich Flade auf der „Mir" auf. Ihm folgten Thomas Reiter, Reinhold Ewald und Ulf Merbold. Die Ära des Spaceshuttles bot mit dem Forschungslabor „Spacelab" und einer großen Anzahl von Flügen insgesamt viel Gelegenheit zur medizinischen Forschung. Das Spacelab war ein Forschungsmodul, das in der Ladebucht des Space Shuttles in die Erdumlaufbahn gebracht werden konnte, um dort Forschung in Schwerelosigkeit durchzuführen. Es wurde 22-mal eingesetzt. Eine Vielzahl medizinischer und physiologischer Experimente konnte erfolgreich abgeschlossen werden.

Auf die Raumstation „Mir" folgte die Internationale Raumstation ISS, ein internationales Gemeinschaftsprojekt, und die Komplexität medizinischer Studien und Fragestellungen nahm weiter zu. Zum aktuellen Zeitpunkt (2017) befindet sich die ISS in der Umlaufbahn. Viele Experimente werden hier jeden Tag durchgeführt. Parallel haben in den letzten Jahren die Chinesen in ihrem Weltraumprogramm mit dem

Bau eigener Raumstationen begonnen. Im Jahr 2011 wurde an Bord einer Langer-Marsch-Trägerrakete die erste chinesische Raumstation Tiangong 1 (= „Himmelspalast“) in die Erdumlaufbahn gebracht. Diese war vom Aufbau her vergleichbar mit den frühen Saljut-Raumstationen der UdSSR und diente der technischen Erprobung für den Bau größerer Raumstationen. Auf sie folgte im Herbst 2016 die Raumstation „Tiangong 2“, die technisch deutlich besser ausgestattet ist als der Vorgänger. Weitere Missionen und der Bau einer großen chinesischen Raumstation sind geplant.

Medizinisch steht aktuell die Vorbereitung von Langzeitmissionen zum Mars und zu Asteroiden im Fokus. Einige medizinische Probleme sollen vorher noch dringend gelöst werden. Doch was passiert nun im menschlichen Körper beim Aufenthalt in Schwerelosigkeit genau? – Weiter geht es mit dem Abschnitt über den Kreislauf!

5.2 Herz und Kreislauf

Das Herz- und Kreislaufsystem ist ein besonders relevantes Gebiet der Raumfahrtmedizin, weil die Schwerelosigkeit zu erheblichen Veränderungen führt. So findet nicht nur eine Flüssigkeitsumverteilung statt, sondern es herrschen auch veränderte Druckverhältnisse. Zudem kommt es zu einer reduzierten Ausdauer, und das Herz verkleinert sich aufgrund der geringen Belastung. Man sollte damit vertraut sein, damit man die Symptome einordnen und sich auf sonderbare Phänomene einstellen kann.

Fluid Shift, Bird Legs und Puffy Face

Auf der Erde wird das Blut ständig durch die Gravitation nach unten in die Beine gezogen. Ein großer Anteil des sauerstoffarmen Blutes wartet in den Venen der Beine auf den Rücktransport zum Herz. Um den Rückstrom zum Herzen zu gewährleisten, muss der Körper mit der „Muskelpumpe“ und durch Gefäßreflexe dafür sorgen, dass das sauerstoffarme, venöse Blut aus den Beinen zurück nach oben kommt. Der Begriff Muskelpumpe bedeutet, dass die Blutgefäße zusammengedrückt werden, wenn man z. B. die Muskeln in der Wade benutzt. Dadurch wird das Blut nach oben gedrückt. Venenklappen verhindern, dass das Blut in die falsche Richtung gedrückt wird oder zurückläuft. Zugleich fließt das Blut aus dem Kopf durch die Erdanziehungskraft nach unten Richtung Herz ab. Raumfahrer haben in Schwerelosigkeit häufig ein aufgequollenes Gesicht und besonders dünne Beine. Bei fehlender Anziehungskraft fließt das Blut nämlich von selbst in den Oberkörper und Kopf. Es ist dasselbe, wie wenn man auf der Erde einen Handstand macht: Man bekommt zwar einen roten Kopf, aber keine weiteren Probleme mit dem Kreislauf. Sobald man sich in Schwerelosigkeit befindet, fließt das Blut aus dem Kopf nicht mehr so leicht nach unten, sondern es staut sich und das Gesicht sieht aufgedunsen aus. Deshalb spricht man dann von einem *Puffy Face* (*puffy* = verschwollen). Das Blut aus den Beinen fließt in Schwerelosigkeit ohne Probleme fast von alleine zurück zum Herzen. Damit entfällt der Druck auf die Gefäßwände der Beine (hydrostatischer Druck), der normalerweise dafür sorgt, dass Gewebeflüssigkeit zwischen den Zellen im Gewebe bleibt. Deshalb sammelt sich weniger Flüssigkeit im Gewebe der Beine, diese werden sehr schlank, und man spricht wenig schmeichelnd von „Vogelbeinen", in der Fachsprache *Bird Legs*.

Da sich die Flüssigkeit nun in Kopf und Hals staut, nehmen die Drucksensoren im Hals und an der Hauptschlagader (Barorezeptoren) den erhöhten Druck über die Dehnung der Gefäßwand wahr und geben ein Signal an das Gehirn weiter, dass der Blutdruck zu hoch ist. Das Gehirn reguliert die Hormonkonzentrationen so, dass die Nieren motiviert werden, Wasser auszuscheiden (Barorezeptor-Reflex). Man scheidet deshalb in den ersten 24 Stunden in Schwerelosigkeit ca. 1 1/2 l Wasser aus, was die Volumenverhältnisse und den Blutdruck an den Drucksensoren wieder normalisiert. Insgesamt hat man danach ein geringeres Blutvolumen „an Bord" als vorher auf der Erde. Der Anteil fester Blutbestandteile, der Hämatokrit, ist zunächst relativ erhöht und normalisiert sich erst langsam wieder, wenn Blutzellen (von denen es nun relativ gesehen zu viele gibt) abgebaut werden. Entsprechend ist der flüssige Anteil des Blutes, das Serum, anteilig weniger vorhanden, bis sich die Verhältnisse regulieren. Kommt man auf die Erde zurück, füllt man zunächst das fehlende Blutvolumen wieder auf, indem man trinkt. Dieser Vorgang führt zu einer Verdünnung des Blutes (das hat keinen Einfluss auf die Blutgerinnung, sondern bezieht sich nur auf den Gehalt an festen und flüssigen Blutbestandteilen). Der Hämatokrit ist so lange erniedrigt, bis sich neue Blutzellen nachgebildet haben.

Der Aufenthalt in Schwerelosigkeit führt zudem zu einer Gewöhnung der Druckrezeptoren an höhere Drücke, sodass nach der Rückkehr größere Druckänderungen nötig sind, um den Barorezeptor-Reflex auszulösen, als vor dem Raumflug. Das bedeutet, dass die Blutdruckregulation in den ersten Tagen nach der Landung noch etwas holprig sein kann. Wenn man sich im Weltraum an die Schwerelosigkeit gewöhnt hat, ist das *Puffy Face* nur noch wenig ausgeprägt und die Urinmenge wieder normal. Kommt man dann aber zurück auf die Erde, stellen sich Kreislaufprobleme ein, weil das Blut in den Beinen versackt. In diesem Moment hat man nämlich insgesamt zu wenig Blut im System, und die Gefäße sind den hydrostatischen Druck und die Schwerkraft nicht mehr gewöhnt. Nun muss man trinken, um das fehlende Blutvolumen aufzufüllen. Der Ablauf der Flüssigkeitsverschiebungen ist in Abb. 5.7 dargestellt, der Mechanismus der Flüssigkeitsregulation in Abb. 5.8.

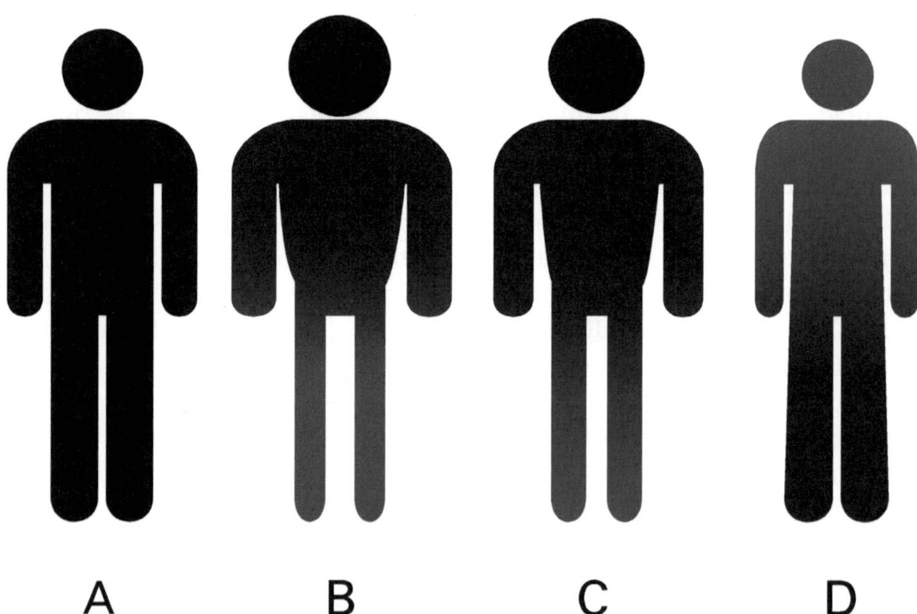

Abb. 5.7 Darstellung der Flüssigkeitsverschiebung mit *Puffy Face* und *Bird Legs*. Die schwarze Farbe symbolisiert die Gewebeausdehnung. (A) Ausgangslage vor dem Raumflug, (B) während der ersten Stunden in Schwerelosigkeit, (C) nach Gewöhnung an die Schwerelosigkeit und (D) unmittelbar nach der Landung

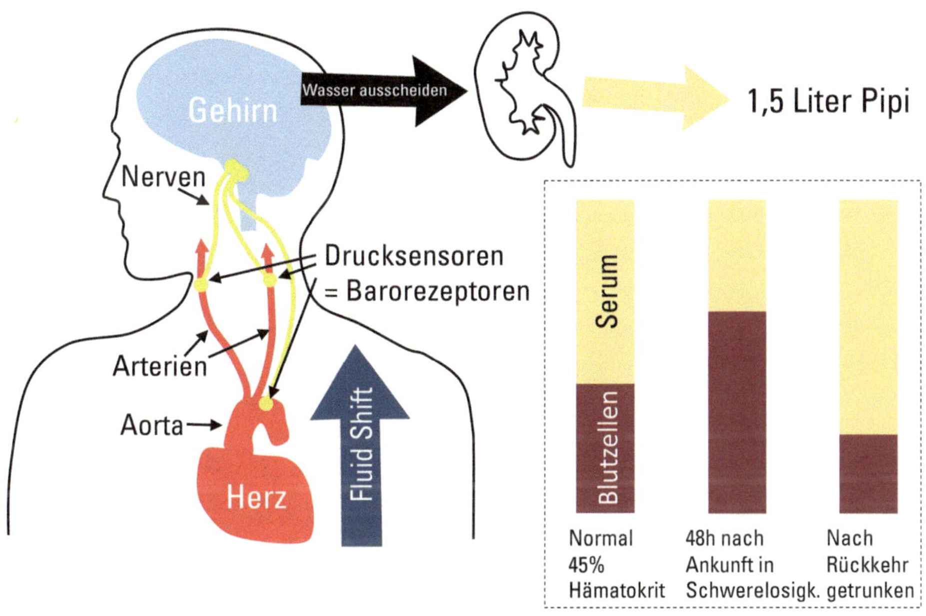

Abb. 5.8 In Schwerelosigkeit führt die Flüssigkeitsverschiebung Richtung Kopf (*Fluid Shift*) zu einem erhöhten Blutdruck an den Drucksensoren (Barorezeptoren). Diese melden über Nerven die Information über den zu hohen Blutdruck an das Mittelhirn. Dieses reguliert die hormonelle Ausschüttung so, dass die Nieren viel Wasser ausscheiden. Die Veränderung der Zusammensetzung des Blutes, wie sie sich in Blutabnahme-Röhrchen darstellt, ist in dem Kasten dargestellt

Orthostase oder warum man nach der Landung getragen wird

Je länger man der Schwerelosigkeit ausgesetzt war, desto größer ist die Gewöhnung des Herz- und Kreislaufsystems an die weniger anspruchsvolle Umgebung der Schwerelosigkeit. Man nennt diese Gewöhnung in der Fachsprache kardiovaskuläre Dekonditionierung. Wenn wie eben besprochen nach der Landung das Blut in den unteren Extremitäten versackt, bekommt man Kreislaufprobleme, weil das Gehirn nicht mehr ausreichend mit Sauerstoff versorgt wird. In der Fachsprache heißt das orthostatische Dysregulation (Orthostase = aufrechte Körperhaltung, Dysregulation = Fehlsteuerung). Die auftretende Regulationsstörung des Blutdrucks führt zu Symptomen wie Schwindelgefühl, Herzrasen, Ohrensausen und Schwitzen. Wenn die Blutversorgung des Gehirns nicht ausreicht, engt sich zunächst das

Abb. 5.9 Typisches Bild sitzender Raumfahrer direkt nach der Landung mit der Sojus-Kapsel in Kasachstan. Hier abgebildet Expedition 20. Oktober 2009. (Bildquelle: NASA)

Gesichtsfeld ein, wenn es noch schlimmer wird, sieht man keine Farben mehr (*Greyout*) und schließlich sieht man nur noch schwarz (*Blackout*). Wenn man nur noch schwarz sieht, wird man auch meistens bewusstlos. Im Fall einer kurzen Bewusstlosigkeit besteht die Gefahr einen Sturzes und von Verletzungen (deshalb spricht man von einem Kreislaufkollaps, in der Medizin *Synkope* genannt). Um einen Sturz zu verhindern, werden Raumfahrer nach ihrer Landung traditionell getragen (s. Abb. 5.9).

Anekdote
Fakt ist, dass moderne Methoden des Kreislauftrainings an Bord in den letzten Jahren zu so guter Fitness geführt haben, dass nach der Landung kaum noch Kreislaufprobleme zu erwarten sind. Es ist deshalb angeblich vorgekommen, dass Raumfahrer nach der Landung gar nicht getragen werden wollten. Die enttäuschten Träger, die sich so sehr auf ihre Aufgabe gefreut hatten, haben daraufhin angeblich auf das Tragen bestanden. Die Autoren empfehlen den angehenden Raumfahrern, nach der Landung den Trägern ihren Spaß und die ehrenvolle Aufgabe zu gönnen und sich tragen zu lassen.

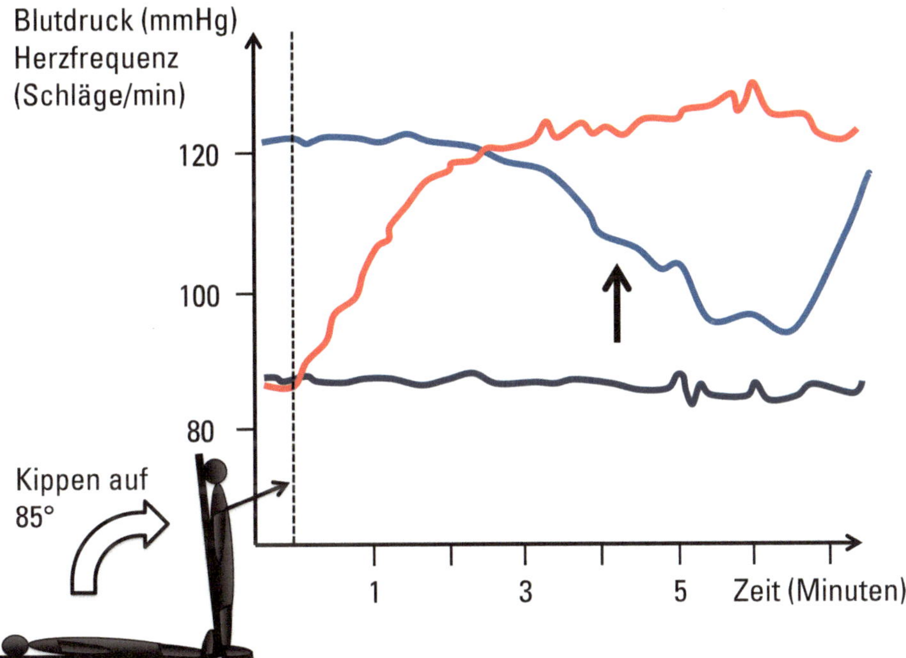

Abb. 5.10 Darstellung eines Kipptischversuches. Der Teilnehmer wird mit Vorwarnung aus der liegenden Position in 85° gekippt. Es sind der Blutdruck (systolisch hellblau und diastolisch dunkelblau) und die Herzfrequenz (rot) beim Eintritt einer Präsynkope und Synkope dargestellt. Der Pfeil markiert den Moment, in dem der Versuch abgebrochen werden sollte

Man kann das Ausmaß der Anpassung des Kreislaufs an die Schwerelosigkeit (genauer gesagt die *Orthostasetoleranz*) auch auf der Erde mit einem sog. Kipptischversuch messen (s. Abb. 5.10). Dabei legt man den Versuchsteilnehmer auf eine Liege und lässt ihn dort so lange liegen, bis der Kreislauf sich an das Liegen angepasst hat (mindestens ca. 20 Minuten). Dann kippt man ihn mit einem Mal aus der liegenden Position auf 85° in den Beinahe-Stand. Bei 85° liegt man mit dem Rücken noch der Liege an und kommt weniger in Versuchung, die Wadenmuskulatur anzuspannen und damit die Muskelpumpe zu betätigen als bei 90°. Nun überwacht man den Blutdruck und die Herzfunktion des Teilnehmers. Kurz bevor der Kreislauf beginnt, Probleme zu machen, also die orthostatische Fehlregulation auftritt und sich die Synkope anbahnt, sieht man ganz typische Veränderungen der Messwerte wie Blutdruck und Puls und kippt den Teilnehmer schnell zurück. Dieses Stadium des sich anbahnenden Kreislaufkollapses nennt sich Präsynkope. Die Länge der Zeitspanne vom Kippen in den Beinahe-Stand bis zum Auftreten der Kreislaufreaktion ist das Maß für die Ausprägung der Kreislaufanpassung. Mit diesem Versuch kann man objektiv messen, wie fleißig jemand in Schwerelosigkeit trainiert oder ob jemand bei einer Bettruhestudie (s. Abschn. 5.9) gemogelt hat. Jeder bekommt bei langem Stehen irgendwann einen Kreislaufkollaps, der Trainierte auf der Erde meistens erst nach mehreren Stunden. Nach einem Raumflug tritt die Kreislaufreaktion viel schneller ein, es sei denn, man hat dort ein modernes Kreislauftraining absolviert (dazu später mehr). Gesunde Versuchsteilnehmer, die nicht im Weltraum waren, bräuchten üblicherweise Stunden, um bei diesem Versuch Kreislaufprobleme zu entwickeln. Den Versuch kann man deshalb abkürzen, indem man nach einem bestimmten Schema nach einem festgelegten Zeitintervall mit einer Unterdruckkammer den Teilnehmern das Blut in die Beine saugt. Der Unterdruck sorgt dafür, dass mehr Blut in den Beinen bleibt und man schneller eine Präsynkope erreicht. Man nutzt diesen Versuch bei Studien, in denen man Schwerelosigkeit simuliert, wie z. B. Bettruhestudien, um zu überprüfen, ob die Kreislaufreaktion derjenigen nach einem Raumflug entspricht. Auch kann man mit dieser Methode die Effektivität eines Trainings hinsichtlich der Kreislaufreaktion bewerten.

In den 1970er- und 1980er-Jahren war man sehr bemüht, Methoden zu entwickeln, um die orthostatische Dysregulation bei Raumfahrern nach der Landung zu reduzieren. Eine Methode, die durchaus einen positiven Effekt zeigt, ist die Anlage eines Unterdruckes an den Beinen mit der zuvor erwähnten Lower-Body-Negative-Pressure-Kammer (LBNP, s. Abb. 5.11). Es handelt sich um eine Unterdruckkammer, in die man mit den Beinen ungefähr bis zum Bauchnabel steigt. Luftdicht abgeschlossen wird Unterdruck angelegt und einem quasi das Blut in die Beine gesaugt, damit der Kreislauf gezwungen ist, sich anzupassen. Der Effekt der LBNP auf den Kreislauf ist so stark, dass man bei hohen Unterdrücken bewusstlos werden kann. Die LBNP-Kammer wurde nicht nur zum Kreislauftraining, sondern auch für die physiologische Forschung entwickelt. Das Kreislauftraining ist sehr zeitaufwendig und das Gerät schwer und voluminös, weshalb man es inzwischen nicht mehr in der bemannten Raumfahrt nutzt, sondern nur noch zu speziellen Zwecken auf der Erde (wie z. B. zur Beschleunigung des oben genannten Kipptischversuches). Im All ist es auch deshalb obsolet geworden, weil moderne Trainingsmethoden ebenfalls das

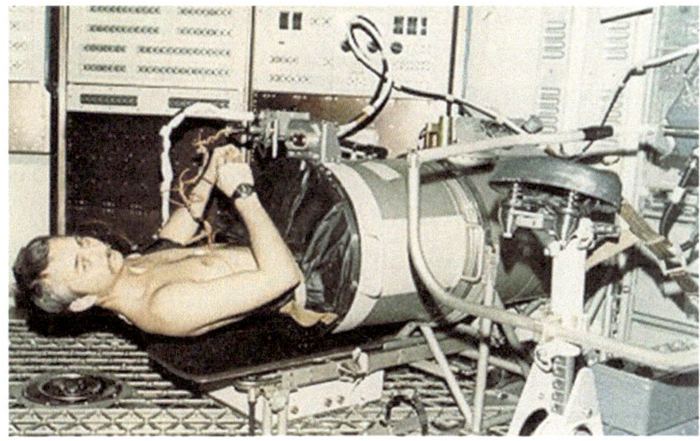

Abb. 5.11 Eine LBNP-Kammer (*Lower Body Negative Pressure*) in der Raumstation „Skylab". (Bildquelle: NASA)

Auftreten einer orthostatischen Dysregulation vermindern. Dazu mehr in Abschn. 5.4.

Bei der *Orthostasereaktion* gibt es Unterschiede zwischen Frauen und Männern. Männer reagieren auf einen Blutdruckabfall eher, indem die kleinen Blutgefäße sich zusammenziehen (wenn der Raum kleiner wird, steigt der Druck), und weniger über einen Anstieg der Herzfrequenz (mehr gepumptes Blut = höherer Blutdruck). Bei Frauen ist es anders herum. Bei ihnen steigt die Herzfrequenz mehr an als bei Männern, während die kleinen Gefäße sich weniger stark zusammenziehen. Beides führt zu einer Erhöhung des Blutdruckes. Die Kreislaufreaktion an sich tritt bei beiden Geschlechtern auf, ist nur unterschiedlich ausgeprägt.

Reduzierte Ausdauer und Schrumpfen des Herzens

Nach der Rückkehr aus dem All ist die orthostatische Dysregulation nicht das einzige auftretende Phänomen des Herz-Kreislauf-Systems. Wenn man an Bord nicht richtig oder gar nicht trainiert, kommt es zudem zu einer reduzierten Ausdauer und zu einer Verkleinerung des Herzmuskels. Der Begriff Ausdauer beschreibt die Fähigkeit, Arbeit über längere Zeit verrichten zu können. Wenn man die Ausdauer trainiert, passen sich die Zellen des Körpers an die Belastung an, indem sie die Menge an Enzymen und Strukturen erhöhen, die benötigt werden, um im Muskel Energie zu erzeugen und für die Muskelkontraktion bereitzustellen, z. B. werden die Kraftwerke der Zellen vermehrt gebraucht und generiert. Auch Strukturen, die die Abfallprodukte beseitigen, werden vermehrt hergestellt. Wenn ein Körper anders herum keinen Belastungen ausgesetzt ist, bauen die Zellen diese Proteine und Strukturen wieder ab, um Energie zu sparen. Dasselbe passiert, wenn man auf der Erde immer auf dem Sofa sitzt, statt Sport zu treiben.

Die Ausdauer misst man in der Physiologie und in den Sportwissenschaften üblicherweise, indem man die maximale Sauerstoffaufnahme beim Laufen oder Fahrradfahren an der Belastungsgrenze misst. Abhängig von der Gesamtzahl der Kraftwerke in den Zellen kann mehr oder weniger Sauerstoff pro Zeiteinheit verarbeitet und in Energie umgewandelt werden. Die maximal aufgenommene Sauerstoffmenge heißt in der Fachsprache „VO_2 max“ (V steht für Volumen), und man misst sie, indem man eine Untersuchung namens Spiroergometrie durchführt (s. Abb. 5.12). Dazu benötigt man ein Laufbandergometer oder ein Fahrradergometer und Geräte um die Sauerstoffaufnahme und die Kohlendioxidabgabe zu messen. Zusätzlich muss man das Herz mit einem EKG (Elektrokardiogramm) überwachen, das die elektrische

Abb. 5.12 Die US-amerikanische Astronautin Sunita Williams während einer Spiroergometrie auf dem Fahrradergometer namens CEVIS an Bord der ISS. (Bildquelle: NASA)

Herzaktivität aufzeichnet, und man benötigt ein Blutdruckmessgerät. Der Versuchsteilnehmer beginnt nun mit einer niedrigen Belastungsstufe bei einer geringen Wattzahl, die sich über die Zeit nach einem festgelegten Schema steigert. Die gemessene Sauerstoffaufnahme erreicht irgendwann ein Plateau - dieser Wert entspricht der Sauerstoffmenge, die maximal vom Körper verstoffwechselt werden kann (VO_2 max). Auch notiert man die Wattzahl, bei der der Teilnehmer nicht mehr konnte. Nach einem Raumflug ohne Training sind beide Werte, VO_2 max und die erreichte Wattzahl, reduziert. Man nutzt die Spiroergometrie als auch den oben genannten Kipptischversuch, um den Effekt von Trainingsmethoden zu messen und um zu bewerten, ob eine Studie in simulierter Schwerelosigkeit die gewünschten Effekte gebracht hat.

Eine weitere Veränderung, die beim Aufenthalt in der Schwerelosigkeit auftritt, ist das Schrumpfen des Herzens, in der Fachsprache kardiale Atrophie. Dabei handelt es sich um eine Verkleinerung des Herzmuskels, die mit einer Verminderung des vom Herzen gepumpten Volumens pro Herzschlag einhergeht. Das Herz schrumpft, weil es in der Schwerelosigkeit aufgrund veränderter Druckverhältnisse im Kreislauf und eines geringeren Widerstandes weniger beansprucht wird. Sobald Muskelgewebe nicht belastet wird, bildet es sich zurück. Es sinken das Gewicht des Herzens, die Dicke der Muskelwand und das Volumen in der linken Kammer unmittelbar vor der Kontraktion (LVEDV = linksventrikuläres end-diastolisches Volumen). Diese Tatsache trägt ebenfalls zu den zuvor erwähnten Kreislaufproblemen bei der Rückkehr auf die Erde bei. Die Veränderungen bilden sich nach der Rückkehr zur Erde langsam zurück. Inzwischen sind, wie bereits erwähnt, die Trainingsmethoden auf der Internationalen Raumstation so optimiert, dass eine kardiale Atrophie nur noch sehr wenig eintritt. Sobald man jedoch während eines Raumfluges nicht mehr so effektiv trainiert, weil man z. B. keine Lust auf das Training hat, treten die genannten Probleme wieder auf und könnten nicht nur auf der Erde, sondern auch auf dem Mars oder auf anderen Planeten zu Problemen führen.

Der zentrale Venendruck

Es gab lange Zeit heftige Spekulationen über die Druckverhältnisse im Herz-Kreislauf-System in der Schwerelosigkeit. Der Berliner Physiologe

Karl Kirsch sagte 1984 in seinem Artikel „Venous pressure in man during weightlessness“ in der Zeitschrift *Science* voraus, dass in Schwerelosigkeit der Druck in den Venen auf null fallen würde (Kirsch et al. 1984). Bis dahin hatte noch niemand diesen Druck gemessen. Kirschs Theorie hielt niemand für wahr und deshalb wurde sie mehr oder weniger ignoriert, bis 1991 Buckey und Kollegen in einem Experiment im Spaceshuttle in der Spacelab-1-Mission über einen zentralen Venenkatheter, der von einem Arm aus bis ins Herz vorgeschoben war, den zentralen Venendruck bei einem Astronauten während der gesamten Startphase bis in die Schwerelosigkeit über neun Stunden aufzeichneten. Es wurde spekuliert, dass in Schwerelosigkeit der Druck aufgrund der Flüssigkeitsverschiebung in Richtung Kopf zunehmen würde. Auf der Erde ist dies der Fall, wenn man jemanden z. B. in Kopftieflage bringt. Deshalb war es naheliegend, dass die bekannte Flüssigkeitsverschiebung mit *Puffy Face* und *Bird Legs* in Schwerelosigkeit ebenfalls zu einem Anstieg des zentralen Venendruckes führen würde. Während des Startes zeichneten die Wissenschaftler aufgrund der hohen wirkenden Kräfte, wie erwartet, deutlich erhöhte Werte des zentralen Venendruckes auf. Als das Shuttle in die Umlaufbahn gelangte und innerhalb von Sekunden Schwerelosigkeit eintrat, fiel der zentrale Venendruck jedoch plötzlich, im Rahmen der Messgenauigkeit, auf null. Eine wissenschaftliche Sensation, die 1993 im *New England Journal of Medicine* veröffentlicht wurde (Buckey et al. 1993). Buckey und Kollegen wiederholten die Messungen bei zwei weiteren Astronauten in der Spacelab-2-Mission und publizierten diese übereinstimmenden Daten 1996 (Buckey et al. 1996). Die Erklärung für den Druckabfall scheint zu sein, dass die fehlende Gravitation den Gewebewiderstand reduziert und damit weniger Druck auf das Blut ausgeübt wird. Obwohl kein Druck gemessen werden kann, ist dennoch viel Blutvolumen vorhanden, das über das Herz zurück in den Kreislauf gepumpt wird. Auf der Erde ist der zentrale Venendruck ein Maß für das Blutvolumen, das dem Herzen zum Pumpen zur Verfügung steht (Vorlast). Tatsache ist, dass sämtliche Druckverhältnisse sich im Herzen und in den Gefäßen offenbar in der Schwerelosigkeit ändern und dass man den zentralen Venendruck hier nicht so verwenden kann wie auf der Erde. Es ist noch unklar, welchen Einfluss das auf herzkranke Menschen haben wird, die ins All fliegen. Im besten Fall kommen sie gut zurecht, weil das Herz weniger belastet wird. Aktuell (2017) waren noch keine Menschen mit Herzkrankheiten oder Herzfehlern im Weltraum. Es bleibt abzuwarten, welche Erfahrungen die ersten mutigen Herzkranken in Schwerelosigkeit machen.

Was passiert mit dem arteriellen Blutdruck?

Für Menschen mit Bluthochdruck ist der Aufenthalt im Weltraum eine feine Sache. Der systolische Blutdruck sinkt im Durchschnitt in 2 Wochen um 5 mmHg und in 6 Monaten um 10 mmHg. Das ist eine ganze Menge! Man vermutet, dass das Sinken des Blutdrucks mit einer Weitstellung der Blutgefäße zu tun hat. In Schwerelosigkeit sind die kleinen Arterien weiter geöffnet als auf der Erde, und damit sinkt der Blutdruck. Man hat aber noch nicht ganz genau verstanden, warum die Gefäße weiter gestellt sind. Eine Theorie ist die folgende: Zum einen ist der Alarmmechanismus des Körpers, der sog. Sympathikotonus, erhöht, was eigentlich zu einer Engstellung führt. Gleichzeitig wird über die Drucksensoren am Hals und an der Hauptschlagader ein System aktiviert, das die Ausscheidung eines gefäßverengenden Hormons reduziert (Baroreflex). Das Hormon heißt Vasopressin. Wenn weniger davon da ist, um die Gefäße zu verengen, resultiert daraus eine relative Weitstellung. Diese scheint die Engstellung durch den Alarmmechanismus zu überwiegen, sodass insgesamt eine leichte Weitstellung resultiert.

G-Masern

Bei „G-Masern“ denken die meisten zunächst einmal an eine Kinderkrankheit. Damit haben G-Masern aber gar nichts zu tun! Es handelt sich um Einblutungen in die Haut, wenn man großen G-Kräften ausgesetzt ist. Dies kann z. B. beim Flug in einem Kampfflugzeug, bei einem Verkehrsunfall, aber auch beim Start oder bei der Landung mit einem Raumschiff der Fall sein. G-Masern sind ein Phänomen, das bei Raumfahrern manchmal auftritt, wenn z. B. die Landung etwas härter war als geplant. Der angehende Raumfahrer sollte sie kennen, um im Notfall Bescheid zu wissen. Dann kann man seine panischen Kopiloten mit dem Satz: „Keine Sorge, das sind nur G-Masern, die gehen von alleine wieder weg¡‘ beruhigen.

G-Masern kommen zustande, wenn der Druck auf die Wand von Blutgefäßen so groß wird, dass sie platzen. Dann fließt etwas Blut in die Haut und man sieht rote Punkte auf der Haut, sog. Petechien (Abb. 5.13). Je größer die G-Kräfte, umso ausgeprägter wird das Phänomen bis hin zu zusammenlaufenden, flächenhaften Blutungen. Diese sind zu vermeiden, weil es sich um eine Form von Verletzung handelt,

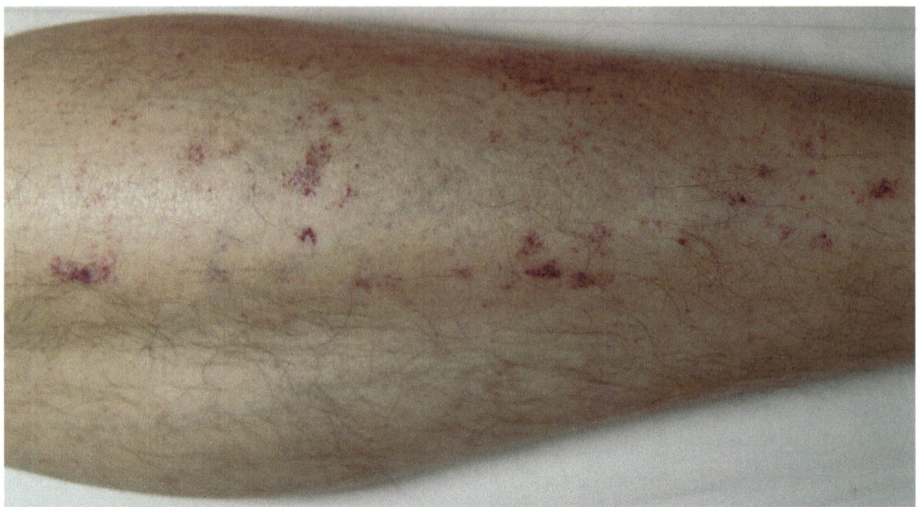

Abb. 5.13 G-Masern am Unterschenkel

die sich nicht nur auf die Haut beschränkt, sondern theoretisch auch in inneren Organen zu Problemen führen kann. Wie ein Bluterguss verfärben sich die G-Masern, wenn der rote Blutfarbstoff vom Körper abgebaut wird. Sie werden dann grün und gelb, bevor sie wieder verschwinden. Die Schwelle, bei der G-Masern auftreten, ist bei jedem anders. Manche bekommen schon bei 3 G G-Masern, andere erst bei 8 G (ein „G" entspricht der Erdanziehungskraft). Dies hängt von der Beschaffenheit und Festigkeit des Gewebes ab und kann trainiert werden.

Herzrhythmusstörungen

Insbesondere in den frühen Jahren der bemannten Raumfahrt ist es immer wieder zu Problemen mit Unregelmäßigkeiten des Herzschlags, sog. Herzrhythmusstörungen, gekommen. Wie bereits erwähnt, wurden während der Apollo-Missionen schwerwiegende Herzrhythmusstörungen auf dem Mond und bei der Rückkehr zur Erde aufgezeichnet. Aber auch noch während Saljut 7 und Skylab-Missionen, auf der „Mir" und in Spaceshuttle-Flügen wurden Herzrhythmusstörungen zum Teil auch während EVAs beobachtet. Diese traten meist in Verbindung mit großen G-Kräften oder besonderen Anstrengungen auf. Auch konnten sie vermehrt beobachtet werden, wenn Astronauten dehydriert waren (dann verändern sich manchmal die Konzentrationen der Elektrolyte wie Magnesium, Kalium und Natrium im Blut, was Einfluss auf die Reizweiterleitung im Herzmuskel hat). Ebenfalls auf der Erde kann es bei extremem Stress aufgrund von Blutgefäßverengungen zu vorübergehenden Funktionsstörungen des Herzmuskels kommen. Dieses Phänomen heißt Stress-Kardiomyopathie. Es wurde zudem berichtet, dass eine ausgeprägte kardiale Atrophie bei Kosmonauten auf der Raumstation „Mir" gegen Ende eines langen Aufenthaltes zu Herzrhythmusstörungen geführt haben soll. Bei höheren G-Kräften treten in der Humanzentrifuge häufiger Herzrhythmusstörungen auf, die in den allermeisten Fällen sofort wieder aufhören, sobald die G-Kraft nachlässt. Man beobachtet dort auch zusätzliche Herzschläge aus der Reihe (Extrasystolen). Mehr zum Thema Humanzentrifugen in Abschnitt 5.9. Die häufigste Herzrhythmusstörung in der Raumfahrt ist die ventrikuläre Tachykardie (VT, s. Abb. 5.14). Eine VT ist eine potenziell lebensbedrohliche Rhythmusstörung, die von der Herzkammer ausgeht. Wenn die Rhythmusstörung nach Ende des G-Reizes nicht von selbst aufhört, müssen Medikamente gegeben werden. Es kann sogar erforderlich sein, die Zellen des Herzens über einen Stromstoß von außen wieder in denselben Takt zu bringen. So ein Fall ist in der bemannten Raumfahrt zum Glück noch nicht aufgetreten, aber denkbar. Eine andere, etwas seltener auftretende Herzrhythmusstörung ist der sog. Bigeminus. Hierbei folgt auf einen normalen Herzschlag immer unmittelbar ein zu früher und deshalb wirkungsloser Extraschlag, gefolgt von einer Pause. Auch der Bigeminus hört meistens auf, wenn der Reiz bzw. der Flüssigkeitsmangel weg ist oder sich die Elektrolytkonzentrationen wieder normalisiert haben.

5.3 Der Bewegungsapparat

Die Knochen, Muskeln, Knorpel, Bandscheiben, Sehnen und Faszien bilden zusammen den Bewegungsapparat, auch das *muskuloskelettale System* genannt. Dieses wird in Schwerelosigkeit extrem wenig belastet, weil man nur sehr wenig Kraft aufwenden muss, um sich zu bewegen. In Schwerelosigkeit kann man den schwersten Gegenstand mit dem kleinen Finger von A nach B bringen. Deshalb baut sich das muskuloskelettale System, wenn man nichts dagegen tut, sehr schnell ab. Muskelkraft und -volumen gehen verloren, Kalksalze (Kalziumphosphat) werden aus dem Knochen abgebaut, und Veränderungen in der Aufrichtung der Wirbelsäule in Kombination mit

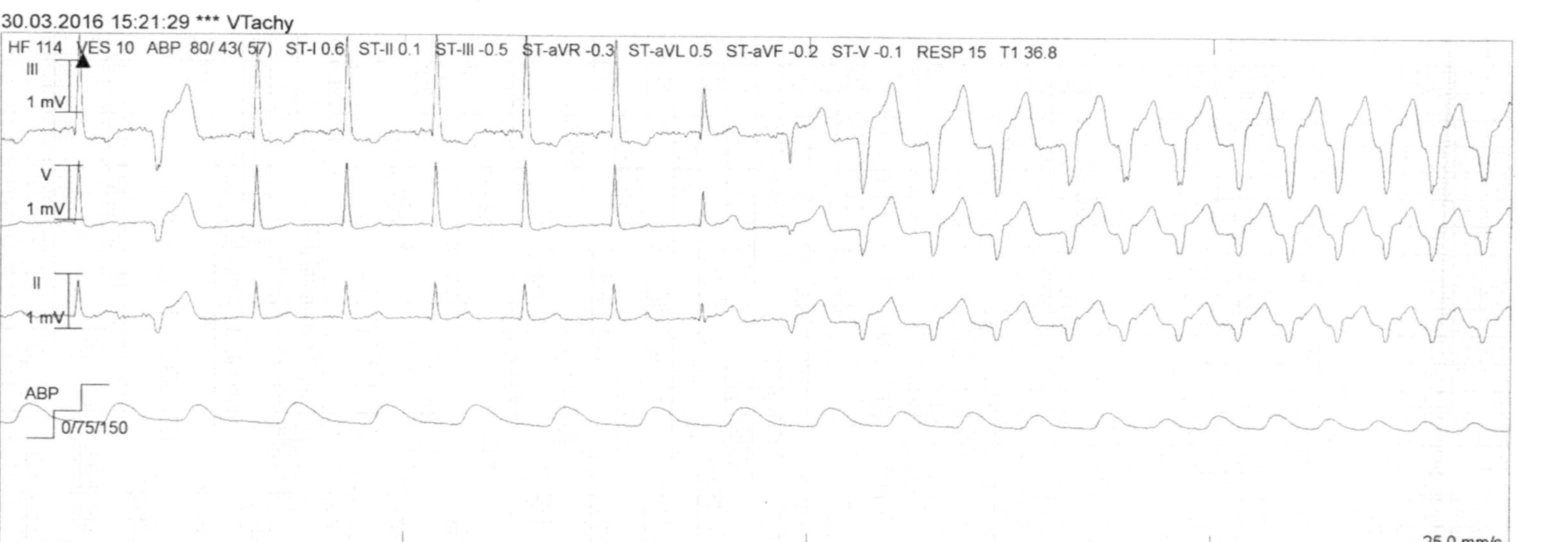

Abb. 5.14 Ein EKG-Ausdruck (in diesem Fall nicht von einem Astronauten), der auch in der Raumfahrt vorkommende Veränderungen zeigt. Die oberen drei Kurven sind Ableitungen der elektrischen Aktivität des Herzens (EKG), darunter ist eine Druckkurve des arteriellen Blutdrucks aufgezeichnet. Von links nach rechts ist zuerst ein ziemlich normaler Herzschlag zu sehen, gefolgt von einer Extrasystole (zusätzlicher Impuls von der Herzkammer ausgehend). Dann folgen fünf normale Herzschläge, bevor der Rhythmus sich verändert. So wie auf der rechten Seite kann eine ventrikuläre Tachykardie (VT) aussehen. Bei einem Bigeminus treten immer abwechselnd ein normaler Herzschlag und eine Extrasystole auf (nicht abgebildet).

einem Anschwellen der Bandscheiben führen dazu, dass man innerhalb des ersten Tages in Schwerelosigkeit um mehrere Zentimeter wächst, was mit Rückenschmerzen einhergeht. Diese Veränderungen sind so ausgeprägt, dass man nach einem längeren Aufenthalt in Schwerelosigkeit ohne Training oder andere Gegenmaßnahmen große Probleme bekommen kann, sobald man wieder der Schwerkraft ausgesetzt ist. Der Abbau kann so ausgeprägt sein, dass Raumfahrer eine starke Abnahme der Knochendichte und -masse, eine sog. Osteopenie, bekommen. Damit steigt die Wahrscheinlichkeit von Knochenbrüchen etwas (wenn auch nicht so viel, wie manchmal behauptet wird). Zudem können sie einen Muskelschwund, einen Mangel an Muskelmasse (Sarkopenie), entwickeln. Dieser Abschnitt erklärt, was genau mit dem muskuloskelettalen System passiert und was man tun kann, um den Abbau zu verhindern. Gerade für längere Expeditionsreisen ins Weltall ist dies ein ganz zentrales Thema!

Knochen

Die Knochen sind ein gut durchblutetes Organ, das nicht nur als Stützskelett des Körpers und als Schutzhülle für andere Organe dient, sondern auch Funktionen in der Blutbildung hat. Man unterscheidet verschiedene Knochenformen: Röhrenknochen (z. B. die Ober- und Unterarmknochen), platte Knochen (z. B. die Schädelknochen), kurze Knochen (z. B. die Handwurzelknochen), Sesambeine (Knochen, die Kräfte umleiten können, z. B. die Kniescheibe) und unregelmäßige Knochen (z. B. die Wirbel). Außerdem gibt es luftgefüllte Knochen (beim Menschen z. B. das Stirnbein, bei Vögeln sind fast alle Knochen luftgefüllt). Es gibt grundsätzlich zwei Typen von Knochenstruktur: die *Kortikalis* (sehr dichter und stabiler Knochen) und die *Spongiosa* (ein Werk aus Knochenbälkchen, Abb. 5.15). Das blutbildende Knochenmark befindet sich in der Markhöhle von Röhrenknochen und ist von Kortikalis umgeben.

Knochengewebe besteht zu 30 Prozent aus organischen Stoffen (Kollagen und Proteoglycane) und zu 45 Prozent aus sog. anorganischen Bestandteilen (Hydroxylapatit-Kristalle). 25 Prozent des Knochengewebes sind Wasser. Knochenzellen scheinen die Fähigkeit zu haben, Knochendeformierung wahrzunehmen und für die Steuerung des Knochenauf- und -abbaus mit verantwortlich zu sein. Zudem gibt es Zellen, die Knochengewebe aufbauen, und Zellen, die es abbauen. Die Aktivität der knochenaufbauenden und knochenabbauenden

Abb. 5.15 Trabekelstruktur (Knochenbälkchen) eines Elefanten-Oberschenkelknochens (Okavango-Delta, Botswana, 2014) nachdem der Knochen mehrere Jahre lang der Umwelt exponiert war. Man sieht spongiösen Knochen und eine extrem dünne Kortikalis, typisch für das Knochenende

Zellen wird über ein kompliziertes System von Hormonen und Stoffen geregelt. Zusätzlich spielt der Einfluss mechanischer Kräfte eine große Rolle. Wenn Knochen über einen gewissen Schwellenwert hinweg belastet wird, baut er sich auf, sprich die Knochendichte nimmt zu, weil mehr Kalksalze eingelagert werden und die Strukturen sich verstärken. Es gibt einen Belastungsbereich, in dem Knochenauf- und abbau sich die Waage halten (beide Prozesse finden stets gleichzeitig statt). Wird der Knochen weit weniger belastet, wird er abgebaut. Mit Knochenabbau ist gemeint, dass die Kalksalze abgebaut und in das Blut freigesetzt werden. Die maximale Knochendichte erreicht ein Mensch normalerweise im Alter von ca. 30 Jahren. Danach nimmt die Knochendichte in einem langsamen Prozess stetig ab, bei Frauen aufgrund der hormonellen Umstellung in den Wechseljahren schneller als bei Männern. Die Kalksalze werden über die Nieren ausgeschieden und können dort die Entstehung von Nierensteinen begünstigen. Nierensteine sind sehr schmerzhaft (sie verursachen anfallsartige Schmerzen, die Koliken genannt werden) und können im schlimmsten Fall zu einem Urinstau und einer Entzündung der Niere und des Nierenbeckens führen. Wird diese Entzündung nicht richtig behandelt, kann sich die Entzündung auf den ganzen Körper ausbreiten und theoretisch zum Tode führen. Derartige Entzündungen sind in der Raumfahrt schon vorgekommen, und eine Mission musste deshalb frühzeitig abgebrochen werden.

Die Knochendichte kann man mit verschiedenen Methoden der Knochendichtemessung (Osteodensitometrie) mittels Röntgenstrahlung erfassen. Die beiden gängigsten Verfahren sind die Dual-Röntgen-Absorptiometrie (DEXA) und die (periphere) quantitative Computertomographie (pQCT). Man nutzt die Tatsache, dass der Röntgenstrahl bei einer höheren Knochendichte mehr abgeschwächt wird, und vergleicht den Abschwächungsgrad mit bekannten Knochendichtewerten. Dabei erhält man den sog. T-Wert, der die Abweichung der Knochendichte von der Norm angibt. Eine reduzierte Knochendichte liegt vor, wenn der T-Wert -1 bis -2,5 beträgt. Von einer richtigen Osteoporose spricht man ab einem T-Wert von -2,5. Seit 1998 wurde die Knochendichte der NASA-Astronauten systematisch untersucht. NASA-Astronauten müssen aktuell (2017) einen T-Wert von -1.0 oder besser aufweisen, um fliegen zu dürfen.

In Schwerelosigkeit beträgt der Verlust an Knochendichte (*Bone Mineral Density*) 1–2 Prozent pro Monat, während man auf der Erde 0,5–1 Prozent pro Jahr verliert. Während eines halbjährigen Aufenthaltes in einer Raumstation waren in der Vergangenheit Knochendichteverluste von 15–20 Prozent keine Seltenheit. Hochgerechnet auf eine Marsmission von 1 1/2 Jahren Dauer wäre somit theoretisch ein Knochendichteverlust von 50 Prozent möglich. Dies würde mit einem erhöhten Risiko für Knochenbrüche einhergehen. Praktisch gibt es inzwischen entsprechende Gegenmaßnahmen, die den Knochenabbau verhindern, sodass es nicht dazu kommen würde, es sei denn ein Raumfahrer verweigert jegliches Training und jegliche Medikation (dazu gleich mehr). Das Ausmaß des knöchernen Abbaus ist abhängig von der Lokalisation des Knochens. Am stärksten nimmt die Knochendichte in den Knochen ab, bei denen die Entlastung durch die Schwerelosigkeit, also der Unterschied zu vorher, am größten ist. Dies sind vor allem die Beine, das Becken und die Lendenwirbelsäule. An den Armen nimmt die Knochendichte üblicherweise nicht ab und am Schädel kann sie sogar etwas zunehmen. Es gibt Hinweise darauf, dass sich im Fall eines extrem langen Aufenthaltes in Schwerelosigkeit ohne entsprechende Gegenmaßnahmen nicht nur die Knochendichte ändert, sondern auch die Knochengeometrie, wie z. B. das Muster der Knochenstruktur.

Um den Knochenabbau zu verhindern, hat sich eine Kombination aus verschiedenen Gegenmaßnahmen als effektiv herausgestellt. Einen zentralen Stellenwert hat das Krafttraining, das im Detail in Abschn. 5.4 erklärt wird. Zusätzlich sollten Astronauten Vitamin D3 und Kalzium einnehmen. Studien haben außerdem gezeigt, dass Bisphosphonate hilfreich sind (Abb. 5.16). Sie blockieren die knochenabbauenden Zellen. Vitamin D3 spielt eine wichtige Rolle beim Knochenaufbau und wird im menschlichen Körper gebildet, wenn die Sonne auf die Haut scheint. Da Sonnenbäder wegen der immensen Sonnenbrandgefahr auf Raumstationen eher eine Seltenheit darstellen, fällt der Vitamin-D3-Spiegel im Blut ab und der Knochenaufbau ist bei längeren Aufenthalten gestört. Deshalb wird die tägliche Einnahme von Vitamin D3 empfohlen. Eine Kalziumeinnahme wird empfohlen, um sicherzugehen, dass genug Kalzium bereitsteht, um in die Knochen eingebaut zu werden. Je nach Mission kann eventuell in

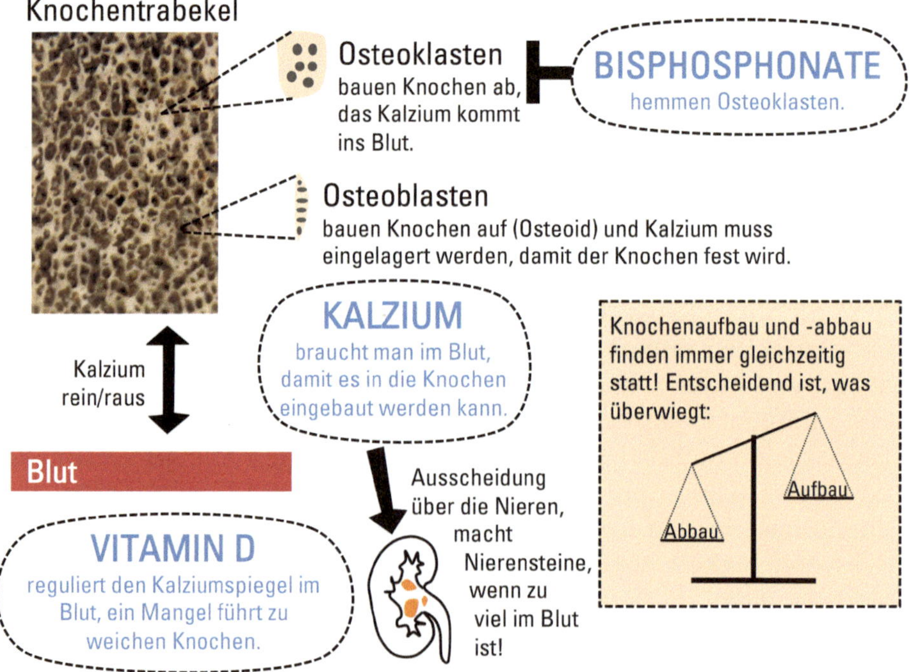

Abb. 5.16 Grobe Darstellung des Knochenauf- und -abbaus und der Wirkweise von Vitamin D, Kalzium und Bisphosphonaten

Zukunft künstliche Schwerkraft eingesetzt und dann auf die Einnahme der genannten Medikamente wieder verzichtet werden. Künstliche Schwerkraft kann z. B. mit Zentrifugen erzeugt werden (Abschn. 2.2). Die Kombination der genannten Gegenmaßnahmen hat in Studien bei Astronauten zuletzt weitestgehend zu einem Gleichbleiben der Knochendichte geführt, und man kann davon ausgehen, dass ein Knochenbruchrisiko auch für längere Missionen zum Mars kein wesentliches Problem mehr darstellt, solange man die Gegenmaßnahmen durchführt. Diese Erkenntnis war ein wesentlicher wissenschaftlicher Durchbruch auf dem Weg zu bemannten Langzeit-Weltraummissionen!

Tipp für angehende Raumfahrer Um Knochenabbau in der Schwerelosigkeit entgegenzuwirken: Vitamin D3, Kalzium und Bisphosphonate einnehmen. In Kombination mit täglichem Training bleibt die Knochendichte damit weitestgehend erhalten.

Muskulatur

Die Skelettmuskulatur ist für die Bewegung des Körpers zuständig. Ein Skelettmuskel besteht zu 80 Prozent aus Muskelfasern, die jeweils bis zu 15 cm lang sein können. Es gibt sehr grob betrachtet zwei Typen von Muskelfasern mit jeweils diversen Untereinteilungen:

1. Typ I: Langsame Muskelfasern (S = *slow*), viel Ausdauer, niedrige Kraft, aerob, viele Mitochondrien, viel Myoglobin
2. Typ II: Schnelle Muskelfasern (F = *fast*), wenig Ausdauer, hohe Kraft, anaerob, viel Glykogen und glykolytische Enzyme

Typischerweise haben Ausdauersportler besonders viele Typ-I-Fasern, während Kraftsportler besonders viele Typ-II-Fasern aufweisen. Die Verteilung der Fasern variiert zwischen verschiedenen Muskeln. Ein typischer Haltemuskel ist besonders reich an Typ-I-Muskelfasern (Beispiel: der tiefe Wadenmuskel).

In Schwerelosigkeit kommt es zu einem sog. Muskelfaser-Shift, einer Umwandlung von Typ-I- in Typ-II-Muskelfasern. Dieser Prozess geht langsam vonstatten und es zeigen sich in der Schwerelosigkeit zunächst viele Zwischenstufen, also Zellen, die sich gerade in der Umwandlung befinden. Auch kommt es zu einer Abnahme des

Durchmessers der Muskelfasern und zu einem veränderten Verhältnis der kleinen Blutgefäße zum Muskelvolumen. Durch die Abnahme des Muskelvolumens stehen bei gleichbleibender Anzahl an Blutgefäßen mehr Gefäße pro Querschnittsfläche zur Verfügung. Insgesamt kommt es in 5–11 Tagen Schwerelosigkeit zu einem Verlust an Muskelmasse von ca. 20 Prozent. Nicht nur mikroskopische Veränderungen der Muskelfasern sind beim Aufenthalt in Schwerelosigkeit ein Problem, sondern zusätzlich Veränderungen in der Verschaltung der Nerven, die die Muskeln versorgen, die sog. Innervation. Zum einen wächst die Anzahl an Muskelfasern, die von einem Nervenende versorgt werden (motorische Einheit). Zum anderen ändert sich die Verschaltung dahingehend, dass die Koordination der Ansteuerung von Muskeln nach der Rückkehr auf die Erde nicht mehr so gut funktioniert und sich wieder an die Bedingungen anpassen und einspielen muss.

Vergleicht man den Muskelabbau in Schwerelosigkeit mit dem im Alterungsprozess, so fallen viele Gemeinsamkeiten auf. Im Alter schreitet der Muskelabbau mit 1,5–3 Prozent pro Jahr fort bis hin zu einem deutlichen Verlust an Muskelmasse und -volumen. Mangelernährung und fehlendes Krafttraining beschleunigen den Muskelabbau im Alter. Bei Raumfahrern beobachtet man dieselben Abbauprozesse mit vielen Gemeinsamkeiten zum Alterungsprozess, nur ist der Abbau in Schwerelosigkeit, wenn man nicht vernünftig trainiert, erheblich beschleunigt. Bei alten Menschen ist die Sarkopenie, also eben dieser Verlust an Muskelmasse, typisch für Gebrechlichkeit mit erhöhtem Risiko für Knochenbrüche und für den Verlust der Unabhängigkeit im Alltag.

Rückenschmerzen und warum Astronauten in den ersten 24 h um 5 cm wachsen

In Schwerelosigkeit dehnen sich die Bandscheiben der Wirbelsäule aus. Dies geschieht, da der sonst immer bestehende Druck durch das Körpergewicht wegfällt, der den Körper auf der Erde komprimiert. In den ersten 24 Stunden wächst man in Schwerelosigkeit im Durchschnitt um über 5 cm. Hierfür gibt es zwei Gründe: die Ausdehnung der Bandscheiben und den Verlust der natürlichen Biegung der Wirbelsäule. In Abb. 5.17 ist dargestellt, wieso die Bandscheiben anschwellen. Es kommt bei vielen Raumfahrern aufgrund der Ausdehnung der Wirbelsäule zu Rückenschmerzen, genannt *Space Adaptation Back Pain*. Über Rückenschmerzen klagen etwa 52 Prozent der Raumfahrer.

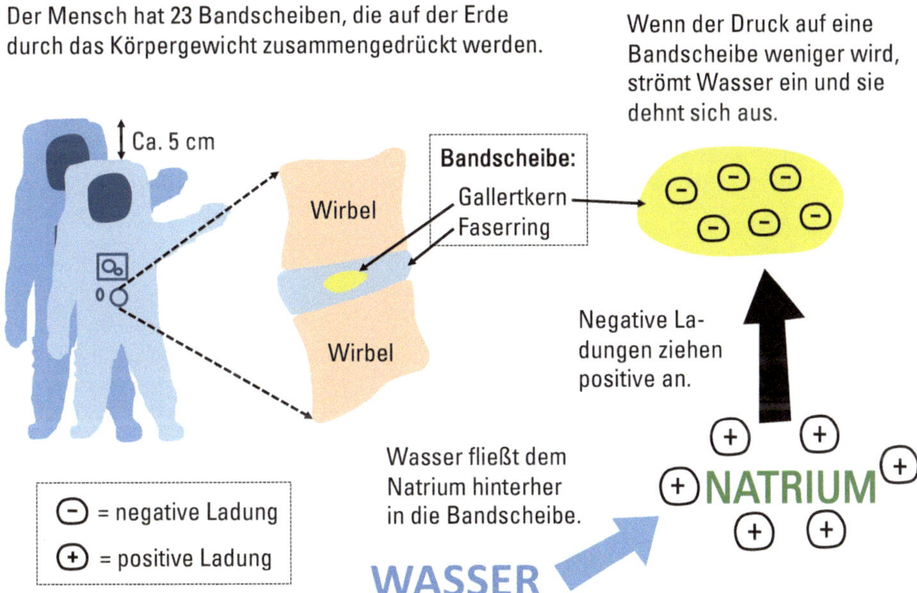

Abb. 5.17 Die größere Körperlänge in Schwerelosigkeit ist bedingt durch einen Verlust der S-Form der Wirbelsäule und durch eine Ausdehnung der Bandscheiben. Die Eiweiße in den Bandscheiben sind negativ geladen und ziehen Natrium an, das aufgrund seiner Eigenschaften Wasser mitbringt. Durch das einströmende Wasser kommt es zu einer Ausdehnung der Bandscheiben

Meistens werden sie als mild beschrieben, in 15 Prozent der Fälle sind sie aber so einschränkend, dass Probleme bei der Einsatzfähigkeit des Betroffenen auftreten. Die Rückenschmerzen führen zu einem schlechteren Schlaf und behindern bei der Arbeit. In manchen Fällen reichen leichte Schmerzmittel nicht aus und Raumfahrer greifen zu stärkeren Mitteln, um ihren Zeitplan zu schaffen. Nach der Rückkehr zur Erde ist zudem das Risiko, einen Bandscheibenvorfall zu bekommen, um das 4,3-Fache erhöht. Ein Bandscheibenvorfall ist das Hervorquellen von Bandscheibengewebe in Richtung Rückenmark, das zu einem Druck auf Nerven führen kann. Interessanterweise treten Bandscheibenvorfälle bei Raumfahrern meistens an der Halswirbelsäule auf, während die Rückenschmerzen am unteren Rücken beschrieben werden. Es gibt verschiedene Gegenmaßnahmen, die man anwenden kann. Neben der Einnahme von Schmerzmitteln kann man ein Training durchführen, das die Bandscheiben zusammendrückt.

Dazu muss man die Wirbelsäule auf eine Art belasten, die dem Druck auf der Erde gleich kommt. Eine Alternative ist es, einen Gummianzug (*Skin Suit* oder „Pinguinanzug") zu tragen. Viele Raumfahrer haben berichtet, dass sie es als sehr angenehm empfunden haben, beim Schlafen ein Gummiband um die Knie und um den Rücken zu binden. Wahrscheinlich wäre eine gute Gegenmaßnahme gegen Rückenschmerzen die Nutzung einer Humanzentrifuge. Hierzu gibt es aber noch keine praktischen Erfahrungen im Weltraum. Dazu später mehr in Abschn. 5.4.

Anekdote
Ein Kosmonaut wurde angeblich einmal 13 cm größer und passte nicht mehr in den Raumanzug, den er brauchte, um auf die Erde zurückzukehren. Ihm musste dafür ein neuer, größerer Anzug angefertigt und auf die Raumstation gebracht werden.

Interview mit Story Musgrave

Story Musgrave ist ein 1935 geborener, ehemaliger US-amerikanischer Astronaut, der als Einziger mit allen Spaceshuttles ins All geflogen ist (Abb. 5.18). Zwischen 1983 und 1996 war er 6-mal in der Erdumlaufbahn. Unter anderem reparierte er in einem spektakulären Außeneinsatz 1993 das *Hubble-Weltraumteleskop*. Vor seiner Astronautentätigkeit hat Story Musgrave Medizin studiert und war als Unfallchirurg tätig. Im Rahmen einiger Fragen zum muskuloskelettalen System in Schwerelosigkeit hat die Autorin dieses Buches mit Story Musgrave ein Interview geführt und aufgezeichnet:

MUSGRAVE: Ich habe mir deine Fragen angesehen, und sie einfach schriftlich zu beantworten, wäre nicht ausreichend. Ich kann dir sagen, dass der Rücken, wenn man nach Hause kommt, sehr verletzlich ist. Ich war mehr als einmal vor Ort, als ich miterlebt habe, wie Kollegen sich verletzt haben. Wir wissen, und du, Bergita, weißt es besonders, weil du die Daten kennst, dass wir im Weltraum ein ganzes Stück wachsen. Wenn wir einen Weltraumspaziergang machen, müssen wir das bei der Planung berücksichtigen. Ich habe das nicht bedacht, einen sehr engen Raumanzug bestellt, und ich denke, dass er mich und meine Bandscheiben zusammengedrückt hat.

Abb. 5.18 Story Musgrave reparierte 1993 das Hubble-Weltraumteleskop. Hier wird er gerade mit dem Arm des *Remote Manipulator System* (RMS) zum Teleskop gebracht. (Bildquelle: NASA)

GANSE: Glaubst du, dass ein enger Raumanzug das in-die-Länge-Wachsen der Wirbelsäule da oben verhindert?

MUSGRAVE: Ja, das steht außer Frage. Von deinen Zehenspitzen bis zum obersten Halswirbel bekommt sonst jedes einzelne Stück Knorpel keinen Druck ab und dehnt sich deshalb aus.

GANSE: Verhindert der Anzug denn auch die Rückenschmerzen?

MUSGRAVE: Keine Ahnung, ich hatte nie Rückenschmerzen. Ich habe auch nicht von Problemen im Raumanzug gehört. Eine andere Sache ist, dass man, wenn man nicht aufpasst, in einer sehr schlechten Körperhaltung schläft. Wenn man in einem Schlafsack schläft, ist die Körperhaltung sehr ungünstig. Was man tun muss, ist, so quer im Schlafsack zu schlafen, dass die Knie auf die Brust gedrückt werden.

GANSE: Davon habe ich gehört. Manche binden ein Gummiband um ihre Knie und den Rücken.

MUSGRAVE: Ja, das habe ich auch gemacht. Ich habe meistens nicht im Schlafsack geschlafen, sondern so. Es ist total wichtig, dass man gedehnt und flexibel bleibt. Ich habe mehrere Situationen miterlebt, in denen Leute sich direkt nach der Rückkehr aus dem All verletzt haben, weil sie nicht auf sich aufgepasst und nicht verstanden haben, wie empfindlich sie waren. Ich habe gesehen, wie sie sich verletzten, wenn sie in ein Fahrzeug einstiegen. Wie auch immer man nach der Landung weiterfährt, man muss extrem aufpassen. Einmal bin ich in Edwards (*Edwards Air Force Base*) gelandet. Die Landung dort war außerplanmäßig. Da wir Probleme mit der Raumfähre hatten, haben sie uns dorthin umgeleitet. Man war dort aber nicht auf unsere Landung vorbereitet. Deshalb hatte ich eine sehr holperige Fahrt in einem Kleinbus zu dem Motel, in dem wir untergebracht waren. Die haben nicht den Highway genommen, weil jemand eine Abkürzung kannte. Sie sind mit uns stattdessen über unasphaltierte Dreckstraßen gefahren, und das war eine sehr schlechte Sache. Die hatten nämlich nicht berücksichtigt, wie verletzlich wir waren. Und ich habe gesehen, wie Leute sich verletzt haben, weil sie nicht kapiert haben, wie verletzlich sie sind. Ich habe gesehen, wie jemand sich in einen Kofferraum gequetscht und sich dabei am Rücken verletzt hat. Oder wie sich jemand verletzt hat, beim Versuch, einen schweren Koffer selbst zu tragen. Du bist unglaublich empfindlich!

GANSE: Das klingt so, wie das, was unsere Patienten erleben, wenn sie lange im Bett liegen mussten.

MUSGRAVE: Ja, genau. Und ich weiß jeden beschissenen Tag, wie verletzlich mein Rücken um 6 Uhr morgens ist verglichen mit 6 Uhr abends. Morgens nach dem Aufstehen bin für kurze Zeit sehr verletzlich. Keine Frage, dass es so ist! Ich arbeite viel im Garten und verrichte schwere Arbeiten. Und es zeigt sich, dass es umso besser für den Rücken ist, je härter man arbeitet. Wenn man den ganzen Tag nur rumsitzt, wird der Rücken verletzlich. Dann reicht eine falsche Bewegung, um Schmerzen zu verursachen. Früh am Morgen, wenn ich aufstehe, ist mein Rücken empfindlich. Und das ist dieselbe Empfindlichkeit, die ich jedes Mal erlebt habe, wenn ich vom Raumflug zurückgekommen bin. Ich habe zwar die genauen Zahlen nicht im Kopf, aber man ist morgens ca. ein 3/4 Zoll oder so größer als abends. Das muss man unbedingt auch erforschen, wie viel größer man einfach von einer Nacht im Bett wird.

GANSE: Ja, solche Studien gibt es tatsächlich schon.

MUSGRAVE: Nun, der Rücken ist viel empfindlicher. Was ich sagen will, ist: Ist es nur die Länge bzw. der Längenunterschied, oder gibt es andere Faktoren, die hier wichtig sind?

GANSE: Ich denke, die Bandscheiben sind verletzlich, weil sie auf die Ursprungshöhe zurückkehren und das umgebende Gewebe ausgeleiert ist. Zudem ist das Zusammenspiel der Nerven und Muskeln nicht optimal. Es dauert scheinbar etwas, bis alles wieder aufeinander eingespielt ist.

MUSGRAVE: Ja, kann sein, das, was ich für dich habe, ist einfach anekdotisch.

GANSE: Wie lange hat sich dein Rücken verletzlich angefühlt? Wie lange hat es nach der Landung gedauert, bis alles wieder normal war?

MUSGRAVE: Eigentlich bin ich schon wieder adaptiert, bevor wir landen, einfach von den G-Kräften der Landung. Einmal habe ich einen Wiedereintritt mit dem Spaceshuttle im Stehen absolviert. Die Beschleunigung war mit einer Menge Kräften und Beanspruchungen verbunden. Ich habe das gemacht, um Fotos vom Plasma aufzunehmen. Ich war eigentlich immer wieder adaptiert, bevor wir gelandet sind. Aber ich bin sensibilisiert, weil ich so oft gesehen habe, wie sich andere Leute verletzen. Deshalb gebe ich mir selbst nicht die Chance, mich zu verletzen. Ich merke und berücksichtige das, auch früh am Morgen. Frühmorgens muss man auf seinen Rücken aufpassen. Es wird besser, wenn man sich aufgewärmt und der Rücken sich verkürzt hat.

GANSE: Super Punkt! Hast du Kollegen, die nach Raumflügen Bandscheibenvorfälle hatten? Und haben die sich anders verhalten?

MUSGRAVE: Ich weiß von keinem einzigen Bandscheibenvorfall, aber ich kann nur von meinen Erfahrungen berichten. Das betrifft jetzt die Crews, mit denen ich geflogen bin. Es mag bei anderen anders gewesen sein ... Ich weiß diese Dinge nicht, weil ich keine Daten sammle, sondern ich bin die Daten! („I don't collect the data, I am the data! ")

Tipps für angehende Raumfahrer Nach einem Raumflug ist man sehr verletzlich und sollte auf sich aufpassen. Story Musgrave hat einen Wiedereintritt des Spaceshuttles in die Erdatmosphäre im Stehen absolviert. Das war zwar aus Sicherheitsgründen streng verboten, er hat es aber trotzdem gemacht, um das Plasma zu fotografieren, und sich dabei nicht verletzt. Offenbar war es beim Spaceshuttle möglich, das zu tun; man geht damit aber wegen der großen einwirkenden Kräfte und unkalkulierbaren Richtungsänderungen ein hohes Risiko ein.

5.4 Training in Schwerelosigkeit

In Schwerelosigkeit nimmt Training einen großen Stellenwert ein und dient der Erhaltung der kardiovaskulären und muskuloskelettalen Fitness. Darüber, was passiert, wenn man nicht angemessen oder gar nicht trainiert, wurde schon ausführlich berichtet. Nun stellt sich die Frage, wie man am besten trainiert, damit man nach der Landung fit wie ein Turnschuh aus dem Raumschiff aussteigen und die Weltöffentlichkeit beeindrucken kann. Durch Training soll Folgendes erreicht werden:

1. Erhaltung der Muskelmasse und Muskelkraft,
2. Erhaltung der Knochendichte,
3. Verhinderung der „kardiovaskulären Dekonditionierung", das bedeutet
   a) Erhaltung der Ausdauer (VO_2 max),
   b) Verhindern der Schrumpfung des Herzmuskels,
   c) Verhindern der *orthostatischen Intoleranz*.

Grundsätzlich ist es gar nicht so einfach, *Trainingsmethoden* für die Schwerelosigkeit zu entwickeln. Da nichts etwas wiegt, kann man den schwersten Gegenstand auf dem kleinen Finger balancieren – somit kommt klassisches *Krafttraining* mit Hanteln schon einmal nicht infrage. Auch das Laufen auf einem Laufband im herkömmlichen Sinne ist unmöglich ohne Schwerkraft. Man würde sich abstoßen und aufgrund des Impulses an der Decke landen. Über ein Training für Astronauten hat man zum ersten Mal im Apollo-Programm nachgedacht. Bei den Mercury- und Gemini-Missionen hatte man zuvor den muskuloskelettalen und kardiovaskulären Abbau untersucht, und man war nun angesichts der Länge der Apollo-Missionen zum Mond geneigt, etwas dagegen zu tun. Das erste Trainingsgerät der Raumfahrtgeschichte war das *Exergenie*, ein Bandsystem, das mit einer Trommel verbunden ist, die Widerstand bietet. Dieses konnten die Apollo-Astronauten benutzen, so viel sie wollten, weshalb keine Standardisierung und Vergleichbarkeit des Trainings zur Auswertung gegeben war. Von den Apollo-Astronauten kam angeblich positives Feedback zu dieser Trainingsform. Systematische Trainingsforschung fand zum ersten Mal auf der Raumstation „Skylab" statt. Dort trainierte die erste Besatzung mit einem Fahrradergometer, die zweite Besatzung zusätzlich mit einem Krafttrainingsgerät mit Seilen, an denen man zog, und die dritte Mannschaft zusätzlich dazu mit einer Art Laufband (Abb. 5.19). Es zeigte sich in jedem der drei Schritte eine Verbesserung, den größten Fortschritt brachte mit Abstand das Laufband. Hierbei handelte es sich lediglich um eine rutschige Teflonplatte, die auf dem Boden verankert wurde. Zusätzlich waren im Boden Gummizügel befestigt, die den Astronauten in Richtung der Teflonplatte zogen. Mit rutschigen Socken konnte man auf der Platte so entlangrutschen, dass so etwas wie „Gehen" möglich war. Aufgrund der erstaunlich guten Trainingsergebnisse mit diesem „Laufband" entschied man sich bei der NASA, ein richtiges Laufband mit mehr Funktionen für den Weltraum zu entwickeln. Das erste Laufband mit elektronischer Steuerung und einem richtigen Band, das mit einem Widerstand versehen werden kann, wurde schließlich in den 1980er-Jahren im Spaceshuttle getestet. Auf der Raumstation „Mir" und insbesondere auf der ISS wurden die Trainingsmethoden intensiv weiterentwickelt und erhebliche Fortschritte erzielt. Aktuell (Jahr 2017) beträgt das tägliche Zeitfenster eines Raumfahrers für Training auf der ISS 2,5 Stunden. Davon sind 1,5 Stunden eigentliches Training und eine Stunde ist für Aufbau, Vorbereitungen, Hygienemaßnahmen und Abbau eingeplant. Es wird eine Kombination aus Kraft- und Ausdauertraining durchgeführt.

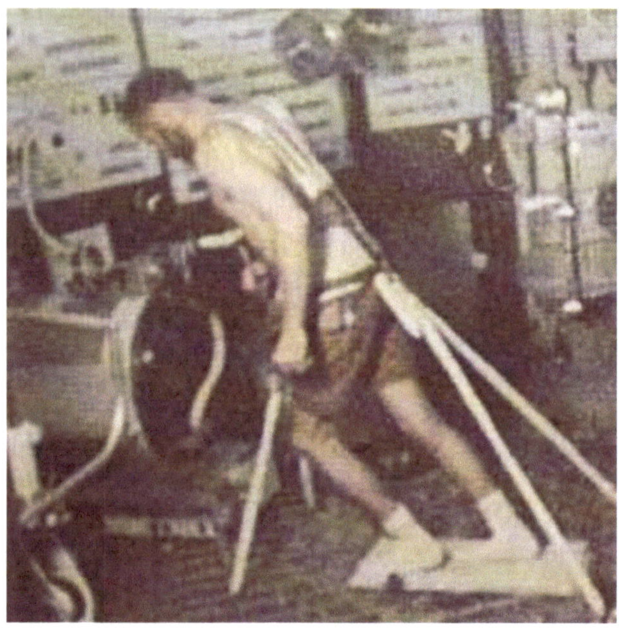

Abb. 5.19 Das Laufband auf der Raumstation „Skylab" war lediglich eine Teflonplatte, auf der man mit rutschigen Socken gleiten konnte. Gummizügel zogen die Astronauten in Richtung der Platte. Diese Konstruktion brachte für das Training in Schwerelosigkeit den Durchbruch. (Bildquelle: NASA)

Das *Krafttraining* erfolgt derzeit an einem Gerät mit dem Namen ARED (*Advanced Resistive Exercise Device*), einem Gerät, zu dem es diverse Vorgänger gab (Abb. 5.20). Es funktioniert über Druckzylinder und eine robotische Steuerung. Der Widerstand wird erzeugt, indem die Kraft zu Unterdruckzylindern geleitet wird, aus denen ein Stempel herausgezogen wird. Hier werden Übungen durchgeführt, die verschiedene Muskelgruppen des Körpers ansprechen. Dies sind z. B. Kniebeugen, Reißen und Umsetzen. Der Muskelzug übt einen Deformierungsreiz auf den Knochen aus und führt nicht nur zu Biegung, sondern auch zu Torsion (Verdrehung), Stauchung und Scherung des Knochens. Diese Deformierung ist der entscheidende Reiz für den Knochen, mehr Kalksalze einzulagern und damit die „Knochendichte" zu erhöhen. Das Training mit der ARED hat wie oben beschrieben in Kombination mit Medikamenten dazu geführt, dass der Knochenabbau auf der ISS zuletzt gestoppt werden konnte – eine große wissenschaftliche Errungenschaft!

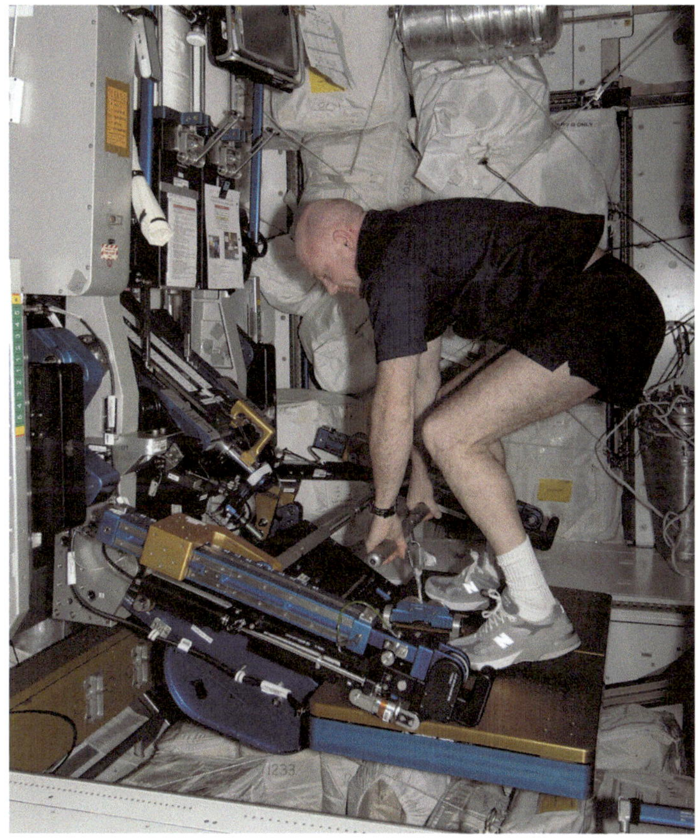

Abb. 5.20 Der niederländische Astronaut André Kuipers beim Krafttraining an der *ARED* der ISS. (Bildquelle: NASA)

Das *Ausdauertraining* erfolgt aktuell auf der ISS mit dem Laufband (Abb. 5.21) und dem Fahrrad (Abb. 5.12). Auf dem Laufband erfolgen 4–6 Trainingseinheiten pro Woche mit 30–45 Minuten Dauer bei 70–85 Prozent der maximalen Herzfrequenz. Auf dem Fahrrad wird 2–3-mal pro Woche trainiert, ebenfalls jeweils 30–45 Minuten und ebenfalls bei 70–85 Prozent der maximalen Herzfrequenz. Das Fahrrad trägt die Bezeichnung CEVIS (*Cycle Ergometer with Vibration Isolation and Stabilization System*). Vibrationsisolation bedeutet, dass die Schwingungen und Bewegungen des Gerätes nicht auf die Raumstation übertragen werden. Dies könnte andere Experimente beeinflussen und ungünstige Belastungen auf die Verbindungsstellen der Module der Raumstation ausüben. Die Trainingsgeräte „schweben" deshalb im Raum und sind nicht fest mit der Hülle der Raumstation verbunden.

Abb. 5.21 Sunita Williams auf dem Laufband (COLBERT) auf der ISS. (Bildquelle: NASA)

Anekdote
Das Laufband im internationalen Teil der ISS wurde nach dem US-amerikanischen Comedian Stephen *COLBERT* benannt und steht für *Combined Operational Load Bearing External Resistance Treadmill*. Der Name sollte jedoch ursprünglich gar nicht dem Trainingsgerät, sondern dem gesamten Raumstationsmodul zugewiesen werden: Die NASA führte eine Abstimmung zur Benennung dieses Moduls durch, und Stephen Colbert animierte in seiner Show die Zuschauer, für ihn zu stimmen. Gegen großen Protest entschied sich die NASA allerdings, dem Abstimmungsergebnis nicht zu folgen, und nannte das Modul stattdessen „Tranquillity". Zur Entschädigung bekam letztlich das Trainingsgerät diesen Namen zugewiesen, die Abkürzung wurde im Nachhinein erfunden, und zwar so, dass sie zum Namen passte. *Treadmill* ist das englische Wort für Laufband. Ein weiteres Laufband steht im russischen Zwesda-Service-Modul zur Verfügung.

In Studien wird momentan das Training mittels *Kurzarmzentrifugen* untersucht. Es handelt sich hierbei um eine Zentrifuge mit einem besonders kleinen Radius, in der durch Zentrifugalkräfte eine künstliche Schwerkraft erzeugt wird. Es werden Übungen getestet, die man auf der Zentrifuge durchführen könnte, um den Nutzen zu optimieren. Auch ist aktuell noch ungeklärt, ob mehrere kurze Zentrifugenfahrten einer einzigen langen Fahrt überlegen sind und wie intensiv die Belastung sein muss, um die gewünschten Effekte zu erzielen und gleichzeitig die Zeit in der Zentrifuge möglichst kurz zu halten. Mehr zum Thema Humanzentrifugen in Abschn. 5.9.

5.5 Luft und Druck

Auf der Erde kennt man Probleme in Zusammenhang mit Veränderungen des Umgebungsdruckes aus der Tauch- und Höhenmedizin. Im Alltag kommt man damit im Allgemeinen jedoch eher selten in Berührung, und wer noch nicht Urlaub in Nepal oder Bolivien gemacht hat, weiß meistens wenig über die Symptome. Man sollte bei Experimenten mit der Luftzusammensetzung und dem Luftdruck generell vorsichtig sein! Denn Menschen reagieren auf Schwankungen schnell mit Problemen. Der Luftdruck und die Luftzusammensetzung spielen in der Weltraummedizin eine sehr große Rolle. Dies ist sowohl in einem Raumschiff oder einer Raumstation als auch beim Weltraumspaziergang oder auf der Oberfläche jeglicher Himmelskörper im Weltraum dasselbe. Zunächst einmal unterscheidet man die *Dekompressionskrankheit*, die bei einem plötzlichen Druckabfall auftritt, von anderen höhenmedizinischen Anpassungsprozessen und der *akuten Bergkrankheit*.

Die Dekompressionskrankheit (auch Caissonkrankheit oder DCS = *decrompression sickness*) ist ein ernst zu nehmender Notfall! Ein plötzlicher Druckabfall, z. B. bei einem Leck in der Raumschiffhülle, führt dazu, dass sich im Körper Gasblasen bilden. Diese Blasen bestehen hauptsächlich aus Stickstoff, weil dieser durch den normalerweise bestehenden Druck im Gewebe verteilt ist. Fällt der Druck plötzlich ab, bilden sich Blasen wie beim Sprudelwasser, wenn man die Flasche aufdreht. Diese Blasen können durch die Blutgefäße u. a. in die Lungen und in das Gehirn wandern. Wenn die Gasblasen Blutgefäße verstopfen, entstehen sog. Luftembolien, die Symptome wie bei einem Schlaganfall verursachen können. Die Schlaganfallsymptome kommen durch die Mangeldurchblutung und den Sauerstoffmangel im Gewebe zustande. Auch kann es zu Gelenkschmerzen aufgrund von Gasansammlungen im Gewebe, sog. *bends*, kommen. Man unterscheidet 3 Typen der Dekompressionskrankheit:

- Typ 1: Taucherflöhe (Juckreiz) und Schmerzen durch Gasansammlungen in Muskeln, Gelenken und Weichteilen (*bends*),
- Typ 2: Zusätzlich Bewusstseinsstörungen und neurologische Symptome durch Blasen im Gehirn und Innenohr,
- Typ 3: Zusätzlich Langzeitschäden wie Absterben von Knochengewebe aufgrund von Knocheninfarkten, Hörschäden, Netzhautschäden (Auge), neurologische Schäden.

Die Gefahr der Dekompressionskrankheit ist für Raumfahrer bei Weltraumspaziergängen (EVAs) am größten. Um ein Auftreten der Dekompressionskrankheit zu verhindern, hält man sich vor einer EVA deshalb im *Airlock*, einer Art Druckkammer auf der Raumstation, auf. Hier atmet man bei reduziertem Luftdruck 100 Prozent Sauerstoff. In dieser Umgebung atmet man den Stickstoff ab, bzw. verlässt er den Körper passiv dem Konzentrationsgefälle folgend. Der Luftdruck wird reduziert, damit man sich an den niedrigeren Luftdruck im Raumanzug bei der EVA gewöhnt.

Sobald Symptome einer Dekompressionskrankheit auftreten, ist es unbedingt erforderlich, den Betroffenen schnellstmöglich in eine Druckkammer, bzw. im Raumschiff in die Luftschleuse zu bringen. Dort muss unter 100 Prozent Sauerstoff der Umgebungsdruck so weit gesteigert werden, dass sich die Gasblasen wieder auflösen und der Stickstoff den Körper verlässt. Der Druck kann danach erst langsam wieder gesenkt werden. Es gibt einen schleichenden Übergang zwischen den Symptomen der Dekompressionskrankheit und denen der *Bergkrankheit* – dazu gleich mehr.

Auf der Erde sind Menschen z. B. einem niedrigeren Luftdruck ausgesetzt, wenn sie sich im Gebirge bewegen. Je höher man kommt, umso geringer wird der Luftdruck. Eine dann auftretende Sauerstoffmangelversorgung nennt man *Hypoxie*. Gasblasen im Blut sind hier kein Problem, da der Druck langsam niedriger wird und Zeit ist, den Stickstoff abzuatmen. Bei Sauerstoffmangel in der Höhe bemerkt man zuerst einen Anstieg der Herzfrequenz, dass man schwerer Luft bekommt, und dass einem alles viel schwerer vorkommt, z. B. das Gehen. Der Grundumsatz ist erhöht – das bedeutet, dass der Körper mehr Arbeit leistet und mehr Energie verbraucht, weil das Herz schneller schlagen muss, um den Körper ausreichend mit Sauerstoff zu versorgen. Wenn man sich in der Höhe länger aufhält, passt sich der Körper an die Verhältnisse an, indem er mehr roten Blutfarbstoff, Hämoglobin, produziert, mit dem der Sauerstoff im Körper transportiert wird. Die Hypoxie stimuliert die Bildung von Erythropoietin (EPO).

Sportler nutzen diesen Effekt aus um leistungsfähiger zu werden, z. B. beim Höhentraining oder durch das Doping mit EPO. EPO kurbelt die Produktion von Hämoglobin an, damit im Blut mehr Sauerstoff transportiert werden kann. Diese Effekte könnten auch auf einem anderen Planeten oder in der Raumfahrt relevant sein.

Wenn Menschen schnell einer zu starken Hypoxie ausgesetzt sind, z. B. wenn sie im Gebirge zu schnell in sehr große Höhen wandern, kann das zur *akuten Bergkrankheit* führen. Symptome sind Kopfschmerzen, Übelkeit, Schlaflosigkeit und Unwohlsein. In schweren Fällen kommt es zu einem Anschwellen des Gehirns (Höhenhirnödem) mit Schläfrigkeit und schlimmen Symptomen bis zum Tod. Auch ist die Ausbildung einer Wasserlunge (Höhenlungenödem) möglich, eine lebensgefährliche Sache. Man unterscheidet in der Höhenmedizin zwischen der geringen Höhe (500–2000 m über dem Meeresspiegel), der mittleren Höhe (2000–3000 m), der großen Höhe (3000–5000 m) und der extremen Höhe (über 5000 m, Abb. 5.22). Man sollte in einem Raumschiff, einer Raumstation oder in einer Umgebung jeglicher Art nie plötzlich den Luftdruck reduzieren, sondern muss damit immer sehr vorsichtig umgehen und wie bei einem Weltraumspaziergang möglichst Druckkammern zur Dekompression benutzen, um Probleme zu vermeiden!

Die Armstrong-Grenze (benannt nach dem Mediziner Harry Armstrong) bezeichnet den Luftdruck, bei dem Wasser schon bei der Körpertemperatur von ca. 37 Grad Celsius kocht. Diese Grenze liegt bei ca. 67 hPa. In der Erdatmosphäre entspricht dies etwa 19.000 Metern Höhe. Auf Meereshöhe herrschen ca. 1000 hPa Luftdruck, und Wasser kocht bei 100 Grad Celsius. Auf dem Mount Everest, dem höchsten Berg der Welt, besteht ein Luftdruck von ca. 314 hPa, und Wasser kocht bei etwa 70 Grad Celsius. Bereits auf dieser Höhe haben Menschen meist trotz Höhenakklimatisation Probleme und benötigen zusätzlichen Sauerstoff. Die Armstrong-Grenze ist relevant, weil hier Körperflüssigkeiten anfangen zu kochen. Die Atmung wird durch das Kochen der Flüssigkeit in der Lunge extrem behindert, und es bilden sich wie bei der Dekompressionskrankheit Gasblasen im Blut. Dies führt innerhalb weniger Minuten zum Tod. Wenn man ein Raumschiff ohne Druckanzug verlässt, passiert genau das! Deshalb benötigt man spätestens beim Erreichen der Armstrong-Grenze einen Druckanzug, am besten schon viel früher. Kampfpiloten benutzen einen Druckanzug ab ca. 15.000 m Höhe – wenn man dort 100 Prozent Sauerstoff atmet, entspricht der Sauerstoff-Partialdruck etwa dem Aufenthalt in einer Höhe von 4700 m.

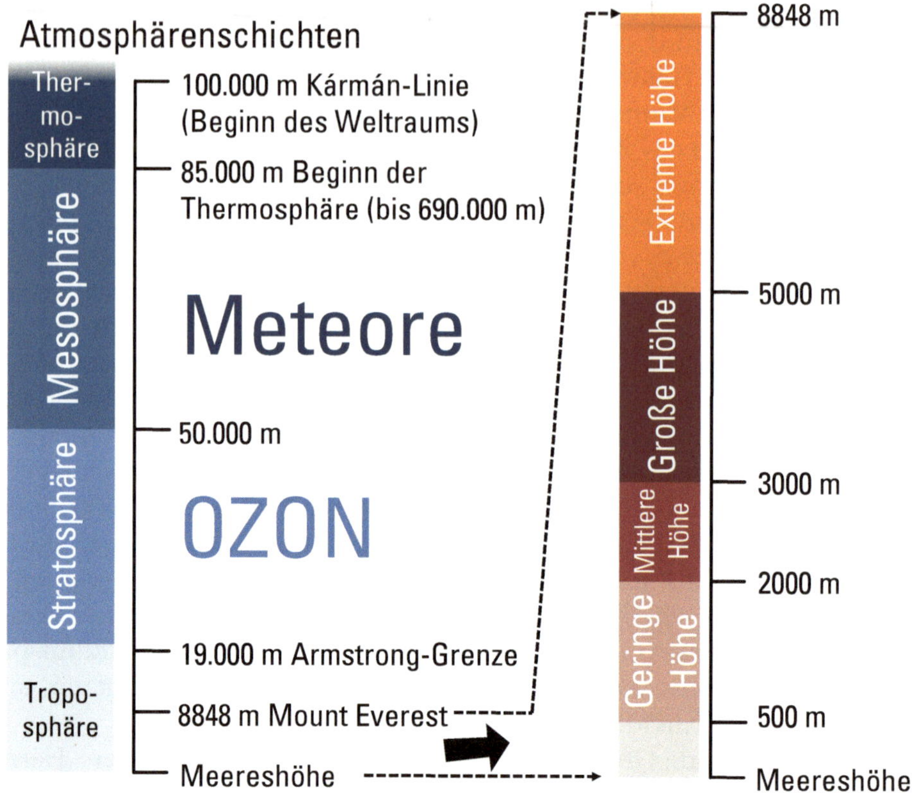

Abb. 5.22 Übersicht über Atmosphärenschichten bis zum Beginn des Weltraums und Einteilung der Höhenstufen. Meteore kommen in allen Schichten vor und sind in der Mesosphäre als Sternschnuppen sichtbar

Tipps für angehende Raumfahrer Als Vorbereitung auf einen Raumflug kann man, um ein Gefühl für die bei Hypoxie auftretenden Symptome zu bekommen, einen schnellen Aufstieg in große Höhe ausprobieren. Das geht zum Beispiel am Mt. Blanc in den Alpen (der höchste Berg der Alpen mit 4810 m). Hier kann man mit der Gondel auf die Aiguille du Midi (3842 m) fahren. Wenn man dort ankommt, sollte man schon einen erhöhten Herzschlag bemerken und bei Belastung (z. B. Treppensteigen) eine geringere Leistungsfähigkeit feststellen. Grundsätzlich kann man auch andere Gondelbahnen und den Aufstieg zu Fuß für diese Erfahrung nutzen. Wichtig ist dafür der schnelle Aufstieg in große Höhe. Ähnliche Erfahrungen kann man in einer Druckkammer machen. Der Klassiker ist es, hier die Testpersonen einfache Rechenaufgaben lösen zu lassen. Es ist eindrucksvoll zu sehen, wie man dazu mit Hypoxie nicht in der Lage ist, ohne es wirklich zu merken!

5.6 Weitere medizinische Phänomene

Weltraumkrankheit

Die Freude, endlich in der Schwerelosigkeit angekommen zu sein, wird bei vielen Raumfahrern in den ersten Tagen überschattet durch die plötzlich einsetzende *Weltraumkrankheit* (*Space Adaptation Syndrome* oder *Space Motion Sickness* = SMS). Das Gleichgewichtsorgan und die Augen geben dem Gehirn widersprüchliche Informationen über die Lage im Raum. Dies führt zu erheblichem Unwohlsein, Übelkeit und Erbrechen, ähnlich der Seekrankheit. Die Atemfrequenz steigt, es gibt Probleme mit Darmgasen, und es können Magenschmerzen auftreten. Dazu gesellen sich Kopfschmerzen und Desorientierung. Anders als bei der Reisekrankheit auf der Erde erleben die Betroffenen weniger Blässe und Schwitzen, sondern mehr Kopfschmerzen und Gesichtsröte, während Übelkeit, Erbrechen und Unwohlsein für beide Gruppen typisch sind. Raumfahrer erbrechen dabei oft sehr plötzlich ohne Ankündigung. Das Erbrechen wird durch Kopfbewegungen und Gerüche gefördert. Je häufiger man im All war, umso weniger ausgeprägt sind die Symptome. Neulinge erwischt es meistens besonders stark. Zwei Drittel der Raumfahrer sind davon betroffen. In den meisten Fällen treten nur leichte Symptome auf, 10 Prozent der Raumfahrer geben jedoch schwere Symptome mit erheblichen Einschränkungen ihrer Arbeitsfähigkeit an. In den meisten Fällen verschwinden die Symptome innerhalb von 2–4 Tagen wieder von selbst. Die NASA hat die Gabe von Promethazin getestet, einem Medikament, das sonst gegen Halluzinationen und Wahnvorstellungen eingesetzt wird. Es scheint eine bessernde Wirkung auf die Weltraumkrankheit zu haben. 60 Prozent der damit behandelten US-Astronauten berichteten von einer deutlichen Minderung der Symptome. Als Nebenwirkung kann jedoch Schläfrigkeit auftreten, die erfahrungsgemäß durch die Aufregung, endlich im Weltraum zu sein, wettgemacht wird. Aufgrund der Gefahren, die das Erbrechen bei einem Außenbordeinsatz im Raumanzug mit sich brächte (keine Sicht, womöglich Atemprobleme, unangenehm), sind Außeneinsätze erst frühestens 72 h nach Ankunft in der Schwerelosigkeit möglich. Bei der Planung von Aktivitäten und Experimenten sollte man generell in den ersten Tagen das mögliche Auftreten der Weltraumkrankheit mit einplanen. Ansonsten kommt die gute alte „Kotztüte“ zum Einsatz.

Anekdote
Der sowjetische Kosmonaut *German Titov* hat 1961 als erster die Weltraumkrankheit am eigenen Leib erfahren und hält den Rekord, als Erster im Weltraum erbrochen zu haben.

Das Auge

Der Aufenthalt im Weltall hält für das menschliche Auge gleich mehrere Probleme bereit. Die Strahlung führt bei vielen Menschen im Laufe des Lebens zu einer Trübung der Linse, genannt grauer Star. Hier kann es erforderlich werden, irgendwann die trübe Linse durch eine klare Kunstlinse zu ersetzen. Der graue Star ist bei Menschen und Tieren auf der Erde ein Problem, Raumfahrer bekommen ihn aber wegen der erhöhten Strahlenexposition besonders oft und besonders früh. Eine Abflachung des Auges in Schwerelosigkeit führt zudem zu Weitsichtigkeit. Das bedeutet, dass man in der Nähe nur noch unscharf, aber in der Ferne scharf sehen kann. In der Schwerelosigkeit bekommen Raumfahrer zudem häufig umherfliegende Partikel oder Staub in die Augen – Fremdkörper. Diese können zu einer unangenehmen Reizung der Augen führen. Viele Raumfahrer berichteten in den letzten Jahren außerdem von schlechterem Sehen nach dem Flug. Man hat mit MRT-Untersuchungen vor Kurzem herausgefunden, dass vermutlich ein erhöhter Druck des Hirnwassers der Grund dafür ist. Der erhöhte Druck des Hirnwassers drückt von hinten auf das Auge und auf den Sehnerv. Die Umgebung um den Sehnerv schwillt an und es bilden sich charakteristische Falten auf dem Augenhintergrund. Aktuell laufen mehrere Studien zu diesem Thema. Das Phänomen trägt den Namen VIIP (*Vision Impairment and Intracranial Pressure*).

Immunsystem

Kurz gesagt gerät das Immunsystem in der Schwerelosigkeit aus den Fugen. Seine Funktion ist es, den Körper gegen Angriffe durch Erreger wie Bakterien oder Viren zu verteidigen. Auch ist es in der Lage, veränderte Körperzellen, wie z. B. Krebszellen, zu finden und zu zerstören. Im Weltall sind viele dieser Funktionen deutlich eingeschränkt. Über die Hälfte der Apollo- und Skylab-Astronauten hatten mit bakteriellen oder viralen Infektionen zu kämpfen. Schon in den 1970er-Jahren auf der Raumstation „Skylab" wurden die ersten Experimente zur Untersuchung des Immunsystems durchgeführt. Damals zeigten sich zunächst eine reduzierte Aktivierung und Aktivität der Immunzellen, insbesondere der sog. weißen Blutzellen. Es schloss sich in den folgenden Jahrzehnten eine große Zahl an Raumfahrtexperimenten zur Untersuchung des Immunsystems an. Man fand heraus, dass das *adaptive Immunsystem*, das die Anpassungsfähigkeit gegenüber neuen Erregern sicherstellt, weitgehend von der Schwerelosigkeit unbehelligt bleibt, während die *angeborene Immunantwort* erheblich in der Funktion eingeschränkt ist. Unter anderem sind die Zytokine in ihrer Produktion und Konzentration verändert. Zytokine sind Proteine, die das Wachstum und die Differenzierung von Zellen regulieren. Genau wie bei den Zytokinen ist ebenfalls die Zahl der Immunglobuline im Weltall verändert. Immunglobuline sind Antikörper, die von Immunzellen gegen spezifische Angreifer produziert werden. Auch die Funktion der am häufigsten vorkommenden Art der weißen Blutzellen, der Granulozyten, ist in Schwerelosigkeit eingeschränkt. Sie sind Teil des angeborenen Immunsystems und vermitteln die unspezifische Immunantwort, die gegen Erreger im Allgemeinen, aber nicht gegen spezifische Keime gerichtet ist. Eine wichtige Art von Immunzellen sind auch die natürlichen Killerzellen, denn sie können Krebszellen (= Tumorzellen) und von Viren infizierte Zellen finden und töten. Auch ihre Aktivität und Wirksamkeit ist in Schwerelosigkeit reduziert. Somit können mehr Tumorzellen und Zellen, die von Viren befallen sind, überleben und sich weiterentwickeln. Es kann beim Aufenthalt in Schwerelosigkeit deshalb zu einer Reaktivierung sog. latenter Virusinfektionen kommen. Das sind Infektionen, die seit Langem im Körper schlummern, aber vom Immunsystem so in Schach gehalten werden, dass sie nicht ausbrechen. Ist das Immunsystem im Weltraum aber geschwächt, haben diese Viren eine Chance, wieder aktiv zu werden.

Wieso betrifft dies Raumfahrer ganz besonders? Man vermutet, dass der Grund für die verminderte Funktionsfähigkeit der Immunzellen in Schwerelosigkeit darin liegt, dass die Orientierung der Zellen von der Schwerkraft abhängig ist. So fallen innerhalb der Zelle Zellinhalte immer entlang der Schwerkraft nach unten und geben der Zelle damit die Information, wo oben und unten ist. Auch das Zellskelett (eine Art Gerüst in den Zellen) scheint hierbei eine wichtige Rolle zu spielen. Das

Wegfallen dieser Orientierung scheint erheblich in den Stoffwechsel der Zellen einzugreifen. In Bettruhestudien oder anderen Studien zur Simulation von Schwerelosigkeit (Abschn. 5.9), kann man diese Veränderungen nicht messen – sie finden dort wegen der vorhandenen Schwerkraft nicht statt.

Giftige Substanzen

In Raumschiffen und Raumstationen ist eine Vielzahl für den Menschen giftiger Substanzen vorhanden. Dazu gehören z. B. Ammoniak und Distickstofftetroxid. Ammoniak (NH_3) wird als Kühlmittel verwendet und kann austreten. Dann ist in den Nachrichten wieder die Meldung zu finden „Ammoniak-Alarm: Teile der Internationalen Raumstation evakuiert", wie z. B. im Januar 2015. Das Protokoll sieht zunächst einen Rückzug der Besatzung in das Swesda-Modul, das Herz der Raumstation vor, bis die Situation geklärt oder das Problem behoben ist. Eine Ammoniakvergiftung verursacht eine Vielzahl von Symptomen, wie z. B. Bewusstseinsstörungen, Schläfrigkeit, Husten und Reizung der Augen sowie neurologische Symptome wie Krämpfe und Bewegungsstörungen. Ammoniak kann, wenn man es einatmet, zu einer Verätzung der Schleimhäute, zu einem Lungenödem und sogar zum Atemstillstand führen. Auch kann es die Leber erheblich schädigen und ein Leberversagen hervorrufen. Anders herum sollte man beim Auftreten derartiger Symptome immer an eine Vergiftung denken und entsprechend nachforschen.

Distickstofftetroxid (N_2O_4) ist ein in der Raumfahrt häufig verwendetes, stark giftiges Oxidationsmittel zum Einsatz in Steuerdüsen, das ohne Kühlung gelagert werden kann. Bei menschlichem Kontakt wirkt es stark ätzend und kann zu einer erheblichen Verätzung der Lunge und in deren Folge zu einem Lungenödem führen. 1975 sind im Apollo-Sojus-Testprojekt für ca. 5 Minuten etwa 250 ppm N_2O_4 ausgetreten und haben bei den Raumfahrern zu Augenbrennen und -tränen, Brennen und Jucken der Haut, Brustenge und Brennen in der Brust sowie zu Husten geführt. Nach der Landung besserten sich die Symptome. Im Röntgenbild waren Wassereinlagerungen der Lunge (Lungenödeme) zu sehen. Zum Glück erholten sich die Betroffenen zügig und vollständig. Bei höheren Konzentrationen und/oder einer längeren Expositionszeit kann N_2O_4 zu erheblichen Problemen führen. Es ist wichtig, den Kontakt möglichst zügig zu beenden.

Das gleichzeitige Auftreten von Kopfschmerzen bei mehreren Crewmitgliedern kann auf zu hohe Kohlendioxid-Werte hindeuten. Eine CO_2-Konzentration von 2 Prozent löst bei einem Kabinendruck wie auf Meereshöhe in den meisten Fällen Kopfschmerzen aus. Auf der Raumstation „Mir" hat das Auftreten von Kopfschmerzen zweimal den Hinweis gegeben, dass das System zum Entfernen des Kohlendioxids aus der Luft defekt war. Inzwischen gibt es portable CO_2-Sensoren, die Probleme frühzeitig anzeigen.

Eine große Gefahr stellt auch Kohlenmonoxid (CO) dar. Es entsteht bei unvollständigen Verbrennungsprozessen, ist geruchlos und für den Menschen extrem gefährlich. Es bindet sich nämlich an den roten Blutfarbstoff Hämoglobin und verhindert den Transport von Sauerstoff. Auch hier treten zunächst Kopfschmerzen auf und die Haut verfärbt sich dunkelrot. Es besteht die Gefahr des inneren Erstickens. An Bord eines Raumschiffes oder einer Raumstation sollte man schnellstmöglich eine Sauerstoffmaske aufsetzen und reinen Sauerstoff atmen. Die weitere Therapie einer CO-Vergiftung kann, wenn nötig, in einer Druckkammer (oder in einer Luftschleuse) mit 100 Prozent Sauerstoff stattfinden, um das CO von den Bindungsstellen am Hämoglobin zu verdrängen. Im Jahr 1997 gab es an Bord der Raumstation „Mir" ein Feuer, und mehrere Crewmitglieder klagten über Symptome, die zu einer CO-Vergiftung passten. Die Betroffenen wurden daraufhin über 24 Stunden engmaschig überwacht und es kam zu keinen weiteren Problemen.

Verletzungen

Kleinere Verletzungen gehören in der Raumfahrt zum Alltag. Bei der Arbeit in der zunächst ungewohnten Umgebung der Schwerelosigkeit kommt es häufiger zu Kollisionen und dazu, dass man sich stößt. Somit sind blaue Flecken (Hämatome) und Schürfwunden häufiger vorkommende Verletzungen. Schürfwunden kommen vor allem an „Velcro" zustande, dem Klettverschluss, den Raumfahrer gerne benutzen, um Gegenstände zu befestigen. Tiefere Wunden wurden bereits im Weltraum chirurgisch genäht, z. B. bei Apollo 12 als Richard Gordon bei der Mondlandung von einer Kamera über dem rechten Auge getroffen wurde (die Wundheilung sei problemlos gewesen). Das Blut fließt aus Wunden in Schwerelosigkeit nicht so heraus wie bei Gravitation, sondern es bildet über der Wunde eine Kugel. Damit funktioniert angeblich die Blutstillung besser als bei Gravitation, weil das Blut direkt an der Wunde gerinnt und nicht wegfließt. Wenn man sich eine Verletzung am Sprunggelenk oder Fuß zuzieht, zeigt sich bei Gravitation meistens eine deutliche Schwellung und Verfärbung. In Schwerelosigkeit fällt beides erheblich geringer aus. Da der hydrostatische Druck wegfällt, sind die Verhältnisse so, als würde man die Extremität auf der Erde hoch legen. Man darf sich durch die geringe Schwellung und die fehlende Verfärbung allerdings nicht in die Irre führen lassen und sollte trotzdem die Bänder am Sprunggelenk prüfen sowie wenn möglich je nach Hergang ein Röntgenbild anfertigen. Zwei der drei Maßnahmen, die auf der Erde bei einem verstauchten Sprunggelenk empfohlen werden, finden in Schwerelosigkeit sowieso statt: Zwar kann man kühlen, aber hochlegen und entlasten geschehen automatisch. Bei Weltraumspaziergängen wird zum Teil mit Geräten hantiert, die eine große Masse haben und die deshalb potenziell Quetschverletzungen hervorrufen können. Außerdem treten in den Handschuhen des EVA-Anzuges bereits seit den Apollo-Missionen regelmäßig Hämatome unter den Fingernägeln auf, denn die Fingernägel werden durch Anheben am Ende des Handschuh-Fingers so in schmerzhafte Mitleidenschaft gezogen, dass das Nagelbett verletzt und irritiert ist. Für die Handschuhkonstruktionsweise ist derzeit eine Alternative angeblich nicht in Sicht. Man kann aber vorbeugen, indem man die Fingernägel kurz schneidet, damit sie sich weniger verhaken können, und indem man wasserdichtes Tape darüber klebt.

Es ist in der Raumfahrt schon häufiger zu *Zerrungen* und *Überbeanspruchungen* gekommen, bspw. haben Astronauten Probleme mit den Sehnen und Muskeln der Schulter bekommen, der sog. Rotatorenmanschette. Bereits bei Apollo 15 hat sich der Kommandant David Scott eine schmerzhafte Verletzung der Rotatorenmanschette zugezogen, als er auf der Mondoberfläche einen Bohrer bediente, um einen Bohrkern zu gewinnen. Ebenfalls hatte Scott Hämatome unter den Fingernägeln (siehe Richard et. al., „Biomedical Results of Apollo", 1975). Auch Verbrennungen können in der Raumfahrt durchaus vorkommen. 1997 erlitt ein Astronaut bei Shuttle-Mir-Inkrement 4 zweitgradige Verbrennungen am Unterarm, als ein Lithium-Perchlorat-Kanister (eine Sauerstoffkerze, Abschn. 2.5) Feuer fing und eine 1 m lange Flamme verursachte. Erstgradige Verbrennungen kommen in der Raumfahrt innerhalb einer Minute vor, wenn Menschen dem UV-Licht der Sonne ungefiltert ausgesetzt sind. UV-Filter in Fensterscheiben sind deshalb essenziell.

Medizinische Ereignisse und Todesfälle

Zunächst vorweg: In der Erdumlaufbahn ist noch nie jemand gestorben! Dennoch sind die Gefahren der Raumfahrt nicht zu unterschätzen, und man sollte sich darüber im Klaren sein, dass medizinische Möglichkeiten limitiert sind und Risiken durch das Versagen der Technik bestehen.[1] In der Geschichte der bemannten Raumfahrt ist es zu einigen medizinischen Zwischenfällen gekommen, die einen raschen Handlungsbedarf und z. T. eine Änderung der geplanten Mission mit sich brachten. Wie in Abschn. 5.1 berichtet, kam es schon bei Apollo 15 zu Herzrhythmusstörungen. 1987 musste ein Kosmonaut früher als geplant die Raumstation „Mir" verlassen, weil immer wieder Episoden mit Herzrhythmusstörungen auftraten. Auf der Sowjet-Raumstation „Saljut-7" entwickelte ein Kosmonaut im Jahr 1985 eine bakterielle Entzündung des Harntraktes mit Übertritt von Bakterien ins Blut (Urosepsis) auf Basis einer Entzündung der männlichen Geschlechtsdrüse Prostata (Prostatitis). Die Mission musste deshalb deutlich früher als geplant abgebrochen werden. Auch kam es in der Geschichte häufiger zu starken und plötzlichen Schmerzen (Koliken) aufgrund von Nierensteinen. Diese bilden sich, wie in Abschn. 5.3 erklärt, vermehrt bei einem beschleunigten Knochenabbau aus dem ausgeschiedenen Kalziumphosphat und sind extrem schmerzhaft. Zudem sind Zahnschmerzen immer wieder auf Raumflügen aufgetreten. Im Notfall kann es erforderlich sein, an Bord einen Zahn zu ziehen.

Eine Reanimation in Schwerelosigkeit hat es in der Raumfahrtgeschichte noch nicht gegeben. Auch wurde außer Wundversorgungen noch kein größerer operativer Eingriff durchgeführt, und niemand hat bisher in Schwerelosigkeit eine Narkose benötigt.

Es gab allerdings schon eine ganze Reihe tragischer Todesfälle im Rahmen der bemannten Raumfahrtprogramme. Zunächst einmal explodierten gerade in den frühen Jahren mehrere Raketen auf der Startrampe. Dazu gehören Kosmos 133 im Jahr 1966 und Vorfälle mit Kosmos-3M- und Wostok-2M-Raketen in den Jahren 1973 und 1983. 1967 starb der Kosmonaut Wladimir Komarow bei der Landung mit „Sojus-1" als sich der Hauptfallschirm nicht öffnete und Komarov ungebremst mit der Landekapsel aufschlug. 1971 erstickten drei

[1] Die Autoren weisen darauf hin, dass dieses Kapitel den Leser nicht von einem Raumflug abhalten, sondern lediglich informieren soll.

Kosmonauten an Bord von „Sojus-11“ weil sich ein Frischluftventil beim Wiedereintritt zu früh öffnete und die Luft entwich. So großartig das Spaceshuttle war, so erschütternd waren die beiden Unglücke, die schließlich mit zur Einstellung des Spaceshuttle-Programms führten. 1986 explodierte die Raumfähre „Challenger“ 73 Sekunden nach dem Start und sieben Astronauten starben. Im Jahr 2003 zerbarst die Raumfähre „Columbia“ beim Wiedereintritt und sieben Raumfahrer starben. Im Nachhinein fand man heraus, dass der Grund dafür ein beim Start beschädigter Hitzeschild war. Ein Rückschlag für die kommerzielle Raumfahrt war der Absturz des SpaceShipTwo-Prototypen „VSS Enterprise“ im Jahr 2014, bei dem einer der beiden Piloten ums Leben kam. Diese Ereignisse sollten dem angehenden Raumfahrer bewusst sein, und man muss sich fragen, inwieweit man bereit ist, für einen Raumflug Risiken in Kauf zu nehmen.

5.7 Strahlung

Die Erde ist durch ihr *Magnetfeld* und die *Atmosphäre* sehr gut gegen Strahlung, die aus den Tiefen des Weltalls kommt, abgeschirmt (s. Abb. 2.3). Trifft Strahlung auf das Erdmagnetfeld, wird sie entweder abgelenkt oder gelangt in die Atmosphäre, in der sie auf Materie stößt, mit ihr reagiert und einen Schauer an Sekundärteilchen auslöst. *Kosmische Strahlung* selbst dringt, wenn man sich ungefähr auf Meereshöhe befindet, nur äußerst wenig hindurch. Anders ist es jedoch, sobald man die schützende Atmosphäre oder sogar das Magnetfeld der Erde verlässt. Nun wird Strahlung zu einem ernstzunehmenden Gesundheitsriko, das in diesem Abschnitt näher beleuchtet werden soll.

Zunächst ein paar Zahlen und Definitionen vorweg: Die Einheit „Sievert“ dient der Angabe der Strahlendosis in Geweben, die aufgrund ihrer Beschaffenheit unterschiedlich empfindlich für Strahlung sind. Bei ionisierenden Strahlen ist das Sievert die Maßeinheit gewichteter Strahlendosen.

Die *Hintergrundstrahlung* auf der Erde beträgt ca. 3,5 mSv (Millisievert)/Jahr. Ein Krebsrisiko ist nachweisbar wenn man eine Dosis von 50 mSv abbekommen hat. 1 Sv/h verursacht die akute Strahlenkrankheit. Bei 5 Sv/h sterben 50 Prozent der Exponierten an der akuten Strahlenkrankheit. Bei der Atomkatastrophe in Fukushima wurden im Reaktor bis zu 10 Sv/h gemessen. Bei der Atomkatastrophe von Tschernobyl mussten Feuerwehrleute unmittelbar nach der Kernschmelze das strahlende Material beseitigen und waren dabei ungeschützt 16 Sv/h ausgesetzt.

Die ISS befindet sich in einer Umlaufbahn von ungefähr 350 km Höhe um die Erde und wird noch vom Erdmagnetfeld geschützt. Wenn man sich für 6 Monate auf der ISS aufhält ist man etwa 50–2000 mSv ausgesetzt, je nach Sonnenaktivität. Etwa 85 Prozent der Strahlung, der man auf der Raumstation ausgesetzt ist, ist *kosmische Strahlung* (dazu später mehr). Etwa 15 Prozent ist Streustrahlung aus der Hülle des Raumschiffs (Neutronen und Protonen). Im Marsorbit ist die akkumulierte Strahlendosis 2,5-mal höher als auf der ISS, denn dem Mars fehlt ein großskaliges Magnetfeld, wie die Erde es hat. Bei einem Weltraumspaziergang in der Erdumlaufbahn ist die Dosis wiederum höher als innerhalb eines Raumfahrzeugs, weil mehr kosmische Strahlung durch den Raumanzug dringt als durch die Hülle eines Raumschiffs oder einer Raumstation.

In etwas weiterem Abstand um die Erde ist diese von den Van-Allen-Strahlungsgürteln umgeben (Abb. 2.3), in denen bestimmte Strahlungsarten vom Magnetfeld gefangen sind (Protonen und Elektronen), die zwischen Nord- und Südpol hin- und herschwingen. Sie wurden 1958 von der Raumsonde „Explorer 1" entdeckt, die einen „Geigerzähler" an Bord hatte. Van Allen veröffentlichte die Messergebnisse 1960. Ein Außeneinsatz im Raumanzug in einem Van-Allen-Gürtel allein kann einen Astronauten schon 0,4 Sv aussetzen, damit ist das jährliche Strahlungslimit für US-Astronauten von 0,5 Sv fast vollständig erreicht. Glücklicherweise kann man seine Flugrouten für quasi alle interessanten Reiseziele so planen, dass man sich primär unterhalb oder oberhalb der Strahlungsgürtel aufhält und diese nur innerhalb weniger Minuten durchfliegt.

Strahlung im Weltraum

Was ist denn nun eigentlich kosmische Strahlung? Der Begriff „kosmische Strahlung" bezeichnet zunächst einmal geladene Teilchen, also insbesondere Protonen, Heliumkerne und Elektronen. Diese Teilchen haben ein weites Spektrum an Energien, und bei den höchsten Energien findet man sehr viele Eisenkerne (sehr schwere Kerne).

Die primäre Quelle für niederenergetische Teilchen stellt hierbei die Sonne dar, deren Sonnenwind primär aus Protonen und den

Kernfusionsprodukten aus dem Inneren der Sonne besteht. Jedoch können die Prozesse der Sonnenatmosphäre nur bis zu einem gewissen Grad Teilchen mit Energie füttern – ab einer Energie von ungefähr einem Gigaelektronenvolt und darüber hinaus sind es Quellen außerhalb unseres Sonnensystems, die für die Strahlung verantwortlich sind. Der nächsthöhere Energiebereich wird von Sternexplosionen (Novae und Supernovae sowie potenziell Kollisionen von Neutronensternen und Schwarzen Löchern) in der Milchstraße dominiert. Aufgrund der gewaltigen Energiemenge, die bei diesen Prozessen freigesetzt wird, kommt es zu einer bunten Mischung an Materialzusammensetzungen, die Kerne quasi aller stabilen Elemente enthalten.

Am oberen Ende der kosmischen Energieskala werden aktuell vor allem aktive Galaxienkerne außerhalb der Milchstraße gehandelt, deren genaue Natur jedoch noch nicht abschließend und eindeutig geklärt ist. Das in der Wissenschaft zur Zeit führende Modell stellt mehrere Millionen Sonnenmassen schwere Schwarze Löcher im Zentrum von Galaxien dar, auf die Materie einregnet und in denen komplizierte Plasmaprozesse zur Zermalmung und anschließendem Auswurf führen.

Während die Sonne eine sehr variable Quelle von geladenen Teilchen ist, bleibt die Anzahl hochenergetischer Strahlung von fernen Quellen über Jahre hinweg im Prinzip nahezu stetig. Dennoch gibt es einen interessanten Zusammenhang zwischen der solaren Aktivität und den galaktischen kosmischen Strahlen, die die Erde tatsächlich erreichen: Nach Phasen hoher Sonnenaktivität geht die hochenergetische Strahlungsdichte für ein paar Tage messbar (bis zu 30 %) zurück! Der Grund liegt hierbei in der Natur der Strahlungs- und Masseauswürfe auf der Sonnenoberfläche, die sich, nachdem sie die Erde erreicht haben, weiter in das äußere Sonnensystem ausbreiten und dort die hereinkommenden Strahlungsteilchen wegstreuen. Dies wird als Forbush-Ereignis bezeichnet.

Doch letztlich trifft aus allen Richtungen die primäre kosmische Strahlung auf die Erdatmosphäre und wird dort von Sauerstoff- und Stickstoffatomen abgebremst. Hierbei entstehen sog. Sekundärteilchen, vor allem Neutronen, Protonen und Pionen. Die höchste Strahlungsintensität besteht aufgrund dieser Reaktionen in einer Höhe von etwa zwanzig Kilometern über der Erdoberfläche. Wie viel der kosmischen Strahlung unten auf der Erde ankommt, hängt auch von der geografischen Breite ab: Nahe der geomagnetischen Pole ist die Intensität größer als am Äquator. Verantwortlich dafür ist das Magnetfeld der

Erde, das die elektrisch geladenen Teilchen aus ihrer ursprünglichen Bahn ablenkt und an den Polen sammelt.

Eine Besonderheit der kosmischen Strahlung sind sog. HZE = *(High Z and Energy)*, also Teilchen mit hoher Kernladungszahl und hoher Energie, die ihren Ursprung außerhalb des Sonnensystems haben. Von Wasserstoff- bis Urankernen ist alles dabei, und diese Strahlenart ist besonders gefährlich für Zellen die sich nicht teilen, z. B. im Gehirn, denn sog. Single-Hit-DNA-Schäden können mit einem Treffer eine ganze Zelle zerstören oder irreparable DNA-Schäden und Krebs auslösen.

Zusätzlich zur kosmischen Strahlung aus geladenen Teilchen ist *Gamma-Strahlung*, also sehr hochenergetische Photonen, eine weitere potenziell gefährliche Form der Strahlung (obwohl sie ebenfalls kosmische Ursprünge hat, wird sie interessanterweise nicht als „kosmische Strahlung" klassifiziert). Auch hier sind die primären Strahlungsquellen wiederum Supernova-Explosionen und aktive galaktische Kerne, wobei die effektive Äquivalentdosis deutlich unter der von kosmischer Strahlung liegt. Diese Strahlungsform lässt sich jedoch durch Magnetfelder nicht ablenken und ist daher unabhängig von der Position im Raum stets anzutreffen.

Abb. 5.23 stellt die Eindringtiefen der verschiedenen Strahlenarten graphisch dar. Grob gesehen sind die folgenden Strahlenspezies von Relevanz:

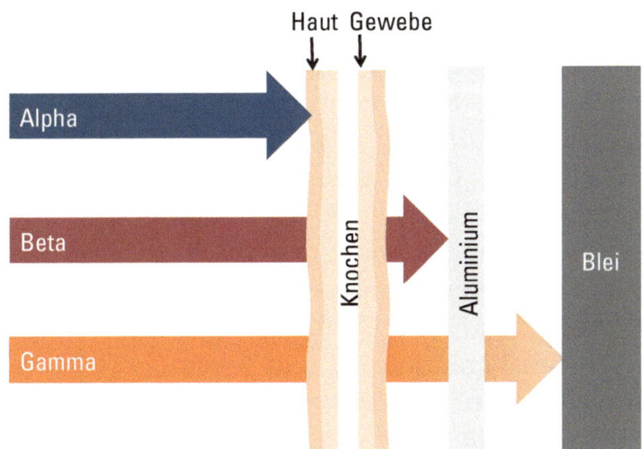

Abb. 5.23 Darstellung der Eindringtiefen von Alpha-, Beta- und Gammastrahlen

1. *Alpha-Teilchen* (Heliumkerne): Eindringtiefe in den menschlichen Körper: nur wenige Mikrometer. Deshalb ist davon nur die Haut betroffen. Protonen verhalten sich auch wie Alpha-Teilchen,
2. *Beta-Teilchen* (Elektronen): Eindringtiefe energieabhängig: 0,5 cm pro Megaelektronenvolt. Es sind auch tiefer liegende Organe betroffen,
3. *Gamma-Strahlen*: Durchdringen alle Organe,
4. *HZE-Teilchen*: Durchdringen alle Organe.

Einfluss der Strahlung auf den Menschen

Schaden richtet die Strahlung an, indem sie Atome und Moleküle in unseren Körpern ionisiert. Durch die eingebrachte Energie kann z. B. ein Elektron den Atom- oder Molekülverband verlassen und es bleibt ein positiv geladenes Ion zurück. Vorgänge dieser Art können chemische oder biochemische Reaktionen in den betroffenen Zellen auslösen und auf diese Weise (insbesondere im Erbgut) zu Schäden führen. Aufgrund ihrer Eindringtiefe haben die verschiedenen Strahlungsarten unterschiedliche Zielorgane. Die Empfindlichkeit eines Organs oder Gewebesystems hängt von der Lebensdauer der Funktionszellen und von der Größe der Stammzellfraktion ab. Die Stammzellen bilden neue Zellen des Gewebes nach, sind also für den Nachschub zuständig. Treffen die energiereichen Partikel der kosmischen Strahlung nun auf den Körper und dringen in ihn ein, kann die Absorption der Energie dort eine Kette von Reaktionen in Gang setzen. Nicht nur direkt, sondern auch indirekt können ionisierende Teilchen oder Sekundärelektronen Schaden anrichten: Treffen sie beispielsweise auf ein Wassermolekül im Körper und zerstören dieses, bilden sich unter Umständen sog. *Radikale* – Atome oder Moleküle, die besonders reaktionsfreudig sind. Diese sind ebenfalls in der Lage, Zellen zu schädigen und so Krankheiten zu verursachen, darunter Krebs. Die biologischen Effekte ionisierender Strahlung zeigen eine erhebliche Zeitspanne zwischen den primären, direkten physikalischen Wechselwirkungen (sofort) und spät auftretenden Tumoren (einige Jahre) bis hin zu genetischen Veränderungen in folgenden Generationen (viele Jahre). Betrachtet man die Zelle an sich, so sind die Schäden der Enzyme, Proteine, RNA-Moleküle oder der Biomembranen durch ionisierende Strahlung weniger schlimm als Strahlenschäden der DNA. Dies können sein: Einzel- oder Doppelstrangbrüche, Basenschäden oder -verluste und fehlerhafte Vernetzungen der Basenpaare. Auch *Chromosomenschäden* sind durch sehr energiereiche Teilchen möglich. Wenn davon ein DNA-Strang unterbrochen wird, kann dies zum Verlust eines Chromosomenfragments führen. Zudem kann es zu falschen Verbindungen innerhalb eines Chromosoms oder auch zur Verbindung zweier Chromosomen kommen.

Jeder lebende Organismus besitzt die Fähigkeit, Strahlenschäden bis zu einem gewissen Grad zu reparieren oder zu kompensieren. Auf molekularer Ebene können Einzelstrangbrüche oder einzelne Basenschäden besser repariert werden als Doppelstrangbrüche oder Mehrfachschäden. Es kann allerdings auch zu einer Fehlreparatur kommen, durch die womöglich Gene aktiviert werden, die vorher inaktiv waren. Im günstigsten Fall führt dies zum Zelltod, im ungünstigsten Fall verändert sich die Zelle genetisch und es bildet sich eine Tumorzelle mit unkontrollierter Zellteilung.

Je höher die Strahlendosis, desto größer ist die Wahrscheinlichkeit, dass ionisierende Strahlung die Zellen im Körper schädigt. Insbesondere bei Langzeitraumflügen steigt deshalb die Wahrscheinlichkeit, an Krebs zu erkranken. Bei Astronauten konnten tatsächlich erhöhte Mutationsraten von Zellen nachgewiesen werden, für Flugpersonal ist die Datenlage dagegen kontrovers. Aufgrund der geringen Fallzahlen bei Astronauten ist eine genaue Einschätzung der Risiken derzeit aber nur bedingt möglich.

Die akute Strahlenkrankheit und Langzeitschäden

Werden Menschen innerhalb einer kurzen Zeitspanne einer hohen Strahlendosis exponiert, so kann es ab ca. 0,1 Sv beginnend zu Zeichen der *akuten Strahlenkrankheit* kommen. Die Symptome sind nicht nur aus den Atombombenabwürfen von Hiroshima und Nagasaki sowie von den Reaktorunglücken in Tschernobyl und Fukushima bekannt, sondern auch aus der Strahlentherapie. Man unterscheidet hämatopoetische (die Blutbildung betreffende) und gastorintestinale (den Magen-Darm-Trakt betreffende) Symptome sowie das ZNS (zentrales Nervensystem) betreffende Symptome, die aber erst bei sehr hohen Strahlendosen auftreten. Die Symptome sind meistens erst verzögert nach der Strahlenexposition zu beobachten (Latenz). Bei einer Dosis von 0,1–1 Sv leiden einige der Betroffenen unter Übelkeit und Erbrechen sowie für einige Tage unter Erschöpfung, andere merken gar nichts. Im Blutbild kann man ein Absinken der Zahl der weißen Blutkörperchen sehen. Bei 1–2 Sv beklagen bereits bis zu 50 Prozent der Betroffenen derartige Symptome. Bei Astronauten ist davon auszugehen, dass in diesem Bereich die maximal zu erwartende Strahlungsintensität bei koronaren Masseauswürfen und *Solar Flares* liegt. Würde man einer Dosis von 2–3,5 Sv exponiert, so wären die nächsten zu erwartenden Symptome Fieber, Appetitverlust, Durchfälle und Blutungen der Darmschleimhaut. Hier ist mit den ersten Todesfällen zu rechnen. Je höher die Strahlung, umso mehr Todesfälle in umso kürzerer Zeitspanne sind zu erwarten. Die medizinische Behandlung eines Betroffenen ist häufig sehr umfangreich. Neben Flüssigkeit benötigt man Antibiotika (gegen bakterielle Entzündungen), Schmerzmittel, Blutkonserven, intravenöse Ernährung und vieles mehr. Mittelfristig ist dann in manchen Fällen über eine Knochenmarktransplantation nachzudenken.

Die tatsächliche Strahlungsdosis, die ein Raumfahrer beim Flug zum Mars aufnehmen würde, sowie die davon ausgelösten Konsequenzen sind derzeit schlecht abschätzbar. Zum einen sind die Kenntnisse über hochenergetische Teilchen entlang einer Mars-Flugbahn begrenzt und diese durch Schwankungen der Sonnenaktivität schwer vorhersehbar. Zum anderen sind die biologischen Konsequenzen solch hochenergetischer Strahlung auf die einzelnen Organe noch schwer abschätzbar, da bisher lediglich die Apollo-Astronauten das schützende Erdmagnetfeld verlassen haben.

Langzeitschäden nach Strahlenexposition beinhalten verschiedene Krebsarten wie Leukämie (Blutkrebs, Auftreten meist 7–15 Jahre später) und solide Tumore (z. B. Brustkrebs, Lungenkrebs und Krebs des lymphatischen und gastrointestinalen Systems, aber auch viele andere, die auch noch Jahrzehnte später auftreten können). Aus diesem Grund überlegen die Raumfahrtorganisationen, ältere Menschen auf Langzeitmissionen zu schicken. Der Hintergedanke ist, dass diese ihren Krebs nicht mehr erleben würden.

Ideen für Schutzmaßnahmen gegen Strahlung im Raumflug

Wer Langzeitmissionen plant, muss sich unweigerlich ein Konzept überlegen, wie mit dem Problem der Strahlung umgegangen werden soll. Folgende Möglichkeiten werden dem angehenden Raumfahrer empfohlen:

- Warnsysteme für *Solar Flares* und Kammern (*storm shelters*) mit Strahlungsabschirmung,
- Knochenmark-Eigenspende um nach dem Flug replantieren zu können,
- Kryogene Aufbewahrung von Spermien und Eiern/Ovarien,
- Astronautenauswahl: individuelle Genanalyse und Abschätzen der Krebswahrscheinlichkeit,
- Vitamin A, C, E und Spurenelemente (evtl. Selen, Zink, Kupfer etc.).

Wichtig ist, dass die tatsächliche Strahlenbelastung über Dosimeter gemessen wird. Es gilt das *ALARA-Prinzip* (= *as low as reasonably achievable*), was bedeutet, dass man die Strahlenexposition in jedem Fall so gering wie möglich halten soll. Grenzwerte für Astronauten sind festgelegt bei 3 Prozent REID (= *risk of exposure-induced death*, dem Risiko, aufgrund dieser Exposition zu versterben). Strahlenlimits sind keine Toleranzwerte, was bedeutet, dass man, sobald dieses Strahlenlimit erreicht ist, nicht mehr fliegen darf.

5.8 Medizinische Versorgung an Bord

Grundsätzlich sollte man bei einer Weltraumexpedition für den Notfall gewappnet sein. Da man aber nie all das mitnehmen kann, was für eine perfekte medizinische Versorgung aller Eventualitäten an Bord erforderlich wäre, müssen Abstriche gemacht werden und diese gut überlegt sein. Für die medizinische Versorgung an Bord eines Raumschiffes oder einer Raumstation sind drei Aspekte besonders wichtig:

- ausgebildetes Personal,
- das Vorhandensein von Material, Instrumenten und Medikamenten,
- die Möglichkeit, sich professionellen Rat einholen zu können.

Zunächst einmal sollte man Überlegungen dazu anstellen, welche medizinischen Ereignisse wahrscheinlich und welche weniger wahrscheinlich sind. In der Medizin gibt es die goldene Regel: *Häufiges ist häufig und Seltenes ist selten*, was bezogen auf die Raumfahrt bedeutet, dass Erkrankungen, die auf der Erde in einer vergleichbaren Altersgruppe häufig sind, auch im Weltraum häufiger auftreten werden als andere. Hinzukommen weltraumtypische Symptome und

Erkrankungen. Zu der Häufigkeit medizinischer Ereignisse in vergangenen Missionen gibt es publizierte Daten. Die häufigsten medizinischen Probleme sind:

1. Weltraumkrankheit,
2. Rücken- und Muskelschmerzen,
3. Hautprobleme, Dermatitis, Reizung,
4. Irritationen der Augen, trockene Augen, Fremdkörper,
5. Infekt der oberen Atemwege,
6. Harnwegsinfekt,
7. Herzhythmusstörungen,
8. Durchfall,
9. Kopfschmerzen,
10. Dekompressionskrankheit,
11. Allergische Reaktion.

Die häufigsten Verletzungen an Bord in der Raumfahrt sind:

1. Hämatome (Blutergüsse) und Prellungen,
2. Einblutungen unter den Fingernägeln (Problem bei EVAs),
3. Muskelzerrungen,
4. Oberflächliche Wunden.

Häufig auftretende Symptome und Befindlichkeitsstörungen sind:

1. Appetitlosigkeit,
2. Müdigkeit,
3. Schlafprobleme,
4. Verstopfung,
5. Gefühl der Gesichtsschwellung,
6. Dehydratation.

Warum sind Blinddarm- und Gallenblasenentzündungen hier nicht erwähnt? Weil sie in der Raumfahrt nicht häufig sind, sondern bisher so selten, dass sie es nicht in die Liste geschafft haben. Auf einer Langzeitmission weit weg von der Erde könnten sie jedoch sehr schwerwiegende Konsequenzen haben und zum Tod führen. Deshalb kann man nicht einfach nur die bisher am meisten aufgetretenen Krankheiten berücksichtigen, sondern muss auch seltenere

Fälle bedenken, die schlimme Konsequenzen hätten, würden sie auftreten. Hier muss man sich nun anschauen, was in der Altersgruppe auf der Erde häufiger auftritt. Zudem muss man die Notwendigkeit der medizinischen Versorgung im Angesicht der Wahrscheinlichkeit des Auftretens schätzen und mit der Limitierung des *Payloads*, sprich des Gewichtes und Volumens an Material, das mitgenommen werden kann, abwägen. Zum Beispiel wird es in den kommenden Jahrzehnten nicht möglich sein, auf die Marsmission einen Computertomografen (CT) oder einen Magnetresonanztomografen (MRT) mitzunehmen, während man über ein einfaches Röntgengerät sicherlich nachdenken sollte. Jedem Raumfahrer sollte bewusst sein, dass die Qualität der medizinischen Versorgung in keinem Fall denjenigen in einem Krankenhaus entspricht. Gerade die Möglichkeit, operative Eingriffe durchzuführen, wird immer nicht zuletzt allein aufgrund des Ausbildungsstandes der Crew deutlich limitiert sein. Die folgenden Seiten sollen bei der Planung helfen.

Medizinisch ausgebildetes Personal

Gerade bei längeren Raumflügen ist es zu empfehlen, mindestens einen Arzt mitzunehmen, optimalerweise zwei. Wichtig ist eine Ausbildung, die Kenntnisse in Weltraummedizin, Notfallmedizin und Unfallchirurgie einschließt, aber auch Kenntnisse der Allgemeinmedizin und Zahnmedizin. Ärzte auf längeren Missionen sollten eine möglichst breite Ausbildung in diesen Bereichen mitbringen und unbedingt über mehrjährige Erfahrung verfügen. Zudem ist es hilfreich, wenn andere Crewmitglieder medizinische Erfahrungen gesammelt haben, z. B. im Rettungsdienst. Derzeit ist es üblich, einzelne Raumfahrer vor dem Einsatz auf der ISS gesondert medizinisch zu schulen. Auf der ISS besteht aber jederzeit die Möglichkeit, innerhalb weniger Stunden auf die Erde zurückzukommen. Bei einem längeren Flug, beispielsweise zum Mars, wäre dies nicht mehr möglich und deshalb nicht nur eine Ausweitung der medizinischen Ausstattung erforderlich, sondern auch erheblich größere medizinische Kenntnisse vor Ort vonnöten. Von den 6 Raumfahrern auf der ISS sind derzeit jeweils zwei als *Crew Medical Officer* (CMO) geschult. Auf der ISS sind die meisten CMOs keine Ärzte, sondern durchlaufen eine 34-stündige medizinische Ausbildung, die freiwillig um ein *Space Emergency Training* von 70 Stunden erweitert werden kann. Das scheint erschreckend wenig zu sein! In der

Vergangenheit gab es viele Astronauten, die Ärzte waren. Ein gutes Beispiel ist Story Musgrave (Abschn. 5.3), der u. a. als Unfallchirurg gearbeitet hat. Ein weiteres Beispiel ist Chiaki Mukai, eine japanische Astronautin, die zweimal im All gewesen ist und vor ihrer Auswahl Professorin für Thoraxchirurgie war. Aus europäischer Sicht ist André Kuipers zu nennen, ein niederländischer Arzt, der zweimal im All war und auf der ISS insbesondere für medizinische Experimente zuständig war. Die Entscheidung über die Mitnahme medizinisch ausgebildeten Personals ist letztendlich eine ethische. Unter Abwägung der Risiken muss man sicherlich für jede Mission eine individuelle Entscheidung treffen.

Medizinische Versorgung auf der ISS

Auf der ISS gibt es ein *Health Maintenance System* (HMS), das ein Teil des *Crew Health Care System* (CHeCS) ist. Offenbar mag man bei der NASA Abkürzungen. Das *Health Maintenance System* umfasst verschiedene Elemente, die zusammen das medizinische Konzept dieser Raumstation bilden. Das System enthält z. B. ein *Advanced Life Support Pack* (ALSP). Das ALSP ist quasi der Notfallkoffer der ISS. Hier sind Dinge wie Notfallmedikamente, Beatmungsutensilien wie z. B. ein Beatmungsbeutel, ein chirurgisches Notfallset, Material für einen intravenösen Zugang und ein Blutdruckmessgerät enthalten. Das *Ambulatory Medical Pack* (AMP) hält Materialien und Medikamente für eher alltägliche medizinische Situationen parat, darunter auch Zahnarztinstrumente. Das *Crew Contamination Protection Kit* (CCPK) beinhaltet Schutzkleidung, das *Crew Medical Restraint System* (CMRS) ist eine Art Brett, auf dem ein Raumfahrer festgeschnallt werden kann. Das *Respiratory Support Pack* (RSP) beinhaltet Materialien wie Beatmungsmasken zur Beatmung. Das *HMS Ancillary Support Pack* (HASP) enthält zusätzliche Ausstattungsgegenstände. Zudem gibt es einen Defibrillator an Bord, der zum Glück noch nie benutzt werden musste. In langen Listen kann man nachlesen, wo Medikamente und Material vorhanden sind.

Zusätzlich gibt es eine *Human Research Facility* (HRF), die der humanmedizinischen und humanphysiologischen Forschung dient, das *Environmental Health System* (EHS), mit dem die Umwelt in der Raumstation überwacht wird (z. B. Wasserqualität und Strahlung), und zu guter Letzt die Trainingsgeräte, die in Abschn. 5.4 beschrieben wurden.

Ausstattung

Wenn man in den Weltraum fliegt, macht es Sinn, für die meisten medizinischen Notfälle vorbereitet zu sein. Es ist empfehlenswert, diese medizinische Grundausstattung dabei zu haben, die in etwa der eines Krankenwagens entspricht:

- Medikamente, Spritzen, Infusionen, Spritzenpumpen,
- Liege/Trage,
- Notfallkoffer/-rucksack,
- Defibrillator mit EKG, Pulsoxymetrie und Herzschrittmacherfunktion,
- Beatmungsgerät mit Kapnometrie (CO_2-Messung) und alles für die Beatmung,
- Stethoskop, Blutdruck-/Blutzuckermessgerät, Fieberthermometer,
- Set für Vergiftungsnotfälle,
- Verbandmaterial, Set zur Brandwundenversorgung, chirurgisches Besteck,
- Schienen zur Ruhigstellung der Gliedmaßen, Vakuummatratze/Spineboard.

Um eine Wunde zu versorgen, sind verschiedenste Gegenstände nötig. Man benötigt Desinfektionsmittel, sterile Handschuhe, eine sterile Abdeckung (z. B. ein Lochtuch, das natürlich in der Schwerelosigkeit angeklebt werden muss), die Instrumente Nadelhalter, Schere und Pinzette, sterile Kompressen, Nahtmaterial, Wundklammern oder sog. Steri-Strips (Klammerpflaster) für kleine Wunden sowie ein steriles Pflaster oder einen Verband. Zudem benötigt man ein Mittel zur lokalen Betäubung (Lokalanästhetikum) und eine Spritze und eine Kanüle dafür. Ganz zentral ist, ein Konzept zu entwickeln, wie man in Schwerelosigkeit steril arbeitet und garantiert, dass einem die Instrumente nicht wegfliegen. In Parabelflügen wurden bereits verschiedenste Methoden getestet, und die NASA ist dazu übergegangen, sterile Taschen für die Instrumente zu benutzen.

Neben diesen reinen Behandlungsinstrumenten sollte auch die diagnostische Ausstattung ausreichend vollständig sein. Der Begriff *Diagnostik* umfasst Methoden und Analysen, die zur Erkennung und Differenzierung von Erkrankungen und Verletzungen erforderlich sind. In der Erdumlaufbahn kann man darauf aufgrund der Möglichkeit zur sofortigen Rückkehr zur Erde weitestgehend verzichten. Bei längeren

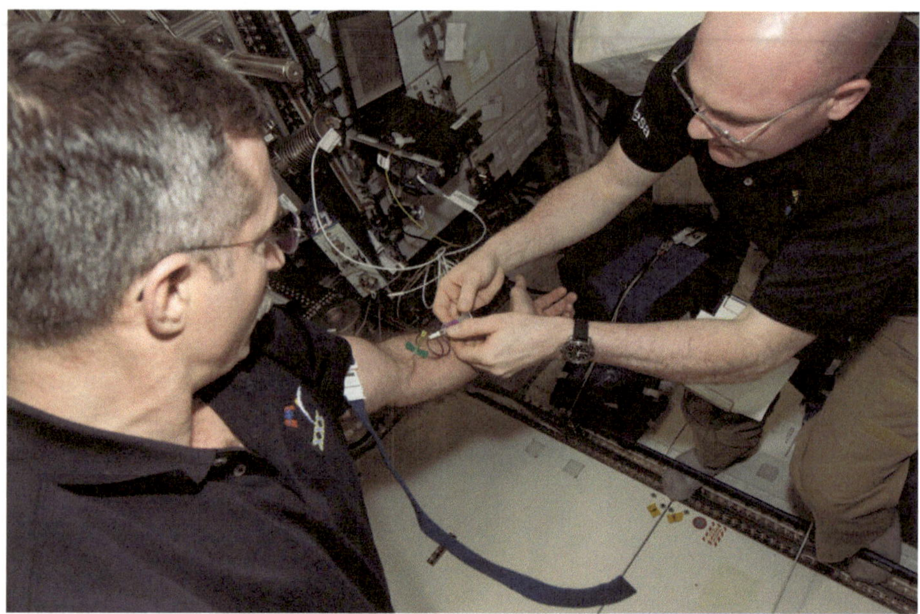

Abb. 5.24 Der deutsche Astronaut Alexander Gerst bei einer Augenuntersuchung auf der ISS. (Bildquelle: NASA)

Raumflügen sind diagnostische Verfahren aber unverzichtbar, und in vielen Fällen problemlos auch im Weltraum durchführbar (Abb. 5.24). In Bezug auf Verletzungen wären z. B. Röntgenbilder anzufertigen, und man muss das Blut auf Entzündungswerte und Blutverlust untersuchen können (Blutentnahme Abb. 5.25). Auch wäre es gut, ein Ultraschallgerät zu haben, um z. B. eine Blutung im Bauch, aber auch viele andere Dinge damit feststellen zu können. Generell sollten eine Reihe von Blutanalysen möglich sein. In der Vergangenheit sind häufiger Elektrolytentgleisungen (z. B. des Kaliums) vorgekommen. Das Kalium kann man wie auch den Hämoglobinwert (roter Blutfarbstoff) mit einem sog. Blutgasanalysegerät bestimmen. Dies wäre sicherlich eine sinnvolle Anschaffung. Auch wäre zu überlegen, ob die Mitnahme eines Gerätes aus dem Rettungsdienst Sinn macht, das ein EKG aufzeichnen und die Sauerstoffsättigung im Blut überwachen kann und zugleich im Notfall ein Defibrillator und Herzschrittmacher ist. Im Fall einer schlimmeren Infektionskrankheit wäre es hilfreich, eine mikrobiologische Analyse durchführen zu können. Die technische Entwicklung ist, gerade was diagnostische Geräte angeht, in den letzten Jahren deutlich

Abb. 5.25 Blutentnahme auf der ISS. (Bildquelle: NASA)

fortgeschritten, sodass zu erwarten ist, dass in einigen Jahren noch viel kleinere und praktischere Geräte zur Verfügung stehen werden.

Chirurgie im Weltraum

In Schwerelosigkeit besteht nicht nur die Frage der technischen Umsetzung einer Operation, sondern zusätzlich fallen Schmutzpartikel nicht zu Boden, sondern schweben durch die Luft und können Wunden leicht kontaminieren. Wie führt man denn nun eine Operation in Schwerelosigkeit durch? Natürlich muss die Fähigkeit, den

Eingriff durchzuführen, mitgebracht werden. Es wird durch die Schwerelosigkeit nicht leichter. Der Patient muss festgeschnallt und alle benötigten Instrumente müssen befestigt werden. Steriles Arbeiten muss durch die üblichen Desinfektionsmaßnahmen und die Verwendung steriler Instrumente erfolgen. Das Problem der Kontamination durch die Luft sollte dringend bedacht werden, denn damit steigt das Infektionsrisiko, auch aufgrund der eingeschränkten Funktionsfähigkeit des Immunsystems in Schwerelosigkeit. Es gibt bereits einige Entwürfe, z. B. für eine sterile Kammer, in die man mit fest eingebauten Handschuhen greift (*Glovebox*), in der die OP stattfindet. Auch sollte man über einen *Laminar Air Flow* nachdenken, einen konstanten Luftstrom, der gefiltert wird. Für kleine Eingriffe wie Wundversorgungen wird ein derartiges Setup nicht dringend erforderlich sein. Man kann während und nach dem Eingriff vorsorglich Antibiotika geben. Gerade für Eingriffe wie der gefürchtete Blinddarm oder die geplatzte Gallenblase werden aber andere Hygienekonzepte nötig sein. Hier stellt sich die Frage, ob man die Instrumente an Bord nehmen möchte, die für einen minimalinvasiven Eingriff nötig sind. Minimalinvasiv heißt Schlüssellochchirurgie. Man arbeitet dabei ohne größere Hautschnitte und benutzt eine eingeführte Kamera zur Orientierung. Hier muss wieder die Wahrscheinlichkeit, dass ein derartiger Eingriff erforderlich wird, mit den Gewichtsvorgaben und den Alternativen abgewogen werden. Außerdem muss ein Crewmitglied sowohl die Bedienung als auch die Operation beherrschen! Die Betäubung (Narkose) für eine Operation sollte über Medikamente direkt in die Vene und nicht über Gas gesteuert werden, da das Gas im geringen Luftvolumen der Raumstation schnell wirksame Konzentrationen erreichen kann und die Crewmitglieder gefährdet. Für die in den 1980ern geplante Raumstation „Freedom“ war eine größere Krankenstation vorgesehen, ausgerüstet mit einer Patientenliege und ausgestattet mit einem System, um Patient wie auch Operateur am Platz zu halten. In Schränken sollten dort umfangreiche medizinische Materialien vorgehalten werden. Hier hätte man eine Operation durchführen können. Leider ist diese Station nicht gebaut worden, und auf der ISS wurde medizinisches Equipment extrem eingespart, sodass ein operativer Eingriff nicht machbar ist. Für die Raumstation „Mir“ war sogar vorübergehend ein eigenes medizinisches Modul geplant. Diese Pläne sind aber verworfen worden, und deshalb hat man mit diesen Dingen heute keine Erfahrung.

Medikamente

Bei der Planung der Mitnahme von Medikamenten sind einige Besonderheiten zu bedenken. Aufgrund der Strahlung nimmt die Wirksamkeit der meisten Medikamente im Weltraum viel schneller ab als auf der Erde. Häufig ist die Wirksamkeit schon deutlich vor dem Haltbarkeitsdatum auf der Verpackung nicht mehr adäquat. Die Strahlung zerstört mit der Zeit die Proteinstrukturen der Wirkstoffe und macht sie damit unbrauchbar. Man muss deshalb immer damit rechnen, dass im Verlauf der Zeit die Einnahme höherer Dosen erforderlich sein kann. Es leiden aber nicht alle Wirkstoffe gleich stark unter diesem Effekt, weshalb zu empfehlen ist, sich langsam an die benötigte Dosis heranzutasten (Titration). Auch bei der Mitnahme von Medikamenten gilt genauso wie bei der Häufigkeit der zu erwartenden Verletzungen und Erkrankungen, dass auf der Erde häufig verwendete Medikamente auch im Raumflug vermutlich vermehrt benötigt werden.

Für *Schmerzmittel* gibt es die Schmerzleiter der Weltgesundheitsorganisation WHO (das WHO-Stufenschema), nach der man die Gabe der Schmerzmittel staffeln soll. Auf der untersten Stufe stehen Medikamente wie Paracetamol oder sog. NSAID wie Ibuprofen, auf der zweiten Stufe leichte Opioide wie Tilidin und auf der dritten Stufe starke Opioide wie Morphin. Von den Medikamenten der ersten Stufe werden auf dem Raumflug wesentlich mehr benötigt als von den Medikamenten der dritten Stufe, da man immer, wenn man die dritte Stufe einnimmt, zusätzlich die erste Stufe gebraucht. Dies ist bei der Planung zu berücksichtigen. Schwierig wird es bei der Überlegung, wie viele Narkosemedikamente mit auf die Reise gehen sollen. Kommt es einmal zu einem Fall, in dem Narkose gemacht werden muss, wird der Verbrauch sehr hoch sein. Für wie viele Tage möchte man in der Lage sein, eine Narkose aufrechterhalten zu können?

Aufgrund der vielen chemischen Substanzen an Bord eines Raumschiffes sind *Vergiftungen* ein ernstzunehmendes Risiko. Hier müssen ausreichend Antidote (Gegenmittel) gerade für die Stoffe an Bord zur Verfügung stehen. *Antibiotika* (Medikamente gegen Bakterien und Entzündung im Körper) sollten so ausgewählt sein, dass ein breites Spektrum abgedeckt ist und im Fall von allergischen Reaktionen oder Resistenzentwicklung funktionierende Alternativen zur Verfügung stehen. Die NASA hat im Apollo-Programm alle Medikamente vorher an den Astronauten getestet, um allergische Reaktionen während des Fluges auszuschließen. Auch ist zu bedenken, dass die belastende

Situation eines langen Raumfluges ggf. das Verlangen nach Suchtmitteln erhöht. Die Medikamente müssen zugleich sicher abgeschlossen und im Notfall schnell verfügbar sein.

Telemedizin

Bereits seit den 1930er-Jahren gibt es bei der deutschen Marine für Schiffe eine medizinische Beratung über Funk. In vielen Ländern der Welt hat die Telemedizin einen hohen Stellenwert und ist seit Jahrzehnten etabliert. So z. B. bei den fliegenden Ärzten in Australien, die die abgelegensten Farmen medizinisch auch über Funk und heutzutage per Videokonferenz versorgen. Auf den Farmen sind Kisten mit Medikamenten hinterlegt, auf die Bewohner nach Anweisung zugreifen können. In der Raumfahrt hat jeder Astronaut einen *Crew Surgeon*, einen persönlichen Arzt. Es werden per Videokonferenz regelmäßige Sprechstunden abgehalten und bei Problemen kann jederzeit Rat eingeholt werden. Mit der Überwachung von Astronauten setzte die NASA schon in den 1960er-Jahren Maßstäbe. Telemedizin geht inzwischen weit über Kommunikation und die Überwachung von Messwerten aus der Ferne (Telemetrie) hinaus und nutzt *Smart Medical Systems*, um Probleme aus der Entfernung zu identifizieren. Die Entwicklung ist in diesem Gebiet rasant. Bei Reisen in weite Entfernung von der Erde wird es eine erschwerende Verzögerung in der Kommunikation geben; im ungünstigsten Fall benötigt das Signal vom Mars zur Erde 18 Minuten, und auf eine Antwort wartet man entsprechend über 36 Minuten. Es wird deshalb erforderlich sein, autark mit Notfällen umgehen zu können, was insbesondere eine ferngesteuerte, robotische Durchführung von Operationen unmöglich machen dürfte. In zukünftigen privaten oder kommerziellen Raumflügen ist eine vollständige 24-Stunden-Überwachung der Crew von EKG, Temperatur, Puls, Blutdruck oder Ähnlichem anders als in den 1960er-Jahren sicherlich nicht erforderlich oder praktikabel, sondern es geht primär um Hilfe bei Notfällen oder medizinischen Problemen, wie z. B. einem Herzinfarkt.

5.9 Medizinische Forschung

Die medizinische Forschung dient in der Raumfahrt zwei Zielen. Zum einen der Grundlagenforschung mit dem Ziel, die simulierte und echte Schwerelosigkeit zu nutzen, um grundlegende Fragestellungen der Medizin und Lebenswissenschaften zu beantworten. Zum anderen dient sie der sog. „operationellen“ Forschung, die als Ziel hat, die Bedingungen für die bemannte Raumfahrt zu verbessern. Medizinische Forschung findet im All an Bord von Raumschiffen und Raumstationen statt sowie in echter Schwerelosigkeit beim *Parabelflug*, in simulierter Schwerelosigkeit bei *Bettruhestudien*, und in simulierter Schwerkraft in *Humanzentrifugen*. Im Folgenden geht es um die Besonderheiten dieser Forschungsumgebungen.

Medizinische Forschung im All

Seit den 1970er-Jahren ist die medizinische Forschung eines der Kernelemente der bemannten Raumfahrt. Nachdem in den 1960ern geklärt war, dass der Mensch an sich mit dem Aufenthalt in Schwerelosigkeit zurechtkommt, rückte nun das Interesse an den veränderten physiologischen Vorgängen und die Erforschung von Methoden zur Verhinderung der körperlichen Abbauprozesse in das Interesse. Seitdem ist es Wissenschaftlern immer wieder möglich gewesen, Ideen für medizinisch-wissenschaftliche Experimente bei den Raumfahrtagenturen einzureichen. Eine derartige Ausschreibung nennt sich in der korrekten Terminologie *Announcement of Opportunity* oder *Call* und man reicht dort ein *Proposal* ein, in dem man sein Forschungsvorhaben darstellt. In Europa gab es in den letzten Jahren (Stand 2017) etwa in fünfjährigen Abständen die Gelegenheit, Vorschläge für Experimente auf der ISS einzureichen. Hierbei handelt es sich um Experimente, die auf der Raumstation selbst durchgeführt werden (*Flight-Experiments*) und um Experimente, die vor und nach dem Raumflug stattfinden (*Pre- and Postmission Studies*). Man muss beim Studiendesign bedenken, dass nur eine geringe Anzahl Probanden (Raumfahrer) zur Verfügung stehen. Häufig werden in wissenschaftlichen Artikeln Ergebnisse von nur 5 oder weniger Teilnehmern veröffentlicht.

In Raumschiffen und Raumstationen sind Experimente meistens in sog. *Racks* (*International Standard Payload Rack*, ISPR) untergebracht. Das sind quasi Einbauschränke mit Standardgrößen (Abb. 5.26). Als Experimentator kann man entweder auf die vorhandenen Racks und Geräte zugreifen, oder man beantragt, eigene Hardware nach oben bringen zu lassen (so. *experiment-unique equipment* =

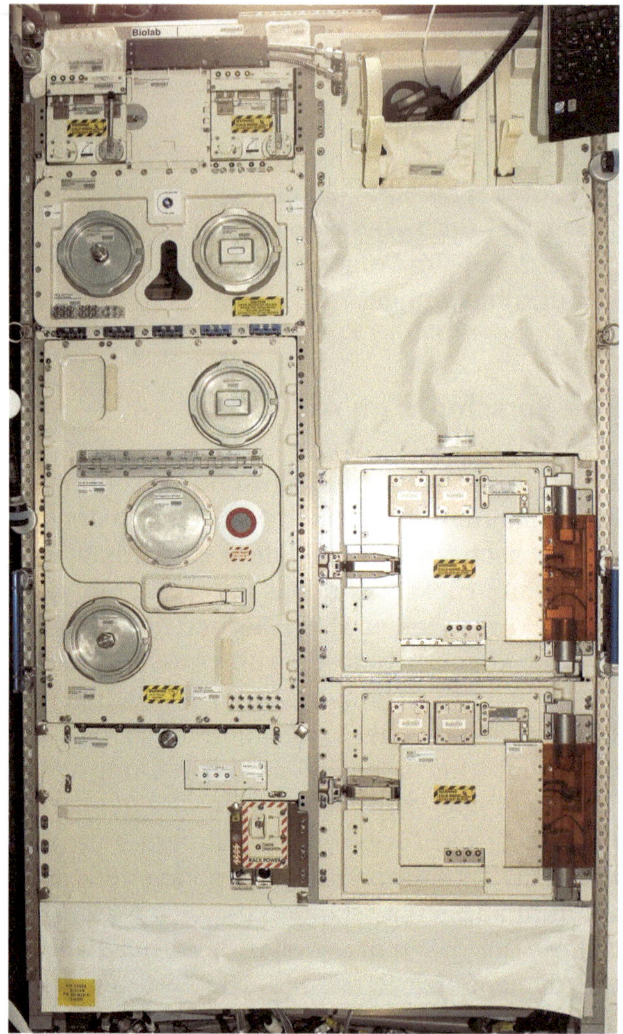

Abb. 5.26 Das *BioLab*, ein Rack im Columbus-Modul der ISS. Es dient der Untersuchung von Pflanzen, Zellen und kleinen Organismen und enthält z. B. einen Inkubator, zwei Zentrifugen, ein Mikroskop und ein Spektrofotometer. (Bildquelle: NASA)

größerer Aufwand). Je mehr Ressourcen ein Experiment benötigt, umso unwahrscheinlicher ist es, dass es angenommen wird. Die vorhandenen Racks für medizinische Forschung auf der ISS sind aktuell (2017) die *Human Research Facility* (HRF) (Abb. 5.27), das *European Physiology Module* (EPM), das *Muscle Atrophy Research and Exercise System* (MARES) und das *JAXA Onboard Diagnostic Kit* (ODK) im

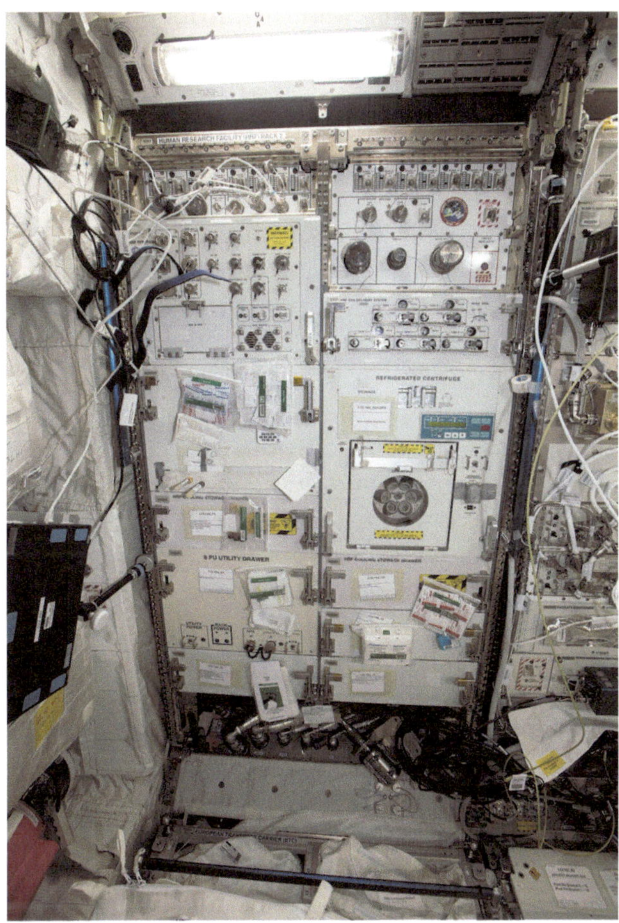

Abb. 5.27 Die *Human Research Facility* (HRF) im Columbusmodul der ISS besteht aus zwei Racks, die der medizinischen Forschung dienen. Sie beinhalten das *Pulmonary Function System* (PFS), mit dem die Atmung und kardiovaskuläre Funktionen untersucht werden können. Hier Abgebildet ist Rack 2. (Bildquelle: NASA)

Kibo-Modul. Die Ausstattung der *Human Research Facility* (HRF) umfasst:

1. Blutdruckmessgerät (*Continuous Blood Pressure Device*, CBPD),
2. EKG-Gerät, Aufzeichnung bis zu 24 h (Holter-Monitor),
3. *Pulmonary Function System* (PFS),
4. Ultraschallgerät (Ultrasound 2),
5. Körperwaage, *Space Linear Acceleration Mass Measurement Device* (SLAMMD),
6. Zentrifuge für Proben, *Refrigerated Centrifuge* (RC),

7. Material um Blut-, Speichel- und Urinproben zu sammeln,
8. Aktivitätsmonitoring (Actiwatch).

Bettruhestudien

Bettruhestudien sind eine Methode, um auf der Erde Immobilisationseffekte zu messen, Schwerelosigkeit zu simulieren und Gegenmaßnahmen (*Countermeasures*) wie Trainingsmethoden und Ernährungseffekte zu testen. Ein Großteil der wissenschaftlichen Veröffentlichungen in der Weltraummedizin stammen aus Bettruhestudien, die häufiger durchgeführt werden. Viele Folgen der Schwerelosigkeit lassen sich reproduzieren, wenn man Menschen mit 6-Grad-Kopftieflage ins Bett legt. In den 1960er-Jahren wurden Bettruhestudien durchgeführt, um Vorhersagen über mögliche Auswirkungen der Schwerelosigkeit auf den Menschen zu machen, ohne dass bereits Menschen im All waren. Später zeigte sich, dass die Bettruhe für manche Organsysteme ein sehr gutes Modell der Schwerelosigkeit darstellt, dass sie für andere Bereiche aber nicht zu gebrauchen ist. Gute Übertragbarkeit herrscht für das muskuloskelettale System und für einige Kreislauf-Fragestellungen (u. a. *Fluid-Shift* und Orthostasereaktion, Abschn. 5.2). Die Effekte der Schwerelosigkeit auf das Immunsystem und die Untersuchung von Strahlungsfolgen im Weltraum hingegen sind durch Bettruhe nicht zu reproduzieren. Viele Ergebnisse aus Bettruhestudien sind auf immobilisierte Patienten übertragbar und deshalb von Wert für die klinische Forschung.

Für jede Studie, in der es um Menschen und ihre Daten geht, gelten strenge ethische Richtlinien: Man muss heutzutage einen *Ethikantrag* bei einer Ethikkommission stellen. Diese versichert sich, dass die Studie in dieser Form keine ethischen Bedenken hat oder die möglichen Risiken für die Probanden in der Risiko-Nutzen-Abwägung von den zu erwartenden Vorteilen durch die Studienergebnisse überwogen werden.

Um Forschungsergebnisse aus Bettruhestudien vergleichbar zu machen hat die Europäische Raumfahrtbehörde ESA einen Standardisierungsplan erstellt. Dieser enthält z. B. die folgenden Punkte:

- Short-Term-Bettruhe beträgt 5 Tage, Mid-Term-Bettruhe 21 Tage und Long-Term-Bettruhe 60 Tage.

- Studien sollen möglichst in einem Cross-over-Design durchgeführt werden. Das bedeutet, dass es zwei Bettruhephasen gibt, die von allen Teilnehmern absolviert werden: In der ersten Phase bekommt die erste Hälfte der Probanden die zu testende Maßnahme (z. B. Trainingsform), in der zweiten Phase die andere Hälfte. Somit verhindert man, dass jahreszeitliche Einflüsse und ein Einfluss der ersten Bettruhephase auf die zweite die Ergebnisse verfälschen.
- Vor- und Nachuntersuchungen sind standardisiert (Kipptischversuche, Leistungstest auf dem Ergometer, Knochendichtemessungen etc.), um die Vergleichbarkeit zu gewährleisten.
- Die Ernährung ist standardisiert (Zusammensetzung), um einen Ernährungseffekt auf die Messergebnisse zu vermeiden.
- Es sind regelmäßige Blutuntersuchungen zur Überwachung der Gesundheit der Teilnehmer vorgeschrieben. Zudem kommt täglich ein Studienarzt zur „Visite".
- Ein *Head Medical Doctor* vertritt die Probanden und ist für deren Gesundheit verantwortlich. Er kann Experimente gegen den Willen der Wissenschaftler absetzen oder beenden, wenn ein gesundheitliches Risiko für Probanden besteht.

Bettruhestudien finden üblicherweise in Kliniken oder speziellen Einrichtungen statt, wie z. B. beim Deutschen Zentrum für Luft- und Raumfahrt (DLR) in Köln. Bettruhe in 6-Grad-Kopftieflage bedeutet, dass die Teilnehmer immer mindestens mit einer Schulter auf der Matratze liegen müssen. Sie können sich zwar drehen, eine Schulter gehört aber zu jeder Zeit auf die Matratze. Auch können sie lesen, Videospiele spielen und Filme schauen, im Internet surfen etc. Geduscht wird, indem der Proband auf eine spezielle Duschliege rollt. Für die Toilettengänge sind Bettpfannen und Urinflaschen üblich. Bereits ein täglicher Gang zur Toilette würde die Immobilisationseffekte empfindlich stören. Die Bettruhe wird mit Videoüberwachung sichergestellt.

Vor der Bettruhe erfolgen Baseline-Messungen der Experimente. Da in jeder Studie andere Experimente anstehen, ist der Zeitplan jedes Mal ein anderer. Aus organisatorischen Gründen können nicht alle Probanden alle Experimente am gleichen Tag machen. Üblich ist es deshalb, dass die Probanden in Zweierpärchen die Studie jeweils um einen Tag versetzt beginnen. Es ist wichtig, dass man die Experimente bei allen Teilnehmern zur gleichen Uhrzeit macht, um Vergleichbarkeit zu gewährleisten. Der menschliche Körper hat nämlich einen ausgeprägten tageszeitlichen Rhythmus, in dessen Verlauf deutliche Änderungen z. B. von Hormonkonzentrationen, aber auch der Leistungsfähigkeit zu messen sind. Die Bettruhe beginnt dann erst nach einigen Tagen genau nach Zeitplan. Vorher dürfen die Probanden sich noch in der Anlage bewegen. Nach Abschluss der Bettruhephase bleiben die Teilnehmer noch einige Zeit für Nachuntersuchungen vor Ort. Bei langen Bettruhestudien ist manchmal sogar die Erforschung verschiedener Rehabilitationsmethoden Teil des Gesamtkonzeptes.

Der Probandenauswahl kommt eine erhebliche Bedeutung zu. Bevor man bei der Auswahl in Details geht, findet als erster Schritt ein Telefoninterview statt, in dem grob die wichtigsten Ein- und Ausschlusskriterien abgefragt werden. Zunächst einmal muss man in der Auswahl sichergehen, dass man Probanden mit der Studie nicht schädigt. Dies wäre zum Beispiel der Fall wenn aus erblichen Gründen ein deutlich erhöhtes Thromboserisiko bestünde. Eine Thrombose ist ein Blutgerinnsel, das sich bei Bewegungsmangel in den Venen ausbildet und schwere gesundheitliche Folgen haben kann. Experimentelle Gründe für einen Ausschluss könnten sein, dass jemand schon vor der Studie eine ausgesprochen niedrige Knochendichte hat oder ein Blutwert, der in der Studie untersucht werden soll, schon vorher abweicht. Bei Weitem nicht jeder besitzt die Persönlichkeit, die es ihm ermöglicht, eine Bettruhestudie erfolgreich abzuschließen. Deshalb ist die psychologische Auswahl sehr wichtig. Hier versucht man, Personen zu finden, die viel Stabilität aufzeigen und glaubhaft ein wirkliches Interesse an den Inhalten der Studie und nicht nur an der Aufwandsentschädigung vermitteln. Auch im Sozialverhalten sollten die Probanden keine wesentlichen Auffälligkeiten aufweisen und sich möglichst gut in die Gruppe integrieren. Insgesamt ist es das Ziel, das frühzeitige Ausscheiden eines Teilnehmers vor Ende der Studie (*Drop-Outs*) zu vermeiden.

Bettruhestudien sind für die Teilnehmer eine anstrengende Sache, und es gibt häufig genügend Gründe dazu, die Lust zu verlieren. Deshalb ist es extrem wichtig, eine gute Stimmung im Team herzustellen und für Ablenkung und Abwechslung zu sorgen. Folgende Punkte bezeichnen Probanden häufig als lästig und unangenehm:

1. Es kann wie auch im Raumflug zu Rückenschmerzen kommen.
2. Wie die Schwerelosigkeit führt auch die Kopftieflage zu einer Flüssigkeitsverschiebung und in manchen Fällen zu Kopfschmerzen.

3. Langeweile und Heimweh im Verlauf der Studie.
4. Probanden schaffen häufig nicht die Arbeit, die sie sich vorgenommen haben (z. B. Drehbuch oder Abschlussarbeit schreiben).
5. Probanden beschreiben es als schwer, immer alles aufzuessen (besonders den Salat).

Auf der anderen Seite ist die Teilnahme an einer Bettruhestudie ein einmaliges Erlebnis, das nicht nur die Möglichkeit gibt, Forschungsmethoden und Forscher hautnah kennenzulernen, sondern das auch eine Auszeit vom Alltag bietet.

Parabelflüge

Parabelflüge sind die einzige Möglichkeit, Experimente an Menschen in echter Schwerelosigkeit durchzuführen, ohne dafür ins Weltall zu fliegen. Das Prinzip ist folgendes: Ein Flugzeug fliegt relativ steil (Steigflug) nach oben und drosselt an einem bestimmten Punkt kontrolliert die Triebwerke, um in einer Wurfparabel in den Sturzflug zu gelangen. Nach ca. 22 Sekunden im freien Fall (Phase mit *Mikrogravitation*, sprich *Schwerelosigkeit*) wird der Sturzflug durch Ziehen des Höhenruders und Schubgeben mit den Triebwerken beendet und das Flugzeug abgefangen (Abb. 5.28). Während dieser Phase und im Steigflug herrscht etwa das Doppelte der Erdanziehungskraft (kurz als „2 G" bezeichnet). Die Schwerelosigkeit hält in jeder Parabel nur etwa 22 bis maximal 30 Sekunden an (je nach Flugzeugtyp), sodass lediglich kurzfristige Veränderungen im Körper gemessen werden können (z. B. Blutdruck- und Kreislaufreaktionen), jedoch keine Langzeiteffekte wie Knochendichteänderungen. Meistens werden 31 Parabeln geflogen, eine zum Üben und 30 für Messungen, dazwischen fest eingeplante

Abb. 5.28 Website der ESA mit den Ausschreibungen für Forschungsprojekte und Informationen dazu, wie man ein Parabelflugexperiment beantragt. http://www.esa.int/Our_Activities/Human_Spaceflight/Research/Research_Announcements

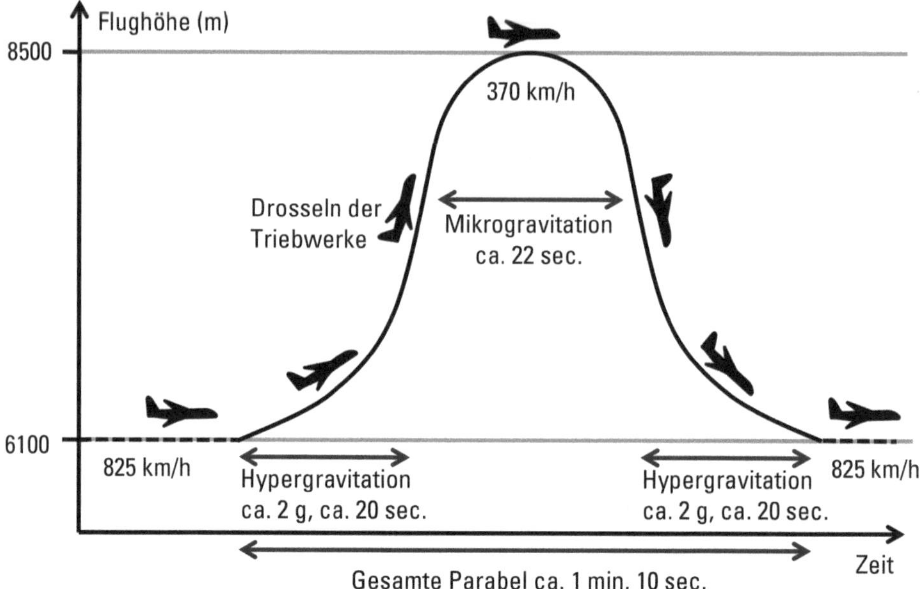

Abb. 5.29 Schematische Darstellung einer Parabel eines Parabelfluges. *Hypergravitation* liegt vor, wenn die wirkende Kraft die Anziehungskraft der Erde übersteigt, *Mikrogravitation*, wenn es sich nur noch um einen Bruchteil der Erdanziehungskraft handelt

Pausen. Mit Parabelflügen ist es auch möglich, die ungefähre Gravitation auf anderen Planeten zu simulieren, z. B. von Mond und Mars. Ideen für Parabelflugexperimente kann man bei der ESA einreichen und, wenn man Erfolg hat, selbst als Wissenschaftler die Experimente im Parabelflugzeug durchführen (siehe QR-Code in Abb. 5.29). Der Teddybär, der auf dem Foto im Einband dieses Buches zwischen den Autoren abgebildet ist, war schon selbst an einem Parabelflug beteiligt!

Anekdote

Das Parabelflugzeug wird umgangssprachlich nicht umsonst als „Kotzbomber" bezeichnet. Nur wenige Menschen können einen Parabelflug ohne Übelkeit und Erbrechen überstehen. Man gibt deshalb ein Medikament (z. B. Scopolamin) gegen die Übelkeit, das das Brechzentrum hemmt. Wenn man sich auf einen Parabelflug einlässt, muss man dennoch bedenken, dass man die Übelkeit, wenn sie erst einmal eingetreten ist, im Laufe des Fluges meistens nicht wieder los wird und 30 Parabeln zu einer langen Odyssee werden können. Erfahrene Parabelflieger empfehlen vor einem Parabelflug Croissant mit Marmelade zum Frühstück mit der Begründung, das sei noch am angenehmsten, wenn es wieder herauskäme …

Humanzentrifugen

Möchte man statt der Schwerelosigkeit im Weltraum die Effekte der *Hypergravitation* bei Start und Landung auf den menschlichen Körper erforschen, so bietet es sich an, dies mit einer *Humanzentrifuge* zu tun. Das Prinzip ist grob gesagt, einen Menschen so schnell im Kreis parallel zum Boden zu schleudern, dass durch die *Zentrifugalkraft* eine Beschleunigung nach außen entsteht, die der Erdgravitation, aber auch einem Vielfachen derselben entsprechen kann. Auf diese Art ist es möglich, das Beschleunigungsprofil eines beliebigen Raumschiff- oder Flugzeugtyps zu simulieren, G-Resistenz zu trainieren und Forschung zu betreiben. Man unterscheidet zwei Formen von Humanzentrifugen: Lang- und Kurzarmzentrifugen (Abb. 5.30).

Bei Langarmzentrifugen ist der Radius wesentlich größer als bei Kurzarmzentrifugen und beträgt häufig über 5–10 m. Der Versuchsteilnehmer befindet sich am Ende des Zentrifugenarms in einer Kapsel. Dabei kann er z. B. sitzen wie in einem Flugzeug. Der ganze Körper erfährt ungefähr dieselben G-Kräfte, da das Drehzentrum ein ganzes Stück entfernt liegt. Langarmzentrifugen werden seit vielen Jahren in der Ausbildung und zum Training von Piloten verwendet. Regelmäßiges Zentrifugentraining verbessert die G-Toleranz, und Kampfpiloten werden in die Lage verletzt, heiklere Flugmanöver mit höheren G-Kräften zu fliegen. Auch wurden Langarmzentrifugen

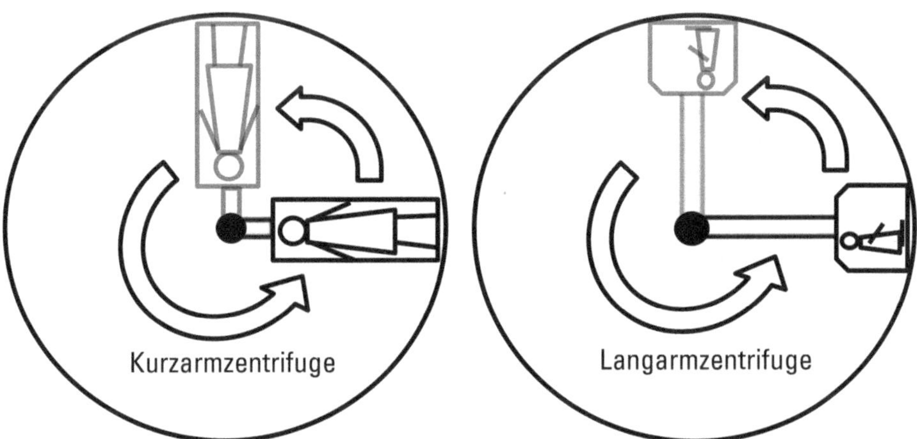

Abb. 5.30 Vergleich einer Kurzarm- und Langarmzentrifuge. Da bei der Kurzarmzentrifuge der Kopf so nah am Drehzentrum liegt, gibt es einen G-Gradienten im Körper mit den stärksten G-Kräften an den Füßen und den niedrigsten am Kopf

schon seit einiger Zeit zur Simulation von Start- und Landephasen in der Raumfahrt genutzt.

Analog dazu könnte auch in Raumschiffen mit rotierenden Ringen künstliche Schwerkraft erzeugt werden. Wie in Abschn. 2.2 erwähnt, sind diese allerdings bisher technisch nicht praktikabel. Man hat das Konzept der Kurzarmzentrifuge entwickelt, um diese in ein Raumschiffmodul mit geringem Durchmesser, das man mit einer herkömmlichen Rakete ins All bringen kann, unterzubringen. Dabei liegt der Proband mit dem Kopf relativ nah am Drehzentrum und mit den Füßen am weitesten davon entfernt. Raumfahrer sollen in einer Kurzarmzentrifuge unter künstlicher Schwerkraft trainieren können. Physikalisch unterscheidet sich eine derartige Kurzarmzentrifuge jedoch in zwei Gesichtspunkten von einem rotierenden Ringraumschiff:

1. Bei Kopfbewegungen kommt es zu *Corioliskräften*, die über Fehlinformationen aus den Bogengängen des Innenohrs zu Schwindel und Übelkeit führen können.
2. Es kommt zu einem G-Gradienten mit niedrigen G-Kräften am Kopf und höheren G-Kräften an den Füßen. Damit unterscheidet sich die Kraftverteilung einer Kurzarmzentrifuge von der einer Langarmzentrifuge.

Um den Wert der Kurzarmzentrifuge als Maßnahme gegen die körperlichen Veränderungen durch die Immobilisation (*Countermeasure*) für Raumfahrer zu untersuchen, wurde in den letzten Jahren umfangreich damit geforscht. Derzeit erarbeitet man Trainingsschemata und erforscht die Wirkung verschieden langer Zentrifugenfahrten auf den Körper. Lange Fahrten rauben mehr Zeit als kurze und gehen häufiger mit unerwünschten Nebenwirkungen einher. Aktuell sieht es so aus, als wären mehrere kurze Fahrten besser als eine lange. Man hofft nun, dass in absehbarer Zeit eine Zentrifuge in die Erdumlaufbahn gebracht wird, um die Effektivität in reeller Schwerelosigkeit zu testen.

Bekannte Isolationsstudien

In der Vergangenheit hat es eine große Anzahl von Isolationsstudien gegeben, die die Anpassungsfähigkeit und Reaktion des Menschen untersuchen sollten. Besonders bedeutende Studien waren „Biosphere 2“ und „Mars 500“. Die NASA betreibt zudem ein

Untersee-Forschungsprogramm für Isolationsstudien, genannt *NASA Extreme Environment Mission Operations* (NEEMO). Zudem stellt die Überwinterung in der Antarktis ein exzellentes Modell für Raumfahrt dar, da die Isolation in der Gruppe hier aufgrund der reellen Situation sehr gut vergleichbar ist.

Die „Biosphere 2“ (auf Deutsch „Biosphäre 2“) ist eine 1991 erbaute Anlage in Arizona, USA, in der ein Ökosystem mit vielen verschiedenen Pflanzenarten in großen verglasten Hallen mit einer Fläche von 1,3 Hektar, komplett abgeschirmt von der Außenwelt, wie eine menschliche Kolonie auf einem fremden Planeten fungieren sollte. Der Name „Biosphäre 2“ bezieht sich auf die Abgrenzung zur Erd-Biosphäre („Biosphäre 1“). Der erste Experiment-Durchlauf fand von 1991 bis 1993 mit acht Teilnehmern statt. Diese lebten in dem Komplex und ernährten sich nur von den Dingen, die sie selbst anbauten. Niemand konnte den Komplex verlassen. Man hatte sich vorgenommen, von außen weder Nahrung noch Sauerstoff zuzuführen. Wasser wurde innerhalb der Station recyclet. Gegen das Eindringen oder Entweichen von Sauerstoff, Kohlendioxid und sämtliche andere Materialien war die Anlage vermeintlich abgeschirmt, lediglich elektrische Energie wurde von außen in das System eingebracht. Das Experiment gilt als gescheitert, war aber aus wissenschaftlicher Sicht ein voller Erfolg, weil damit erhebliche und wesentliche Erkenntnisse erworben wurden. Das System verlor schleichend Sauerstoff über den verbauten Beton und über das Glas, während die Kohlendioxid- und Stickstoffkonzentrationen anstiegen. Es musste deshalb nach etwa einem Jahr Sauerstoff von außen zugeführt werden. Verschiedene Insektenarten und Bakterien vermehrten sich erheblich. Psychologisch waren für die Isolation typische Phänomene in der Gruppe aufgetreten, und es hatten sich zwei Gruppen gebildet, zwischen denen es angeblich Feindschaften gab. Der Lebensraum „kippte“ und das Experiment wurde nach zwei Jahren beendet. Die Anlage wurde komplett überarbeitet und der Beton versiegelt. Ein zweiter Durchlauf mit sieben Teilnehmern fand 1994 über 6 Monate statt, in dem es gelang, den Anbau von Nahrung zu optimieren, sodass ausreichend davon vorhanden war. Ein derartiges Experiment in diesem Umfang hat seitdem nicht wieder stattgefunden. Der „Biopsphere 2“ Komplex gehört heute der University of Arizona und kann besichtigt werden (Abb. 5.31 und QR-Code in Abb. 5.32).

„Mars 500“ war ein gemeinsames Isolationsexperiment der russischen Raumfahrtagentur Roskosmos und der ESA. Es fand vom 03.

Abb. 5.31 Innenansicht des „Biosphere 2"-Komplexes in Arizona. (Bildquelle: DLR/Public Domain)

Abb. 5.32 Website der „Biosphere 2". http://biosphere2.org/

Juni 2010 bis zum 04. Nov. 2011 im IBMP (*Institute for Biomedical Problems*) in Moskau statt. Sechs männliche Besatzungsmitglieder verbrachten 520 Tage in einem Isolationsbereich bestehend aus vier Modulen mit insgesamt 243 m^2 Fläche. Dort erlebten sie den vermeintlichen Ablauf einer Marsexpedition. Die Teilnehmer lebten in einem Wohnmodul von 72 m^2. Zudem gab es ein Medizin- und Forschungsmodul und ein Lagermodul mit Nahrungsvorräten und Verbrauchsmaterial. Ein Marsmodul mit einer Fläche von 39 m^2 stand für die 30-tägige Erkundung des Zielplaneten für drei der Teilnehmer nach Ablauf der halben Missionszeit zur Verfügung, konnte davor und danach aber nicht betreten werden. Die sechsköpfige

Besatzung war während des Experimentes insofern von der Außenwelt abgeschnitten, als dass ein Kontakt nur noch per E-Mail und mittels einer künstlich entsprechend der gespielten Entfernung zur Erde verzögerten Funkverbindung bestand. Der Alltag der Teilnehmer war so gestaltet, wie der Alltag der Raumfahrer auf einer Raumstation. Im Zentrum der Forschung standen bei diesem Experiment soziale und psychologische Fragestellungen, es wurden aber auch medizinisch-physiologische Experimente durchgeführt. Ziel war es, durch eine gute Probandenauswahl und gezielte psychologisch-soziale Vorbereitung isolationstypische Probleme zu vermindern. Das Experiment konnte erfolgreich abgeschlossen werden. Die Vergleichbarkeit der Ergebnisse mit einer echten Mars-Mission ist jedoch womöglich eingeschränkt, da die Teilnehmer zu jeder Zeit wussten, dass sie keiner reellen Gefahr ausgesetzt waren. Auch war die Aufregung eines echten Mars-Besuches nicht da. Abgesehen davon gab es keine Schwerelosigkeit.

Das Unterseelabor „Aquarius“ der NASA ist das Forschungslabor des NASA-Programms NEEMO (Abb. 5.33). Es liegt 19 m unter der Meeresoberfläche in 10 km Entfernung von Key Largo in Florida. Gebaut wurde es 1986. Inzwischen wurden dort bereits mehr als 20 Missionen erfolgreich durchgeführt. Vier Wissenschaftler und zwei Techniker finden dort Platz. Es können z. B. medizinische/physiologische und auch soziale/psychologische Fragestellungen bearbeitet werden.

Abb. 5.33 Die Crew der Mission NEEMO 16 an der Luke der „Aquarius“. (Bildquelle: NASA)

In der *Antarktis* gibt es mehrere Forschungsstationen, in der jedes Jahr Gruppen von Überwinterern arbeiten. Im antarktischen Winter ist man aufgrund der extrem tiefen Temperaturen und der Dunkelheit von der Außenwelt abgeschnitten. Es können für einige Zeit keine Flugzeuge starten oder landen, geschweige denn Schiffe vordringen. Die Überwinterer sind wie Raumfahrer auf engem Raum auf sich allein gestellt. Die Station können sie immer nur für kurze Zeit verlassen und müssen dazu spezielle Anzüge tragen, die es ihnen ermöglichen, in Temperaturen bis –75 °C zu überleben. Die niedrigste je in der Antarktis gemessene Temperatur betrug –89,2 °C (1989, sowjetische Wostok-Station). Diese Parallelen und die immerwährende Dunkelheit während der Wintermonate bieten eine gute Vergleichbarkeit mit der Isolation in der Raumfahrt. Die größte Station in der Antarktis ist die McMurdo-Station der USA, in der jeden Winter ca. 250 Menschen überwintern. Sie besteht aus ca. 85 Gebäuden mit allen möglichen Einrichtungen, hat z. B. ein eigenes Gewächshaus, und es gibt eine Straße in die 3 km entfernte neuseeländische *Scott Base*. In McMurdo gab es von 1962 bis 1972 einen Atomreaktor, der zur Versorgung mit Strom und Wärme betrieben, anschließend abgebaut und zurück in die USA transportiert wurde. Als Modell für einen Raumflug kommen eher die kleineren Antarktisstationen in Betracht, wie die deutsche Neumayer-Station des Alfred-Wegener-Instituts. Diese befindet sich auf dem Schelfeis, quasi genau auf der gegenüberliegenden Seite des Kontinents als die McMurdo-Station. Die aktuelle Neumayer-III-Station ist schon die dritte deutsche Forschungsstation in diesem Gebiet der Antarktis und seit 2009 in Betrieb. Jedes Jahr überwintert hier eine Mannschaft von 9 Personen, im Sommer sind etwa 50 Menschen hier anwesend. Man kann sich jährlich auf Stellen zur Mitarbeit und Überwinterung auf der Station bewerben (s. Abb. 5.34). Unter den vielen Antarktisstationen ist zudem die französisch-italienische Concordia-Station zu nennen, die in über 3233 m Höhe liegt und in der deshalb die kombinierten medizinischen Effekte der Isolation und der dünnen Atmosphäre zugleich untersucht werden können. Man kann als Wissenschaftler alle paar Jahre bei der ESA Ideen für humanphysiologische Experimente auf dieser Station einreichen, die während der Überwinterung durchgeführt werden sollen.

Denjenigen, die jetzt noch nicht genug über Weltraummedizin gelesen haben, seien die folgenden drei Bücher in englischer Sprache empfohlen: Ein allgemeinverständliches Weltraummedizin-Fachbuch mit

Abb. 5.34 Website mit Stellenangeboten des Alfred-Wegner-Instituts. Hier werden Stellen für die Neumayer-III-Station in der Antarktis, auch für Überwinterungen, ausgeschrieben. http://www.awi.de/arbeiten-lernen/jobs/stellenangebote.html

vielen Abbildungen hat Gilles Clement geschrieben (Clement 2011). Das Buch von Auerbach deckt als Standardwerk der Wildnismedizin ein unheimlich breites Spektrum medizinischen Spezialwissens ab, das für Raumfahrer interessant und relevant werden kann (Auerbach 2007). Das beste und umfassendste weltraummedizinische Fachbuch auf dem Markt ist sicherlich das Buch von Michael Barratt und Sam Pool (Barratt and Pool 2008).

Literatur

Paul S. Auerbach (2007) Wilderness medicine, 5. Aufl. Mosby Elsevier, Philadelphia. ISBN 978-0-323-03228-5

Michael R Barratt, Sam L Pool (2008) Principles of clinical medicine for space flight. Springer, New York. ISBN 978-0-387-68164-1

Buckey JC, Gaffney FA, Lane LD, Levine BD, Watenpaugh DE, Blomqvist CG (1993) Central venous pressure in space. N Engl J Med 24;328(25):1853–1854

Buckey JC Jr, Gaffney FA, Lane LD, Levine BD, Watenpaugh DE, Wright SJ, Yancy CW Jr, Meyer DM, Blomqvist CG (1996) Central venous pressure in space. J Appl Physiol 81(1):19–25

Gilles Clement (2011) Fundamentals of space medicine, 2. Aufl. Springer (Space Technology Library), New York. ISBN 978-1-4419-9904-7

Kirsch KA, Röcker L, Gauer OH, Krause R, Leach C, Wicke HJ, Landry R (1984) Venous pressure in man during weightlessness. Science 13;22(4658):218–219

Richard S Johnston, Lawrence F Dietlein, and Charles A Berry (1975) Biomedical Results of Apollo. NASA SP-368, Washington

6 Mögliche Ziele, Entdeckung und Kolonisation

Eine Tatsache vorweg: Kein Mensch war bisher länger als 10 Tage außerhalb der Erdumlaufbahn und auch dann nur auf dem Erden-Mond, zuletzt im Jahr 1972. Es wird Zeit, weiterzumachen! Alle Objekte in unserem Sonnensystem, außer der Erde und ihrem Mond, sind noch nie von Menschen betreten worden. Asteroiden und der Mars sind die nächsten schon seit Langem von den großen Raumfahrtagenturen angegebenen Ziele. Dieses Kapitel enthält zunächst einen Überblick, welche potenziell bereisbaren Objekte es gibt, und steigt dann in die Detailplanung möglicher Aktivitäten und Ideen zur Besiedlung ein.

6.1 Ein kurzgefasster Reiseführer

Angehende Raumfahrer interessiert womöglich, welche Objekte im Weltraum für einen Besuch infrage kommen könnten. Aus Gründen der Antriebstechnik ist es aktuell und voraussichtlich auch noch für lange Zeit unpraktisch, sich für einen bemannten Raumflug direkt ein Ziel außerhalb des Sonnensystems auszusuchen. Doch auch hier, in unserem Sonnensystem, gibt es eine Menge möglicherweise interessanter Ziele zu erkunden, sodass viele Entdeckergenerationen spannende Expeditionen durchführen, Namen an geologische Punkte wie Bergspitzen und Krater vergeben (Abb. 6.1) und neue Entdeckungen machen können. Welche Objekte gibt es in unserem Sonnensystem? Eine Übersicht bietet Abb. 6.2. Darüber, wie lange man von der Erde aus mit

B. Ganse, U. Ganse, *Das kleine Handbuch für angehende Raumfahrer*,
https://doi.org/10.1007/978-3-662-54411-2_6

Abb. 6.1 Auf dieser Website kann man offiziell Namen für geologische Strukturen auf Planeten vorschlagen, z. B. für Berge oder Krater. Es ist jedoch nicht erlaubt, etwas nach derzeit noch lebenden Menschen zu benennen. http://planetarynames.wr.usgs.gov/

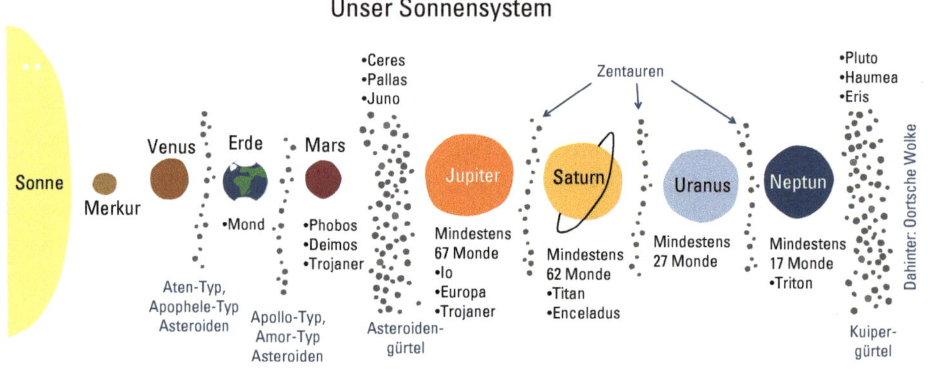

Abb. 6.2 Grobe Karte unseres Sonnensystems. Achtung: Abstände stimmen nicht!

den aktuell gängigen Antrieben zu den anderen Planeten unterwegs wäre, gibt Abb. 6.3 Auskunft.

Ein häufig genanntes Ziel zukünftiger bemannter Missionen sind *Planeten*. Gemäß der Internationalen Astronomischen Union (IAU) ist ein Himmelskörper ein Planet, wenn er

1. sich auf einer Bahn um die Sonne befindet *und*
2. über ausreichend Masse verfügt, um durch Eigengravitation eine annähernd runde Form (hydrostatisches Gleichgewicht) zu bilden *und*
3. die Umgebung seiner Bahn von anderen Körpern bereinigt hat.

Tatsächlich besuchbar sind zum einen erdähnliche *Gesteinsplaneten* wie der Mars und theoretisch auch der Merkur und die Venus.

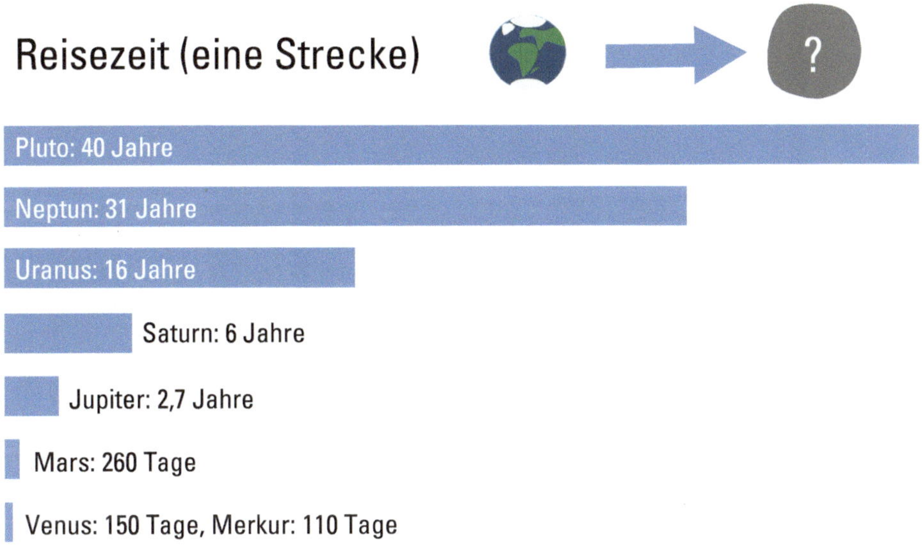

Reisezeit (eine Strecke)

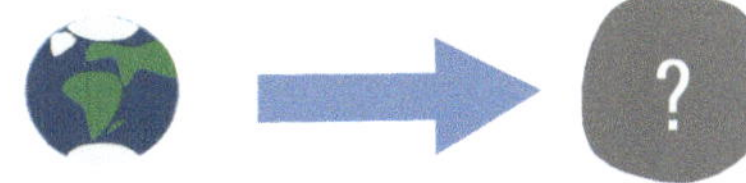

Pluto: 40 Jahre

Neptun: 31 Jahre

Uranus: 16 Jahre

Saturn: 6 Jahre

Jupiter: 2,7 Jahre

Mars: 260 Tage

Venus: 150 Tage, Merkur: 110 Tage

Abb. 6.3 Wie lange braucht man in unserem Sonnensystem ungefähr wohin?

Die letzten beiden allerdings nur theoretisch, weil erstens der Anflug in Richtung Sonne energetisch wesentlich schwieriger ist (quasi nur mit einem zeitaufwendigen Swing-by möglich!), und weil sich zweitens die Bedingungen auf diesen Planeten eher ungastlich darstellen: Merkur mit einer Tagestemperatur von ca. 430 °C, Venus mit dem Atmosphärendruck bei CO_2-Atmosphäre 90-mal höher als auf der Erde. Diese Planeten besitzen zwar eine Oberfläche, die eine Landung prinzipiell möglich macht und für Raumsonden bereits durchgeführt wurde (Abb. 6.4), für Menschen wird es aber schwierig. Denkbar sind ballongetragene, schwebende Stationen in den oberen Schichten der Atmosphäre, wo sowohl Luftdruck und Temperatur angenehmer sind. Ähnlich ist es bei den Gasriesen Jupiter, Saturn, Uranus und Neptun. Hier gibt es keine feste Kruste, wohl aber eine Zunahme der Dichte des Gases im Zentrum, in dem sich nach der Kern-Aggregations-Hypothese auch ein fester Kern befinden muss. Bisher sind alle Sonden noch während des Eindringens in den Gasschichten zerstört worden. Möchte man also einen Planeten bereisen, so ist der Mars sicherlich zunächst das zugleich praktikabelste und interessanteste Objekt (Abb. 6.5 und 6.6). Unbemannte Missionen haben schon zahlreiche Fotos und Daten von der Oberfläche übermittelt, aber Menschen waren noch nie dort, und Berge für Erstbesteigungen stehen zur Verfügung.

Abb. 6.4 Die Landschaft in der Kimberley-Region auf dem Mars. (Bildquelle: NASA)

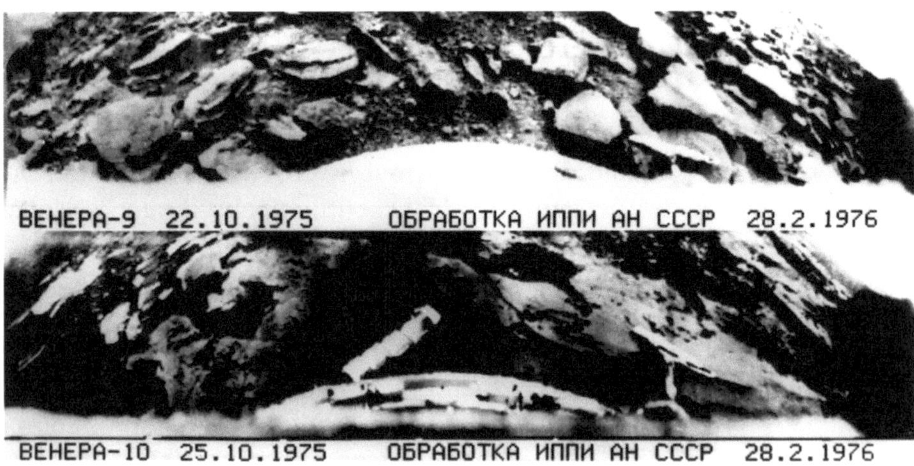

Abb. 6.5 Fotos von der Venusoberfläche, aufgenommen bei den Missionen Venera 9 und 10 der UdSSR. (Bildquelle: NASA)

Für Exogeologen, also Geologen, die sich mit Objekten außerhalb der Erde beschäftigen, dürfte der Mars viele Schätze parat haben.

Auch ist eine Landung auf *Zwergplaneten*, zu denen die größeren Asteroiden wie Ceres und Vesta und einige der Kuipergürtel-Objekte wie Pluto zählen (Abb. 6.7), möglich. Seit dem Vorbeiflug der „New-Horizons"-Raumsonde ist bekannt, dass Pluto einen dicken Eismantel hat, der zu 98 % aus Stickstoffeis besteht und überraschenderweise darüber eine dünne Atmosphäre aus Stickstoff trägt. Zusammen mit

Abb. 6.6 Eine Sanddüne auf dem Mars fotografiert von der HiRISE-Kamera der NASA. Die Veränderung von Sanddünen gibt Hinweise auf Wind und Wetter. (Bildquelle: NASA)

Eris, Haumea und weiteren zählt er zu den *Kuipergürtel-Objekten* (außerhalb der Neptunbahn um die Sonne kreisend), über die nur wenig bekannt ist. Haumea gehört der Zwergplaneten-Unterklasse der *Plutoiden* (transneptunische Zwergplaneten) an und hat eine ellipsoide Form mit einem Äquatordurchmesser von ca. 2200 km und einem Polabstand von ca. 1100 km. Von diesen Objekten scheint es sehr viele zu geben; Details kennt man noch nicht.

Die nächste Klasse möglicherweise brauchbarer Ziele sind *Monde*. Es gibt sehr unterschiedliche Monde in unserem Sonnensystem! Besonders stechen die Jupitermonde Io (Achtung: erheblicher aktiver Kryovulkanismus mit viel Schwefel!), Europa (Eisplanet mit gigantischem Ozean, umkreist den Jupiter in nur 3 Tagen), Ganymed (größter Mond des Sonnensystems, hat Magnetfeld und eine sehr dünne Atmosphäre) und Kallisto (Eiskruste, viele Krater) heraus. Zu bedenken ist allerdings der Strahlungstorus des Jupiters, der weit größer und fast 5000-mal stärker ist als die Strahlungsgürtel der Erde. Schon ein schneller Durchflug wäre für Menschen nicht überlebbar (s. Abb. 2.3), sodass von diesen Monden vermutlich nur Kallisto tatsächlich als Reiseziel geeignet ist, da er weit genug außerhalb des Strahlungstorus bleibt.

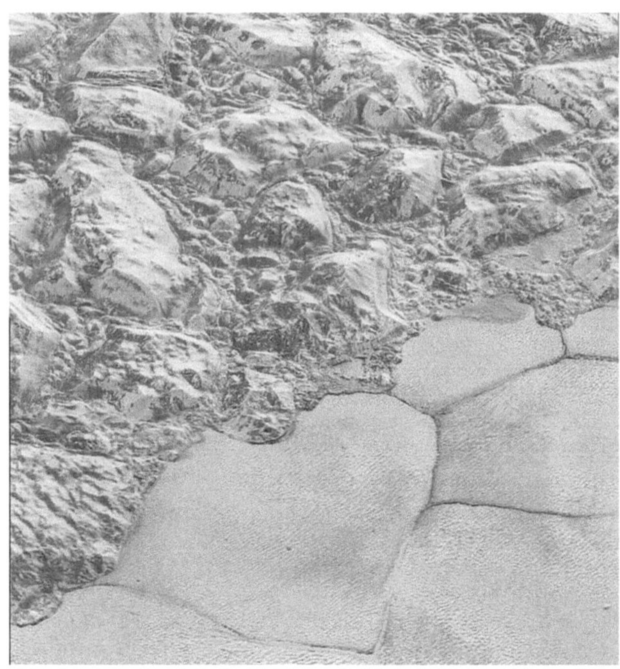

Abb. 6.7 Eisschollen auf dem Pluto, die sich im oberen Teil zu Bergen aufgetürmt haben (Sputnik-Planum und die Al-Idrisi-Berge). Das Foto wurde von der „New-Horizons"-Raumsonde der NASA aufgenommen. (Bildquelle: NASA)

Der Saturnmond Titan ist aufgrund seiner dichten Stickstoff-Gashülle, der großen Menge an Kohlenwasserstoffen und gefrorenem Wasser von allen Himmelskörpern des Sonnensystems der Erde am ähnlichsten. Experten diskutieren über die mögliche Existenz von Leben bzw. die Eignung für menschliche Besiedlung. Die Monde der großen Gasplaneten dürften eine beeindruckende Aussicht zu bieten haben, da ihre Planeten am Himmel riesig erscheinen müssten.

Auch die Ringe des Saturn sind ein einzigartiges Reiseziel im Sonnensystem. Sie haben fast eine Million Kilometer an Durchmesser (schließlich umkreisen sie den gesamten Planeten), sind dabei aber nur ungefähr 100 m dick! Sie bestehen aus „Staub", wie es Astrophysiker bezeichnen - mit einer mittleren Korngröße von ungefähr 5 m und einem Abstand von 10–100 m zwischen den einzelnen Brocken. Doch Vorsicht: Diese Ringe bilden ein dynamisches System, alles bewegt sich (mit wenigen Zentimetern pro Sekunde) gegeneinander, hier und da kollidieren Ringpartikel und prallen voneinander ab. Da der Ursprung des Ringsystems allem Anschein nach ein zerbrochener ehemaliger Eismond des Saturns ist, kann es sehr interessant sein, sich die Bruchstücke einmal aus der Nähe anzuschauen und somit über die Zusammensetzung des Inneren eines Eismondes zu lernen.

Aktuell in den Augen der Entscheidungsträger in der Raumfahrt besonders reizvolle, wirtschaftlich möglicherweise interessante und relativ leicht zu erreichende Ziele stellen die *Asteroiden* (auch Kleinplaneten) dar. Diese sind bis auf wenige Ausnahmen kleiner als Zwergplaneten, haben eine so geringe Gravitation, dass sie sich nicht zur Kugel formen, und von ihnen gibt es über eine Million in unserem Sonnensystem. Die meisten Asteroiden befinden sich im *Asteroidengürtel* zwischen den Planeten Mars und Jupiter. Diesen Gürtel sollte man sich keinesfalls so vorstellen, wie Science-Fiction-Filme es gerne vermitteln, denn die Abstände zwischen zwei Asteroiden sind stets mehrere Millionen Kilometer groß, und die Kollisionsgefahr zwischen zwei Asteroiden (oder Asteroiden und Raumschiffen) ist äußerst gering. Wenn sie allerdings doch miteinander kollidieren, können Bruchstücke als Meteoroiden auf die Erde treffen.

Asteroiden haben meist einen Metallkern und einen Mantel bestehend aus Silikaten, doch einige bestehen lediglich aus Eis und Staub und wieder andere sind lediglich durch Gravitation zusammengehaltene Haufen kleinerer Steine. Ceres ist das größte Objekt im Asteroidengürtel, hat eine Kohlenstoffoberfläche und an einer Stelle helle Flecken unbekannten Ursprungs. Anhand der durch Spektroskopie gemessenen Zusammensetzung wurden Asteroiden in viele Klassen eingeteilt, codiert mit Buchstaben. Anhand der Lokalisation und Bahn werden Asteroiden in Gruppen eingeteilt. Es gibt Asteroiden, die sich in den Lagrange-Punkten (s. auch Abschn. 3.5) großer Planeten aufhalten. Diese werden Trojaner genannt. Trojaner haben unter anderem der Jupiter (z. B. Achilles) und der Mars (z. B. Eureka). Zu bemerken ist, dass Asteroiden auch Monde mit nicht unerheblicher Größe haben können.

Die Asteroiden zwischen Mars und Jupiter teilt man in drei Gruppen ein: in den inneren, mittleren und äußeren Hauptgürtel. Außerhalb dieser Gürtel gibt es weitere Gruppen, z. B. die Cybele-Gruppe oder die Pallas-Familie.

Als *erdnahe Asteroiden* bezeichnet man solche, die dem Erdorbit besonders nahe kommen. Für angehende Raumfahrer kommen diese aufgrund der Nähe als Reiseziele vermutlich am ehesten infrage. Bei den erdnahen Asteroiden unterscheidet man wiederum den Amor-Typ (kreuzen der Marsbahn, nicht aber der Erdbahn), den Apohele-Typ (gesamte Bahn innerhalb der Erdbahn) und Erdbahnkreuzer (Kreuzen der Erdbahn, aber keine Kollision mit der Erde selbst, sondern sie befinden sich mal oberhalb und mal darunter; Apollo-Typ/Aten-Typ etc.). Aber das geht jetzt auch so langsam zu weit ins Detail.

Wenn man es besonders spannend machen möchte, kann man auf einem *Kometen* landen und ihn auf seiner Bahn beobachten. Dabei verändern sich nicht nur die Position und die Beobachtungsmöglichkeiten anderer Himmelskörper, sondern eventuell auch die lokalen Bedingungen (z. B. die Temperatur, und damit können Stoffe ausdampfen oder wegtauen). Die Raumsonde „Philae" der ESA ist in einer bisher noch nie dagewesenen Mission im November 2014 auf dem Kometen 67P/Tschurjumow-Gerassimenko gelandet und hat faszinierende Bilder und Forschungsdaten von seiner Oberfläche auf der Reise um die Sonne geliefert (Abb. 6.8 und 6.9). Man unterscheidet

Abb. 6.8 Der Komet 67P/Tschurjumow-Gerassimenko von der Raumsonde „Rosetta" aus fotografiert. Man beachte die Gasausbrüche in der Kometenatmosphäre. (Bildquelle: NASA)

Abb. 6.9 Foto der Oberfläche des Kometen 67P/Tschurjumow-Gerassimenko aufgenommen vom Lander „Philae". (Bildquelle: NASA)

aperiodische Kometen (kehren nicht wieder) und *periodische Kometen* (wiederkehrende Kometen). Kometen bestehen hauptsächlich aus Eis und Staubpartikeln, und es wird vermutet, dass sie repräsentativ für die Zusammensetzung vieler Objekte in der Oort'schen Wolke am Rande des Sonnensystems sind. Je näher sie der Sonne kommen, umso mehr prägt sich die *Koma* aus, eine dünne Nebelhülle aus verdampftem Material, die dazu führt, dass der Komet einen Schweif ausbildet. Dieser Schweif wird aber keinesfalls „hinter dem Kometen hergezogen", sondern zeigt stets von der Sonne weg, da der Sonnenwind ihn vom Kometen wegdrückt. Der Kometenkern und die Koma bilden zusammen den Kometenkopf.

Auch wenn eine bemannte Reise dorthin zunächst nicht realisierbar sein mag, sollen potenzielle Ziele außerhalb des Sonnensystems zumindest erwähnt werden. Beim Verlassen des Sonnensystems begegnet man zunächst dem *Termination Shock*, wo sich der Sonnenwind aufstaut und mit dem interstellaren Medium eine Bugwelle um unser Sonnensystem bildet. Die Dichte dieser Teilchen ist sehr gering, also nicht zu vergleichen mit Wasser oder Luft. Dort wird man einen plötzlichen, deutlichen Anstieg der Dichte messen und eine Änderung der Flussrichtung des umgebenden Mediums: Denn an diesem Punkt hört der Sonnenwind auf, geradewegs von der Sonne wegzufließen, sondern sich in die Umgebung des Interstellaren einzumischen. Nach weiteren mehreren Milliarden Kilometern erreicht man schließlich einen weiteren plötzlichen Übergang, in dem die Strahlungsintensität deutlich ansteigt, da die Strahlung aus den uns nächstgelegenen kosmologischen Quellen, insbesondere dem Pulsar Geminga, nun ungehindert das eigene Raumfahrzeug erreichen kann. Die in den 1970er-Jahren gestarteten Voyager-Raumsonden haben in den letzten Jahren diese Informationen geliefert, als sie als die ersten von Menschen gebauten Sonden den Einflussbereich des Sonnenwindes verlassen und dabei weiter Messdaten zur Erde geschickt haben. Auch wenn die Strahlungsumgebung von diesem Punkt an nicht mehr von der Sonne dominiert wird, sondern externe Quellen die Umgebung dominieren, gibt es auch hier noch reichlich Kuipergürtel-Objekte und die Oort'sche Wolke, die Quelle von Kometen und anderen Staub- und Eisklumpen ist, zu erkunden.

Unser Sonnensystem befindet sich innerhalb der Galaxie Milchstraße und ist seit etwa 100.000 Jahren in einer Wolke aus interstellarer Materie, der Lokalen Flocke, lokalisiert. Interstellare Materie besteht aus Gas und Staub, und daraus entstehen neue Sterne. Die Dichte ist allerdings sehr gering und beträgt etwa ein Atom pro 4 Kubikzentimeter. Die Lokale Flocke hat einen Durchmesser von ca. 30 Lichtjahren. Benachbarte Sternensysteme in der Milchstraße sind unter anderem Alpha Centauri (mit nur 4 Lichtjahren Entfernung das nächstgelegene Sternsystem), Fomalhaut (25 Lichtjahre entfernt) und Arktur (37 Lichtjahre).

Inzwischen sind bereits sehr viele (über 2000) *Exoplaneten* entdeckt worden, also Planeten außerhalb unseres Sonnensystems. Nachdem die ersten durch indirekte Nachweisverfahren in den 1990er-Jahren identifiziert wurden, war der erste, durch optisches Licht direkt gefundene Exoplanet Fomalhaut b, auch Dagon genannt, etwa so groß wie Jupiter. Auch wurden bereits Exoplaneten in der *habitablen Zone* nachgewiesen, also in einem Abstand zum Stern, der die Existenz flüssigen Wassers ermöglicht. In unserer direkten kosmischen Nachbarschaft, im Orbit um den Stern Proxima Centauri, gibt es bspw. den erst 2016 entdeckten erdähnlichen Planeten Proxima b in einer Entfernung von nur 4,2 Lichtjahren!

Weitere Planeten in der habitablen Zone sind z. B. Kepler 22b und Gliese 581c. Kepler 22b ist ca. 600 Lichtjahre von der Erde entfernt und deutlich größer als die Erde. Für große extrasolare terrestrische Planeten wurde der Begriff *Supererde* geprägt, und noch größere werden je nach Definition auch als *Megaerden* bezeichnet. Gliese 581c liegt nur 20 Lichtjahre von der Erde entfernt und scheint ebenfalls eine Supererde zu sein. Planeten um einen Stern werden immer in der Reihenfolge von innen nach außen mit Buchstaben versehen. Der dem Stern am nächsten gelegene Planet trägt den Namen des Sterns und „a". Kepler 22b ist also der zweite Planet (von innen an gezählt), der um den Stern Kepler 22 kreist. Gliese 581c ist der dritte Planet, der um Gliese 581 kreist usw. Eine ganze Reihe verschiedener Exoplanetentypen sind inzwischen bekannt. Es gibt sogar Hinweise auf die Existenz von Planeten, die nur aus Wasser und Dreck bestehen. Bereits im Kleinen kann man sich das vorstellen, wenn man sieht, wie sich Wasser in Schwerelosigkeit zu einer Kugel formt (Abb. 6.10). Denjenigen, die tiefer in das Thema der Exoplaneten einsteigen wollen, sei das sehr unterhaltsame Buchder Astrophysikerin Lisa Kaltenegger zu diesem Thema empfohlen (Kaltenegger 2015).

Ein Objekt, das bezüglich der Masse in die Definition eines Planeten passen würde, aber kein Objekt größerer Masse umkreist (wie einen Stern), nennt man Planemo (*Planetary Mass Object*). Andere Bezeichnungen sind vagabundierender Planet oder auf Englisch *Free Floating*

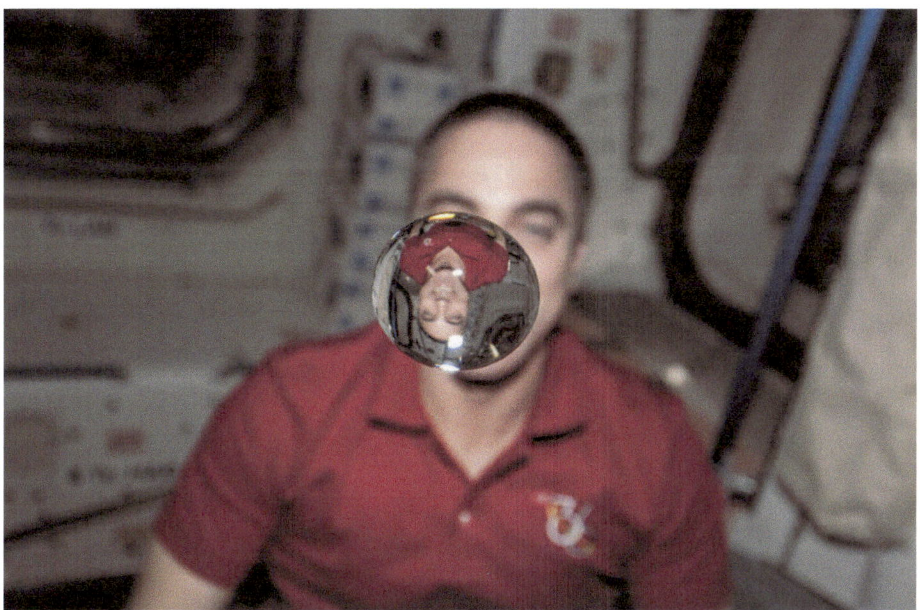

Abb. 6.10 NASA-Astronaut Chris Cassidy mit freischwebender Wasserkugel zwischen sich und der Kamera. (Bildquelle: NASA)

Planet. Bisher wurde noch kein derartiger Planet entdeckt - das ist nämlich extrem schwer, da diese dunkel sind und nicht von einem Stern angestrahlt werden. Die Existenz ist theoretisch möglich, wenn auch umstritten.

6.2 Erkundung

Am Ziel angekommen steht die Erkundung des Terrains an, eventuell die Analyse von Gesteinen und womöglich die Suche nach Spuren von Leben. Dies gelingt am besten, wenn die Mobilität durch Fahrzeuge verbessert wird, die die Erkundung über Fußmärsche hinaus ermöglicht. In den späteren Apollo-Missionen wurden bereits Fahrzeuge eingesetzt, mit denen die Astronauten auf der Mondoberfläche mobil waren (s. Abb. 5.3 und 6.11). Diese waren besonders leicht gebaut - so bestanden die Reifen z. B. aus einem Drahtgitter (Abb. 6.12). Da hier jedoch jeweils nur ein Fahrzeug pro Mission zur Verfügung stand und man im Fall eines Problems in der Lage sein musste, den Rückweg zu

Abb. 6.11 Der Astronaut Eugene A. Cernan testet das *Lunar Roving Vehicle* während der Apollo-17-Mission im Dezember 1972. (Bildquelle: NASA)

Abb. 6.12 Rad des *Lunar Roving Vehicle* in Leichtbauweise. Das *Lunar Roving Vehicle* war an der Seite der Apollo-Landekapsel angebracht und musste vor Gebrauch zusammengebaut werden

Fuß zu bewältigen, konnten die Astronauten sich nur maximal 6 km von der Landefähre entfernen. Bei der Planung von Missionen ist dies zu berücksichtigen, und man sollte überlegen, zwei Fahrzeuge mitzunehmen, um die Gestrandeten im Notfall retten zu können. Auch wäre es gut, eine Fahrzeugtechnologie zu wählen, die es erlaubt, unterwegs Energie zu generieren, z. B. mit Solarzellen.

Auch könnte man über den Einsatz von Drohnen zur Erkundung nachdenken. Viel hat man in den letzten Jahrzehnten von unbemannten Missionen gelernt, z. B. zum Mars. Hier kamen und kommen ferngesteuerte Rover zum Einsatz. Bereits in den 1970er-Jahren versuchte

Abb. 6.13 Der Mars-Rover „Curiosity" auf der Planetenoberfläche. Rätsel: Wer hat dieses Foto geschossen?[1] (Bildquelle: NASA)

die Sowjetunion, zwei Mars-Rover mit den Raumsonden „Mars 2" und „Mars 3" auf den Roten Planeten zu bringen. Beide Missionen schlugen jedoch fehl. Der Rover „Sojourner" der Mars-Pathfinder-Mission der NASA war im Jahr 1997 der erste Rover, der erfolgreich auf der Marsoberfläche eingesetzt wurde. Es folgten im Jahr 2004 die baugleichen NASA-Rover „Spirit" und „Opportunity" und im Jahr 2012 das *Mars Science Laboratory* „Curiosity" (Abb. 6.13). Diese Rover legten große Strecken zurück - „Opportunity" z. B. über 40 km, obwohl er mehrfach in Sanddünen feststeckte (Abb. 6.5).

---

[1] Der Rover hat sich mit dem Roboterarm mehrfach selbst fotografiert. Danach wurde das Bild digital rekonstruiert. Es gab also keinen menschlichen Fotografen!

Bemannte Fahrzeuge müssen zugleich mehrere Eigenschaften mitbringen: Sie sollten möglichst leicht sein, geländegängig und für den Transport von Crew und Instrumenten geeignet. Die Besatzung kann dabei entweder in Raumanzügen mit dem Gefährt fahren oder sich wie in einem Raumschiff in einer Kammer mit Atmosphäre und Lebenserhaltungssystem befinden. Bei den Apollo-Missionen fuhren die Astronauten in ihren EVA-Anzügen auf den Rovern sitzend. Ein anderes Konzept war aus Kapazitätsgründen damals nicht umsetzbar. Die NASA plant nun, in Zukunft mit Fahrzeugen mit Druckkammer und Lebenserhaltungssystem zu arbeiten, aus denen zusätzlich der Ausstieg in Raumanzügen möglich ist. Dieses *Space Exploration Vehicle Concept* (SEV) sieht die Verwendung derselben Kabine für Missionen auf der Oberfläche wie im Weltraum vor. Mit dem *Surface Concept* kann man diese Kabine auf einem Rover installieren, um die Oberfläche eines Planeten, Mondes oder Asteroiden zu erforschen (Abb. 6.14). Beim *In-Space Concept* kann man dieselbe Kabine mit einem Antriebsmodul und robotischen Armen ausgestattet für Ausflüge im Weltraum nutzen. Das grundlegende Konzept, ein modular einsetzbares Gefährt zu konzipieren, um Gewicht zu sparen und es in verschiedenen Situationen und unterschiedlichsten Missionen einsetzen zu können, scheint sehr

Abb. 6.14 Das SEV (*Space Exploration Vehicle*) der NASA. (Bildquelle: NASA)

viel Sinn zu machen. Man erhofft sich damit, Entwicklungskosten für an jede Mission individuell angepasste Systeme zu sparen.

6.3 Vulkanismus, Gletscher und Permafrostböden

Bei der Planung von Kolonien und Erkundungsausflügen sind viele Eventualitäten zu berücksichtigen. Eine Gefahr stellt *Vulkanismus* dar. Besonders ausgeprägt ist dieser bei Monden, die Planeten mit sehr großer Gravitation umkreisen, z. B. dem Jupitermond Io (s. Abb. 6.15), dem Neptunmond Triton und dem Saturnmond Enceladus (*Kryovulkanismus*). Hier entsteht der Vulkanismus durch die Deformierung des Planeten aufgrund erheblich ausgeprägter Gezeitenkräfte. Auf der Erde führen die Gezeitenkräfte zu Ebbe und Flut.

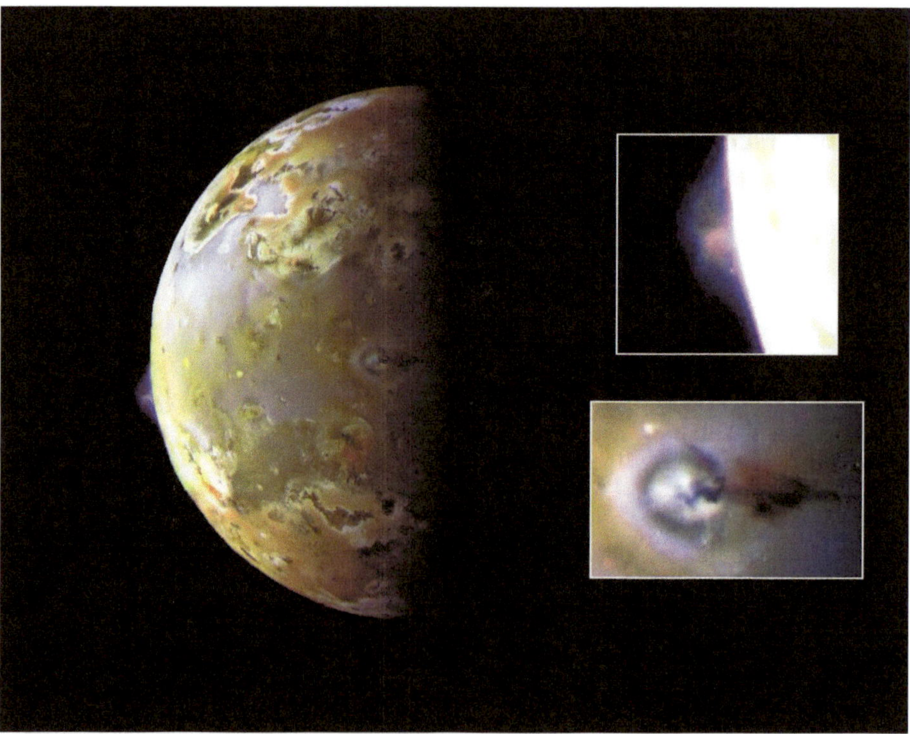

Abb. 6.15 Der Jupitermond Io aufgenommen von der Raumsonde „Galileo" mit sichtbarer vulkanischer Aktivität. Die Gezeitenkräfte sind auf Io wegen der Masse des Jupiters 6000-mal stärker als auf der Erde und der Grund für die erheblichen vulkanischen Prozesse. (Bildquelle: NASA)

Auf diesen Planeten und Monden sind die Gezeitenkräfte so groß, dass durch die ständige Deformierung des Gesteins Hitze und vulkanische Aktivität entstehen. Auf der Erde ist der Kern noch nicht ausgekühlt, und die Hitze stellt den Grund für den Vulkanismus dar. Er wird z. T. durch radioaktive Prozesse im Kern hervorgerufen – ein ganz anderer Entstehungsmechanismus. Die vulkanische Aktivität auf dem Mond Io umfasst z. B. Vulkanausbrüche, Lavaströme, mehrere hundert Kilometer hohe Rauchsäulen und pyroklastische Ströme. Mit Messsonden wurden Eruptionstemperaturen von bis zu 1600 °C gemessen, gerade bei der Eruption ultramafischer Mineralien (sehr magnesium- und eisenhaltig). *Pyroklastische Ströme* sind nicht nur für Raumfahrer potenziell gefährlich, sondern stellen auch auf der Erde bei Vulkanausbrüchen den häufigsten Todesgrund dar. Die meisten Menschen sterben also nicht an einem direkten Kontakt mit der Lava, sondern durch die Feststoff-Gas-Wolke, genannt pyroklastische Wolke, mit Temperaturen bis zu 800 °C. Diese Wolken können sich sehr schnell bewegen. Die Autoren empfehlen angehenden Raumfahrern, vom Besuch vulkanisch aktiver Ziele zunächst abzusehen, da diese erhebliche Unwägbarkeiten mit sich bringen. Denjenigen, die ihr Wissen hier vertiefen möchten, sei das Buch *Vulkanismus* von Hans-Ulrich Schmincke empfohlen (Schmincke 2013).

Auf den meisten Planeten und Monden befindet sich Eis (Abb. 6.7). Von der Erde ist man mit Wassereis vertraut, auf den meisten Körpern unseres Sonnensystems wird man aber auch anderes Eis vorfinden, z. B. Methaneis oder gefrorenen Stickstoff. Eis bzw. Feststoff im Allgemeinen kann entweder auf der Oberfläche eines Ozeans schwimmen oder es findet sich auf der Kruste bzw. auf festem Untergrund. Auch wenn man *Gletscher* von der Erde kennt und meint, dass sie weitgehend harmlos sind, sollte man damit rechnen, dass in der Nähe von Gletschern einiges zu beachten ist. Erstens können Gletscher aus Wassereis, die über längere Zeit kaum Bewegung gezeigt haben, plötzlich um bis zu 50 m pro Tag vorstoßen. Dies ist der Fall, wenn sich Material aufgestaut und der Gletscher quasi einen Buckel gebildet hat, der aufgrund hoher Kräfte (hydrostatischer Druck) irgendwann zu einem plötzlichen Vorstoß (engl. *surge*) führt. Der hydrostatische Druck hängt natürlich von der Gravitation auf einem Körper ab – je mehr Gravitation, umso höher ist der hydrostatische Druck. Gletscher aus Methaneis oder aus noch anderen Eissorten können sich möglicherweise aufgrund verschiedener Dichteverhältnisse noch anders verhalten als Gletscher aus Wassereis auf der Erde. In der Nähe von

Gletschern ist immer mit kurzfristigen Landschaftsveränderungen zu rechnen. Zudem müssen einem die Gefahren in Verbindung mit *Moränen* bekannt sein. Moränen sind Schuttwälle, die von Gletschern hinterlassen werden, wenn sich diese zurückziehen. Hier kann es Eiskerne geben (Eiskernmoräne), die nur sehr langsam abtauen und einen bereits mit Schutt überzogenen oder auf der Erde sogar mit Vegetation bewachsenen Hügel irgendwann, z. B. beim Betreten, zum Einsturz bringen. Auf Himmelskörpern mit geringerer Schwerkraft könnte dieses Problem noch gravierender werden. Eine Kolonie sollte man daher möglichst nie in der Nähe eines Gletschers planen.

Auf Planeten und Monden mit Jahreszeiten sind *Permafrostphänomene* zu beachten, wenn man nicht Gefahr laufen will, mit seinem Raumschiff im Morast stecken zu bleiben. Wenn der Boden die meiste Zeit des Jahres gefroren ist und nur für kurze Zeit während des Sommers auftaut, kann das oberflächliche Wasser nicht abfließen, da der gefrorene Boden darunter kein Wasser aufnehmen kann. Es bildet sich eine Schicht mit *Morast* und stehenden Pfützen, die potenziell Schwierigkeiten machen kann, wenn z. B. das Raumschiff einsinkt oder die Exploration des Geländes mit Fahrzeugen nicht möglich ist. Versunkene Objekte würden in der kälteren Jahreszeit einfrieren und nicht mehr zu bewegen sein. Der Landeplatz ist deshalb entsprechend zu wählen.

6.4 Bedingungen für menschliche Kolonien

Bereits seit über 100 Jahren denken Menschen über den Bau von Kolonien auf dem Mond und auf anderen Planeten nach. Nicht nur ist die *Kolonisation* fremder Welten mit der Faszination verbunden, einen Außenposten der Menschheit zu schaffen. Auch kann sie als Basis für die Entdeckung und Erforschung mit konkreten Zielen dienen oder schlicht zu kommerziellen Zwecken erfolgen. Ein entscheidender Grund für die Gründung von Außenposten stellt auch der Gedanke einer Überlebensversicherung für die Menschheit dar. Im Falle eines großen Problems auf der Erde könnte durch autonome Außenposten eine weitere Existenz der Menschheit ermöglicht werden. Bedingung hierfür ist jedoch, dass diese Außenposten auf sich allein gestellt zurechtkommen und keinen Nachschub von der Erde benötigen. Als Auswanderer aus Europa den amerikanischen Kontinent besiedelten, fanden sie dort gute Lebensbedingungen, fruchtbares Weideland und

Entwicklungsmöglichkeiten vor. Anders ist es bei der Besiedlung von Monden und Planeten: Hier gilt es, erhebliche Probleme zu überwinden, denn stets müssen ausreichend Atemluft, Nahrung und Wasser zur Verfügung stehen, und diese Dinge findet man dort nicht unbedingt vor. Daher sind Konzepte gefragt, die die Herstellung von Nahrungsmitteln, die Regeneration der Atemluft und die Wiederverwendung bzw. Herstellung oder die Gewinnung von Wasser ermöglichen. Zudem muss man sich gegen Strahlung schützen, denn viele Planeten und Monde besitzen keine Atmosphäre und kein Magnetfeld wie die Erde. Auf dem Mond, z. B., trifft die gesamte kosmische Strahlung aufgrund der fehlenden Atmosphäre direkt auf die Oberfläche und erzeugt noch in den oberen Gesteinsschichten Sekundärteilchen. Dies führt dazu, dass die Strahlungs-Äquivalentdosis in einem Meter Tiefe ein Maximum aufweist. Plant man eine Kolonie, in der Menschen über längere Zeit oder sogar unbegrenzt leben sollen, wären lebensfreundliche Temperaturen günstig. Für kurze Missionen sind Temperaturextreme sicherlich besser zu tolerieren als für Langzeitmissionen, da hierfür ein erheblicher Mehraufwand zu betreiben ist. Für die Planung einer Kolonisation ist daher auch die Lokalisation der Siedlung auf dem Körper äußerst relevant.

Um eine *Atmosphäre* atmen zu können, benötigen Menschen einen ausreichenden Luftdruck, Sauerstoffgehalt (und Sauerstoffpartialdruck, darf wegen Brandgefahr nicht zu hoch sein), einen niedrigen Kohlendioxidwert, der unterhalb der Schwelle zur Kohlendioxid-Vergiftung liegt, und es dürfen auch keine anderen Substanzen in der Luft sein, die in der vorliegenden Konzentration zu einer Vergiftung führen. Auch muss der Luftdruck insgesamt ausreichen. Bereits in Abschn. 2.5 wurde beschrieben, wie Lebenserhaltungssysteme funktionieren, um diese Bedingungen zu erzeugen, und die medizinischen Phänomene und genauen Erfordernisse wurden in Abschn. 5.5 besprochen. In Abschn. 6.5 wird es zudem um Pflanzen und Terraforming gehen, und um die Überlegung wie man solche Bedingungen künstlich schaffen könnte.

Der Luftdruck auf der Erde beträgt auf Meereshöhe etwa 1000 hPa, für Menschen würden aber je nach Luftzusammensetzung auch deutlich niedrigere Drücke ausreichen. Dann benötigt man jedoch je nach Druck und Luftzusammensetzung einige Zeit der Anpassung, z. B. in einer Druckkammer, bevor man in der Lage ist, mit dem Druck zurechtzukommen und den Planeten tatsächlich zu betreten. Allerdings unterscheiden sich die Atmosphären der anderen Himmelskörper unseres Sonnensystems in ihrer Zusammensetzung jeweils erheblich. So gibt es eine für Menschen atembare Atmosphäre in unserem Sonnensystem nur auf der Erde. Sauerstoff findet sich außer auf der Erde (21 Prozent) auf dem Merkur (42 Prozent, aber sehr dünn), dem Mars (0,13 Prozent) und dem Mond Europa (100 Prozent, ebenfalls sehr dünn). Menschen können auf Merkur, Mars und Europa aber ohne Druckanzug und entsprechende Ausstattung nicht überleben. Einen vergleichbaren Luftdruck wie auf der Erde (1000 hPa) gibt es nur auf dem Jupitermond Titan (ca. 1500 hPa). Jedoch besteht die Gashülle hier zu 98,4 Prozent aus Stickstoff und zu 1,6 Prozent aus Methan und Argon. Sauerstoff gibt es nicht, und daher können Menschen in dieser Atmosphäre nicht überleben.

Die dünne Atmosphäre des Mars besteht heute zu 95 Prozent aus Kohlendioxid (s. Abb. 6.16). Es gibt aber Hinweise darauf, dass es früher flüssiges Wasser und damit auch eine andere Atmosphäre mit einem wesentlich höheren Luftdruck auf dem Mars gegeben haben

Abb. 6.16 Die Mars-Atmosphäre aufgenommen von der Sonde „Viking 1". (Bildquelle: NASA)

könnte. Einige Wissenschaftler glauben, dass hier vor langer Zeit sogar eine sauerstoffreiche Atmosphäre existiert hat. Auch hat man im Boden Spuren von Wasser gefunden. Die dichte Atmosphäre könnte über drei Mechanismen verloren gegangen sein: das Wegtragen von Partikeln durch den Sonnenwind, eine größere Kollision wie z. B. ein großer Meteoriteneinschlag und das Verschwinden aufgrund der deutlich geringeren Gravitation (ca. ein Drittel der Erdgravitation).

Beim Herumlaufen auf einem Himmelskörper ist auch dessen Anziehungskraft (= Gravitation) zu bedenken. Auf der Erde sind wir 1 G Erdbeschleunigung (= 9.81 m/s^2) gewöhnt. Auf dem Mond haben die Astronauten des Apollo-Programms erlebt, was es heißt, sich bei einem Sechstel G fortzubewegen. Sie konnten sehr hoch springen! Es hat sich jedoch herausgestellt, dass normales Gehen viel weniger gut klappt als die Fortbewegung über Sprünge. Daher ist davon auszugehen, dass Menschen sich je nach Stärke der Gravitation andere Fortbewegungsmöglichkeiten angewöhnen werden und es vielleicht bei höherer Gravitation als auf der Erde das Beste ist, sich auf allen vier Extremitäten fortzubewegen. Der Mars hat etwa ein Drittel der Erdanziehungskraft. Auch hier könnte es womöglich für Menschen angenehmer sein zu springen. Interessant wird es, wenn die Gravitation deutlich stärker ist als auf der Erde, z. B. fünfmal so viel. Das kostet nicht nur unheimlich viel Kraft, sondern zudem wird das Blut im wahrsten Sinne des Wortes in die Beine gezogen und man bekommt Kreislaufprobleme. In der Humanzentrifuge kann man G-Kräfte bis zum Neunfachen der Erdanziehungskraft für kurze Zeit aushalten. Jeder ist aber unterschiedlich empfindlich, und nach einem Aufenthalt in Schwerelosigkeit kann der Kreislauf mit hohen Anziehungskräften besonders schlecht umgehen, weil er sich daran gewöhnt hat, mit weniger Blut und angepassten Reflexen auszukommen. Sicherlich würde eine gewisse Gewöhnung stattfinden, aber damit hat man noch keine Erfahrung. Möglicherweise würde der Aufenthalt in erhöhter Schwerkraft zu einer Zunahme des Volumens und der Kraft mancher Muskelgruppen und zu einer Zunahme der Knochendichte führen. Außerdem wäre der Reiz für den Kreislauf wahrscheinlich so groß, dass das Herz kräftiger und größer würde. Die Autoren raten aus eigener Erfahrung in der Humanzentrifuge dennoch davon ab, auf einem Planeten zu landen, der mehr als das Doppelte der Erdanziehungskraft hat.

Für den Bau von Kolonien auf fremden Planeten und Monden gibt es eine Menge fantastischer Ideen und Entwürfe. Aus Isolationsstudien wie dem Biosphere-2-Experiment (s. Abschn. 5.9) hat man gelernt, dass die Nutzung von Beton und Kuppeln für Gewächshäuser seine Schwierigkeiten haben kann, wie das Entweichen von Luft. Bei der Planung einer Kolonie sollte man sich zunächst auf einfachere Formen der Pflanzenzucht beschränken. Dazu mehr in Abschn. 6.5.

6.5 Pflanzen und Terraforming

Für das Gelingen einer Kolonie spielt die Gewinnung von Nahrung eine wesentliche Rolle. Diese muss abwechslungsreich sein und die Menschen mit allem versorgen, was sie benötigen. Einseitige Ernährung kann zu Mangelerscheinungen führen. Zum Beispiel gab es in der Schifffahrt früher Probleme mit *Skorbut* wegen Vitamin-C-Mangels. Skorbut tritt nach 2 bis 4 Monaten ohne Vitamin-C-Zufuhr auf, und typische Symptome sind Zahnfleischbluten, Hautentzündungen und Infektionskrankheiten, Wunden, Erschöpfung, Gelenkschmerzen, Fieber, Depressionen, Herzschwäche und Durchfall. Vitaminmangelsyndrome sollte man im Allgemeinen auf Raumflügen vermeiden, indem man bewusst ausreichend Vitamine zu sich nimmt. Am besten gelingt dies über den Konsum von frischem Obst und Gemüse, man kann aber auch Vitamintabletten einnehmen. Für den Aufbau einer Kolonie ist der Anbau frischer Nahrungsmittel deshalb dringend zu empfehlen. Nicht nur zur Ernährung, sondern auch um die Lebensqualität zu verbessern.

Experimente zur Pflanzenzucht in Schwerelosigkeit und in geschlossenen Habitaten gibt es schon seit Langem. Bereits im Jahr 1982 hat man auf der Sowjet-Raumstation „Saljut 7" Schaumkressen als erste Pflanzen im Weltraum wachsen lassen. Auf der ISS wurden zuletzt in einem Experiment Zinnien und andere Pflanzen gezüchtet (Abb. 6.17 und 6.18). Für die Pflanzenzucht ist die Mitnahme von Erde nicht erforderlich, sondern man kann dazu Nährsubstrate verwenden.

Welche Pflanzen sollte man von der Erde auf eine Reise oder in die neue Kolonie mitnehmen? Experimente auf Raumstationen haben ja zunächst einmal gezeigt, dass die Pflanzenzucht erfolgreich ist und dass Pflanzen blühen können. Will man seine Ernährung mit Gemüsepflanzen ergänzen, wäre es günstig, möglichst ertragreiche und robuste Pflanzen zu wählen. Erfahrungen hat man hiermit in Schwerelosigkeit bisher nicht gesammelt, aber diese Kriterien werden z. B. von Tomaten- und Kartoffelpflanzen erfüllt. Auch könnte man eine

Abb. 6.17 Eine blühende Zinnie im Veg-01-Experiment auf der ISS zum Test einer Pflanzenwachstumskammer und von Pflanzenkissen. (Bildquelle: NASA)

Abb. 6.18 Astronaut Steve Swanson beim Anbau von Salat auf der ISS im Rahmen des Veg-01-Experimentes. (Bildquelle: NASA)

ganze Reihe verschiedener Samen mitnehmen, um auf der Reise zu experimentieren und Abwechslung zu haben. Auf der Erde gibt es eine gigantische Anzahl verschiedener Pflanzenarten. In Samenbibliotheken werden Samen gelagert und aufbewahrt. Eine ganz besondere Samenbank ist der 2007 eröffnete *Svalbard Global Seed Vault*, in dem bis zu 4,5 Mio. Samenproben aus der ganzen Welt in einem unterirdischen Bunker bei –18 °C im Permafrostboden der Arktis gelagert werden, um für den Notfall gewappnet zu sein (Abb. 6.19). Man könnte überlegen, eine derartige Samenbank auch auf einem anderen Planeten oder dem Mond der Erde anzulegen, um die Vielfalt des irdischen Pflanzenlebens für den Fall einer Katastrophe auf der Erde und generell für die Zukunft zu bewahren. Wichtig ist es, die Samen kühl und vor Strahlung geschützt zu lagern. Auch könnte man überlegen, systematisch die Pflanzenzucht mit Samen im Weltraum zu erproben, um zu erfahren, welche Pflanzen besonders gut gedeihen und welche am ertragreichsten sind.

Zu erwähnen ist hier zudem die faszinierende, jedoch sehr theoretische Idee des *Terraforming*. Über noch nicht bekannte Technologien soll ein Planet so verändert oder beeinflusst werden, dass darauf Leben möglich wird. Je nach Ausgangssituation können ganz

Abb. 6.19 Eingang zum *Svalbard Global Seed Vault*, der größten Samenbank der Welt auf Spitzbergen in der Arktis. Hier werden systematisch Pflanzensamen von allen Kontinenten gelagert, um im Falle einer Katastrophe gewappnet zu sein

unterschiedliche Verfahren erforderlich sein, um dieses Ziel zu erreichen. Zum Beispiel die Schaffung einer Atmosphäre und der Anbau von Pflanzen, die Reduzierung oder Verstärkung des Treibhauseffektes, die Umwandlung von CO_2 und Bildung von O_2 (z. B. durch die Sabatier-Reaktion, s. Abschn. 3) oder die Veränderung des Orbits um den Stern. Das Marsgestein (Regolith) könnte z. B. unter dem Einfluss von CO_2 und Wasser theoretisch Sauerstoff freisetzen, der für Leben wie auf der Erde erforderlich ist. In der Science-Fiction-Welt ist das Terraforming ein wiederkehrendes Motiv, jedoch liegt derzeit kein praktikables oder konkretes Konzept vor, das aktuell umsetzbar und sinnvoll erscheint, da insbesondere die erforderlichen Energiemengen die heutigen Möglichkeiten deutlich übersteigen.

Um ein drohendes Ende der Menschheit auf der Erde zu umgehen oder eine Reise in ein entferntes Sonnensystem zu ermöglichen, kursiert bereits seit Anfang des 20. Jahrhunderts das Konzept des *Generationenraumschiffes*. Eine solche Weltraumarche soll eine größere Population von Menschen transportieren, die ihr Leben auf der Arche verbringen, sich fortpflanzen und deren Kindeskinder lange Zeit später den Zielplaneten erreichen. Wichtig sind hier eine gute Planung des Ziels und ein Konzept, das auf alle Eventualitäten vorbereitet ist, gerade auch was die Herstellung von Bauteilen, Produktion von Nahrungsmitteln und Medikamenten, die Erhaltung der Kultur sowie die Übernahme neuer technischer Entwicklungen von der Erde angeht. Im Optimalfall ist das Generationenraumschiff mit einer riesigen Datenbank ausgestattet. Experten aus allen Gebieten müssen ihr Wissen weiterreichen und die folgenden Generationen exzellent vorbereiten. Auch sollte bedacht werden, dass eine folgende Generation sich zur Umkehr entscheiden könnte, und diese Möglichkeit sollte zu jedem Zeitpunkt gegeben sein. Die genetische Diversität über Generationen muss mit einer möglichst großen Population gewährleistet sein, um das Auftauchen inzuchtbedingter Krankheiten zu verhindern. Auch sind Methoden erforderlich, um das Immunsystem Heranwachsender in einem Raumschiff zu stärken, z. B. über Impfungen. Erfahrungen von isolierten Populationen auf der Erde zeigen, dass sich Kultur schnell ganz anders entwickeln kann, sodass eventuell bei einer Rückkehr nicht nur aufgrund von Infektionskrankheiten, sondern auch aus sozialen Gründen eine Reintegration schwer werden könnte. Dies sind interessante Gedankenspiele, und die Autoren empfehlen, sie weiterzuspinnen.

6.6 Ressourcen und Bergbau

Auf der Erde wird *Bergbau* in den entlegensten Gebieten betrieben, weil es sich finanziell lohnt. Sicherlich ist nicht jede Ressource den äußerst hohen Aufwand wert, dafür auf einen anderen Planeten zu fliegen, jedoch könnte es Situationen geben, in denen dieser Fall denkbar ist. Hierzu müssen zwei Gegebenheiten erfüllt ein: Der abzubauende Stoff muss wertvoll genug sein, um den Aufwand zu rechtfertigen, und die technischen Möglichkeiten müssen seitens der Transportkapazität und Logistik so weit entwickelt sein, dass das Projekt möglich wird. Man unterscheidet grundsätzlich den Tagebau (Abbau an der Oberfläche), den Tiefbau (Abbau unter Tage in einem Bergwerk mit Stollen) und den Bohrlochbergbau (Erdöl-, Erdgas und Salzförderung). In der Raumfahrt würde sich zunächst der direkte Abbau an der Oberfläche anbieten, weil hierfür weniger Arbeitsmaterial erforderlich ist, dessen Transport im Weltraum aufwendig wäre. Beim Braunkohle-Tagebau kommen hierzu auf der Erde große Bagger zum Einsatz. An manchen Orten der Erde befindet sich das abzubauende Material in Schichten in Bergen oberhalb der weiterverarbeitenden Anlagen, und somit ist gar kein Bergbau in die Tiefe erforderlich, sondern nach oben in den Berg.

Derzeit hat Bergbau außerhalb der Erde noch nicht stattgefunden, auf dem Mond wurden aber bereits viele Bodenproben genommen und analysiert. Hier fanden sich Ressourcen, insbesondere ein Gestein, das KREEP genannt wird. Diese Wortschöpfung setzt sich zusammen aus K für Kalium, REE für *Rare Earth Elements* und P für Phosphor. KREEP hat einen größeren Anteil Lanthan, ein Metall der *seltenen Erden*. Lanthan wird zum Beispiel für die Herstellung von Kathoden und in der Optik benötigt. Als Legierung mit Kobalt wird es für Akkumulatoren verwendet. Es wurden auch z. B. Mondbasalt und Troktolith gefunden und auf die Erde gebracht, beides sehr alte Gesteine mit einem Alter von 3,5 bis 4,5 Mrd. Jahren. Es ist denkbar, dass auf anderen Planeten, Asteroiden oder Monden in unserem Sonnensystem weitere interessante Ressourcen gefunden werden. Man geht insbesondere bei Asteroiden von einem hohen Gehalt von Mineralen nahe der Oberfläche aus, die auf der Erde tief ins Erdinnere gesunken sind. Hierzu könnten neben seltenen Erden auch Edelmetalle wie Gold und Silber gehören. Asteroiden bieten sich für den Bergbau besonders an, weil hier die Gravitation so gering ist, dass der Abtransport deutlich weniger aufwendig ist, weil man nur sehr wenig Treibstoff für den Start aufwenden müsste. Der Abbau auf den Saturnringen ist ebenfalls zu bedenken, denn hier liegt neben vielen Gesteinsarten wahrscheinlich viel Wassereis vor. Wasser zu haben ist für viele Tätigkeiten enorm nützlich. Konzepte für den Bergbau auf Asteroiden sehen primär unbemannte, robotische Missionen vor.

Auch wenn Bergbaumissionen sicherlich primär wirtschaftliche Interessen verfolgen würden, so wäre es wichtig, zumindest zu einem gewissen Grad auch Forschungsthemen mit im Blick zu haben. Beispielsweise ist die Weltraumpaläontologie bzw. die Suche nach Hinweisen auf ausgestorbenes Leben ein Vorgang, der gleichzeitig mit der Ressourcenerkundung durchgeführt werden könnte.

6.7 Weltraumrecht

Der Weltraum beginnt juristisch in einer Höhe von 100 km über dem Meeresspiegel und wird juristisch im Großen und Ganzen ähnlich wie die hohe See behandelt. So wie man auf hoher See treibendes Gut (Treibgut und Strandgut) unter bestimmten Bedingungen einfach behalten kann, könnte man theoretisch von einem leeren, herrenlos im Weltraum treibenden Raumschiff ebenfalls problemlos Besitz ergreifen und es sein Eigen nennen. Eine Reihe von Abkommen regeln die rechtliche Lage im Weltraum. Zunächst einmal gibt es den *Weltraumvertrag* von 1967 (Vertrag über die Grundsätze zur Regelung der Tätigkeiten von Staaten bei der Erforschung und Nutzung des Weltraums einschließlich des Mondes und anderer Himmelskörper – „Treaty on Principles Governing the Activities of States in the Exploration and Use of Outer Space, including the Moon and Other Celestial Bodies"). Dieser besagt, dass die Erforschung und Nutzung des Weltraums nur zum Nutzen und im Interesse aller Staaten und zu friedlichen Zwecken erfolgen darf. Seit 1963 ist zudem das Moskauer Atomteststoppabkommen in Kraft, das es verbietet, Atomsprengköpfe in der Atmosphäre, im Weltraum und unter Wasser zu zünden. China und Frankreich sind dem Abkommen nie beigetreten. Der *Mondvertrag* von 1979 regelt, dass eine militärische Nutzung des Mondes und anderer Himmelskörper untersagt ist, wie auch staatliche Souveränitätsansprüche oder privater Besitz. Auch regelt er die Aufsicht der Nutzung extraterrestrischer Ressourcen als gemeinsames Erbe der Menschheit durch die Vereinten Nationen und verpflichtet zum Schutz vor Verschmutzung. Es gibt noch eine Reihe weiterer Abkommen, z. B. das Weltraumregistrierungsübereinkommen und das Weltraumhaftungsübereinkommen.

Für den angehenden Raumfahrer ist das Wichtigste, dass es außerhalb der Erde keinen Landbesitz gibt, auch wenn man eine Flagge irgendwo hinstellt, und dass kriegerische/militärische Aktionen im Weltraum verboten sind. Der Verkauf von Grundstücken auf dem Mond ist nicht legal! Wenn jemand auf seinem Raumflug Hinweise auf militärische Aktivitäten findet, wäre es schön, wenn er diese melden und veröffentlichen würde.

6.8 Astrobiologie und außerirdisches Leben

Zunächst einmal vorweg: Bisher gibt es keinen Nachweis außerirdischen Lebens, auch wenn die Existenz nicht nur denkbar, sondern wahrscheinlich ist. Man hat weder Kontakt zu intelligenten Außerirdischen gehabt noch Lebewesen in irgendeiner Form gefunden. Dies schließt Einzeller, Viren, Bakterien, Pilze, Pflanzen und andere, auch womöglich den Menschen überlegene Lebensformen ein - bisher nichts! Auch keine Radio-/Lichtsignale oder Funksprüche. Bodenproben wurden vom Mond zur Untersuchung auf die Erde gebracht, und darin fand sich kein Hinweis auf Leben. Eine Menge Analysen wurden und werden vor Ort (z. B. auf dem Mars) von unbemannten Sonden direkt durchgeführt und die Daten zur Erde geschickt.

Exkurs

Die Existenz außerirdischen Lebens ist seit Jahrhunderten Gegenstand von Spekulationen und führte zu verschiedenen Thesen. Nachdem im 16. Jahrhundert Kopernikus das *heliozentrische Weltbild* postuliert hatte, vermutete der italienische Philosoph Giordano Bruno ein unendliches Universum und dass Sterne Sonnen sind, um die ebenfalls Planeten kreisen (Zekl 2006). Dafür wurde er von der Kirche verbrannt. Der Niederländer Christiaan Huygens beschäftigte sich im 17. Jahrhundert mit dem Thema, vermutete Leben auf anderen Planeten und veröffentlichte seine *Vernünftigen Muthmaßungen* (Huygens 2012). Immanuel Kant veröffentlichte 1755 in seinem Text *Von den Bewohnern der Gestirne* die Theorie, dass die geistigen Fähigkeiten der Lebewesen mit steigendem Abstand zur Sonne zunehmen (Sonnenabstandsgesetz, Kant 1755).

Alle bisher bekannten Lebensformen basieren auf Kohlenstoffverbindungen und benötigen Wasser. Kohlenstoff ist deshalb so gut geeignet, weil er vier kovalente Bindungsstellen hat, mit denen sich dreidimensionale Strukturen bilden lassen. Theoretisch denkbar wären auch

Lebensformen, die z. B. auf Siliziumverbindungen basieren. Die Organismen auf der Erde bestehen neben Wasser und Kohlenstoff hauptsächlich aus Stickstoff, Sauerstoff, Phosphor und Schwefel. Die in den 1960er-Jahren aufgekommene *Gaia-Hypothese* besagt, dass jeder Planet, auf dem Leben existiert, eine Atmosphäre hat, die in einem Gleichgewicht mit den Lebewesen steht, und dass man über die Atmosphäre quasi indirekt das Leben ausfindig machen kann. Diese Hypothese ist heute jedoch umstritten, da man sich auch theoretische Szenarien vorstellen kann, in denen es anders wäre. Vor allem, weil man Tiere entdeckt hat, die keinen Sauerstoff benötigen (dazu gleich mehr).

In unserem Sonnensystem ist der derzeit in Bezug auf Leben vielversprechendste Ort der Jupitermond Europa. Es scheint hier einen großen Ozean unter der Eisoberfläche zu geben, der durch vulkanische Aktivität an seinem Grund aufgeheizt wird. Zudem hat man beobachtet, dass die Eiskruste brüchig ist und manchmal an Stellen einbricht, an denen dann eine Verbindung zwischen der Oberfläche und dem Ozean entsteht. Dieser Vorgang lässt Experten derzeit Leben dort für möglich halten. Andere Kandidaten für Leben in unserem Sonnensystem sind die Saturnmonde Titan und Enceladus. Auf Titan hat die Cassini-Huygens-Mission Methanseen gefunden, die mit flüssigem Methan und Ethan gefüllt sind. Dies sind die ersten Seen mit flüssigem Inhalt, die außerhalb der Erde entdeckt wurden (Abb. 6.20). Auf Enceladus wurde Wasserdampf nachgewiesen, der zum Teil von Geysiren ausgeworfen wird und in dem Spuren von Kohlenhydrat-Verbindungen nachgewiesen wurden. Zudem gibt es auch hier wahrscheinlich Ozeane unter der Eisdecke, die durch die Gezeitenkräfte aufgewärmt werden könnten. Es bleibt abzuwarten, was in den kommenden Jahren bei der näheren Erforschung dieser drei Kandidaten herauskommt!

Anekdote

Als auf Enceladus Wasserdampf nachgewiesen wurde, der von Geysiren ausgeworfen wird, hat man bei der entsprechenden NASA-Pressekonferenz gemutmaßt, dass es sich um einen Biervulkan handeln könnte.

Außerhalb unseres Sonnensystems spielt auf der Suche nach Exoplaneten, die ein Leben wie auf der Erde erlauben, die *habitable Zone* eine wichtige Rolle. Diese ist definiert als die Zone um einen Stern, in der die Temperaturen die dauerhafte Existenz von flüssigem Wasser

Abb. 6.20 Methanseen auf der Oberfläche des Saturnmondes Titan. Cassini-Radarbild von 2006. (Bildquelle: NASA)

erlauben. Dies ist die Voraussetzung dafür, dass erdähnliches Leben existieren kann. Die Lokalisation der habitablen Zone hängt von der Temperatur und Leuchtkraft des Zentralgestirns ab. Außerdem sind die Oberflächenbeschaffenheit und das Rückstrahlvermögen des Planeten relevant. Im Laufe des Lebens eines Sterns verschiebt sich die habitable Zone weiter nach außen, da die Leuchtkraft zunimmt. Wenn sich Leben über eine lange Zeit entwickeln soll, muss der Planet dafür womöglich durchweg in der habitablen Zone gelegen haben. Zudem hat der Treibhauseffekt einen Einfluss auf die Temperatur an der Oberfläche: Beim Vorliegen von Treibhausgasen kann die kurzwellige Strahlung zwar leicht von außen in die Atmosphäre eindringen, die Abstrahlung langwelliger Infrarotstrahlung von der Planetenoberfläche zurück ist jedoch erschwert. In unserem Sonnensystem liegen nach der klassischen Betrachtung die Erde und der Mars in der habitablen

Zone. Inzwischen ist man jedoch zu dem Schluss gekommen, dass auch in anderen Gebieten möglicherweise Leben existieren kann. Zum Beispiel auf den eben genannten Monden, auf denen wegen der hohen Reibung durch die Gezeitenkräfte Vulkanismus besteht, oder auf sehr radioaktiven Körpern. Inzwischen gibt es vier Klassen von Habitaten:

1. Erdähnliche Planeten in der habitablen Zone um einen Stern.
2. Ebenfalls in der oder am Rand der habitablen Zone, der Planet entwickelt sich aber anders als die Erde.
3. Monde oder Planeten mit Ozeanen unter der Oberfläche, die durch Gezeitenreibung oder Radioaktivität flüssig sind.
4. Reine Wasserhabitate/Ozeanplaneten.

Zudem ist es denkbar, dass Leben auf Exoplaneten existieren kann, die sich nur zeitweise in der habitablen Zone befinden, weil ihre Bahn elliptisch verläuft. Möglicherweise können Lebensformen schlafen oder sich in Sporenformen umwandeln, während die klimatischen Bedingungen ungünstig sind.

Funde fossiler *Stromatholiten* aus Australien zeigen, dass erste Lebensformen auf der Erde schon 400.000 Jahre nach ihrer Entstehung, also vor etwa 3,5 bis 4 Mrd. Jahren, auftauchten. Stromatolithen gelten als die älteste Lebensform auf der Erde. Es handelt sich um Kolonien von Cyanobakterien, die Ablagerungsgesteine bilden (Abb. 6.21). Man stellt sich die Frage, ob sich diese Lebewesen in einer so kurzen Zeitspanne von selbst auf der Erde entwickeln konnten oder ob sie z. B. über Meteorite eingeschleppt wurden.

Die *Drake-Gleichung*, auch *SETI-Gleichung* (SETI steht für *Search For Extraterrestrial Intelligence*) oder *Green-Bank-Formel* genannt, nach dem Ort der Konferenz, auf der sie 1961 vorgestellt wurde, dient der Abschätzung, wie groß die Anzahl intelligenter Zivilisationen in unserer Galaxie ist. Sie wurde von Frank Drake entwickelt, einem US-amerikanischen Astrophysiker. Die Gleichung berücksichtigt die folgenden Faktoren, um die mögliche Anzahl der außerirdischen Zivilisationen in der Galaxis zu berechnen, die technisch in der Lage sind, zu kommunizieren: die mittlere Sternentstehungsrate pro Jahr, den Anteil an Galaxien mit Planeten, die Anzahl der Planeten pro Stern in der habitablen Zone, die Anzahl an Planeten mit Leben (sehr spekulativ), der Anteil an Planeten mit intelligentem Leben (noch spekulativer), Anteil an Planeten mit Kommunikationsinteresse

Abb. 6.21 Lebende Stromatholiten im *Hamelin Pool Marine Nature Reserve* an der westaustralischen Shark Bay. Es gibt lebende Stromatholiten nur noch an wenigen Stellen auf der Erde. Im *Hamelin Pool* können sie wegen des ausgesprochen hohen Salzgehaltes überleben; dieser ist lebensfeindlich für andere Lebewesen

(wahnsinnig spekulativ) und die Lebensdauer einer technischen Zivilisation in Jahren (dazu Abb. 6.22). An den Parametern sieht man, dass es sich bestenfalls um eine Schätzung handelt (vgl. die folgende Rechenübung).

Das *Fermi-Paradoxon*, benannt nach dem italienischen Physiker Enrico Fermi, basiert auf der Drake-Gleichung. Wenn man danach davon ausgeht, dass in unserer Galaxie eine gewisse Anzahl intelligenter Zivilisationen existierten, dann müsste die Menschheit rein rechnerisch schon lange welche getroffen oder Besuch bekommen haben. Kurz gesagt: Wenn es so viele intelligente Zivilisationen gibt, warum hatte man dann noch keinen Kontakt? Gibt es eventuell regelhaft den Fall, dass Zivilisationen, die einen gewissen Entwicklungsgrad erreicht haben, sich selbst auslöschen? Zum Beispiel aufgrund einer Zerstörung der Vegetation, durch verheerende Kriege, nukleare Katastrophen oder bei erheblicher Überbevölkerung? Oder ist das interstellare Reisen aufgrund des Limits der Lichtgeschwindigkeit einfach so langwierig, dass es nicht zum Kontakt kommt? Genau das ist das Paradoxon. Das Fermi-Paradoxon taugt als Thema für den nächsten Abend am Lagerfeuer!

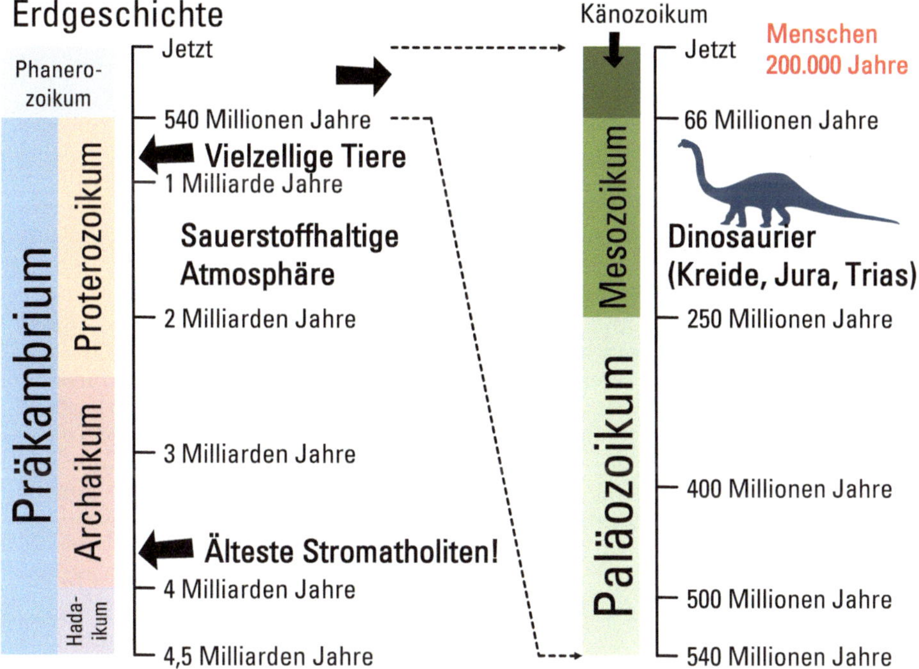

Abb. 6.22 Darstellung der Entwicklung des Lebens auf der Erde. Man beachte den beeindruckend kurzen Zeitraum der menschlichen Existenz

Rechenübung: Drake-Gleichung
Die Drake-Gleichung ist eine Formel zur Abschätzung, wie groß die Anzahl N an intelligenten Zivilisationen in der Milchstraße ist, von denen man auf der Erde Signale empfangen könnte:

$$N = R_* \cdot f_p \cdot n_e \cdot f_\ell \cdot f_i \cdot f_c \cdot L \tag{6.1}$$

Hierbei ist R_* die Sternentstehungsrate in der Milchstraße (aktuellen Schätzungen zufolge etwa 7 Sterne pro Jahr), f_p die Wahrscheinlichkeit für einen Stern, von Planeten umgeben zu sein (die Daten des Kepler-Weltraumteleskops deuten darauf hin, dass diese Zahl sehr nah an 1 liegt). Alle anderen Größen sind vollkommen unbekannt:

- n_e ist die durchschnittliche Anzahl an Planeten pro Stern, die Leben beherbergen können. Unbekannt.
- f_r ist die Wahrscheinlichkeit, dass sich auf einem Planeten, der Leben beherbergen kann, auch tatsächlich welches bildet. Diese Zahl liegt irgendwo zwischen null und eins, aber der genaue Wert ist komplett unklar.

- f_i ist die Wahrscheinlichkeit, dass Leben Intelligenz entwickelt. Dies ist ebenso unklar und liegt irgendwo zwischen null und eins.
- f_c folgt daraus, und ist die Wahrscheinlichkeit, dass eine intelligente Zivilisation tatsächlich Radiosignale in den Weltraum funkt. Gibt es evtl. bessere Kommunikationsmethoden, die uns nur noch nicht eingefallen sind?
- L ist die Zeit in Jahren, die eine solche Zivilisation dann tatsächlich existieren und senden würde. Vielleicht gehen intelligente Zivilisationen nach nur wenigen Jahrzehnten wieder unter? Oder existieren sie viele Jahrtausende? Auch dies ist eine unklare Zahl.

Die einzige wirklich schlüssige Zahl in dieser Gleichung ist die letztliche Anzahl N an Zivilisationen, die tatsächlich bisher beobachtet wurden: $N = 1$, nämlich nur die Menschheit selbst. Wenn man rein spekulative Zahlen einsetzt und schaut, was die Gleichung somit vorhersagt, kann man zu ziemlich beängstigenden Ergebnissen kommen: Nimmt man z. B. an, dass jeder Planet, auf dem Leben möglich ist, auch eine intelligente Zivilisation hervorbringt und alle davon auch mit dem Weltraum zu kommunizieren versuchen, muss die Zahl L, also die Lebensdauer dieser Zivilisationen, extrem kurz sein, um bei $N = 1$ herauszukommen! Oder umgekehrt: Wenn f_c und L beide hoch sind, muss eine der anderen Zahlen sehr klein sein, und es muss auf der Erde etwas ganz Spezielles passiert sein, um die Menschheit hervorzubringen.

Schon vor 2500 Jahren spekulierten die alten griechischen Philosophen über die Theorie der *Panspermie* oder *Exogenese*, die besagt, dass Leben von woanders auf die Erde gekommen sein könnte und dass es genauso von der Erde aus auf andere Himmelskörper getragen werden kann. Der Nobelpreisträger Francis Crick hat zusammen mit Leslie Orgel die Theorie aufgestellt, dass womöglich fortgeschrittene Lebensformen absichtlich primitive Lebensformen auf Planeten verteilen, um Leben zu schaffen (gerichtete Panspermie). Aktuell gibt es keine konkreten Hinweise darauf, dass diese Theorie stimmt. Genauso wenige Hinweise gibt es, dass sie nicht stimmt. In Experimenten wurde nachgewiesen, dass nicht nur Bakterien, sondern sogar Mehrzeller wie Bärtierchen dem Weltraum ausgesetzt überleben können. Diese sind mit acht Beinen ausgestattet und haben eine Körpergröße von unter einem Millimeter. Als Besonderheit sind einige von ihnen zur *Kryptobiose* befähigt, sprich, sie können einen Zustand einnehmen, in dem sie fast keinen Sauerstoff verbrauchen, Temperaturen unter 30 Kelvin und Radioaktivität unbeschadet aushalten. Dieser Zustand nennt sich in der Fachwelt das *Tönnchenstadium*. Im Jahr 2010 wurden die ersten Tiere entdeckt, die ohne Sauerstoff leben können: drei neue Arten von Korsetttierchen (Danovaro et al. 2010).

Diese Tiere leben in sauerstofffreiem, salzreichem Milieu im Mittelmeer, und es scheint hier noch viel mehr Leben zu geben, als man bisher vermutet hat. Die Annahme, dass Sauerstoff für Leben, wie wir es kennen, erforderlich ist, wurde somit widerlegt. Forschungsergebnisse von der Arbeit mit Bakterien, die direkt dem Weltraum ausgesetzt waren, lassen zudem vermuten, dass Bakterien in Gesteinen so gut vor der UV- und der kosmischen Strahlung geschützt sein können, dass sie theoretisch Millionen von Jahren überleben. Insgesamt verhärtet sich der Eindruck, dass Leben deutlich widerstandsfähiger ist, als man bisher geglaubt hat. Anhand dieser Forschungsergebnisse wird es konkret vorstellbar, dass Kleinstlebewesen sich direkt per Flug durch das Weltall, z. B. in Gesteinsklumpen, verbreiten.

Tipps für angehende Raumfahrer Sicherlich haben nicht alle außerirdischen Lebensformen Augen, Beine und eine Körpergröße wie Menschen (bzw. wie Elefanten, Kaninchen oder Ameisen). Man sollte auch auf mikroskopisches Leben vorbereitet sein. Dieses kann z. B. einen schmierigen Film bilden (Abb. 6.23). Am besten hat man dann ein Mikroskop und Utensilien zum Anfärben und Einfrieren dabei. Wenn kein Biologe/Mikrobiologe Teil der Crew ist, sollte man nun mit einem auf der Erde in Kontakt treten, Bilder schicken, sich beraten lassen und sich ggf. über seinen Fund freuen! Zudem sollte man Vorsicht hinsichtlich Kontamination walten lassen.

Abb. 6.23 Extremophile an der Rosenquelle in Aachen, die sich an das schwefelhaltige, heiße Wasser angepasst haben. Am Rand findet offenbar Photosynthese statt (grün). Wenn man auf einem Planeten oder Mond einen derart schmierigen Film findet, sollte man Proben nehmen und ihn sich näher anschauen

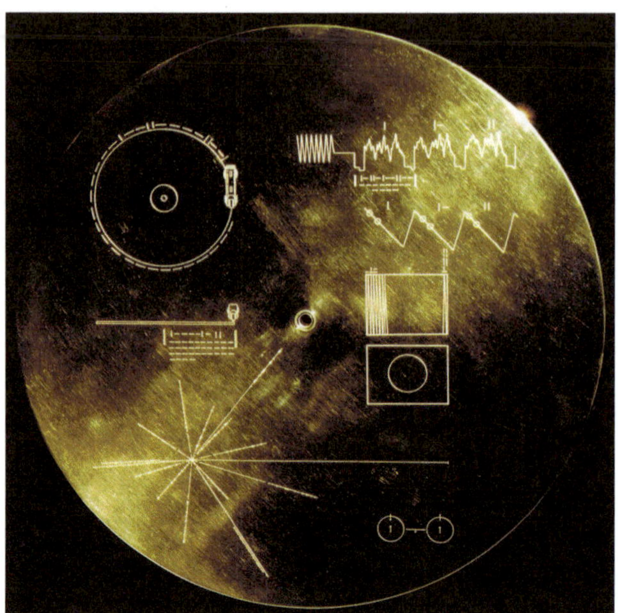

Abb. 6.24 Goldenes Aluminium-Cover der Voyager-Golden-Record-Schallplatten „Sounds of Earth" (Voyager 1 und 2). Die dargestellten Zeichen sind eine Anleitung für das korrekte Auslesen und Abspielen der Daten aus der Schallplatte. Im Jahr 1977 waren Schallplatten Stand der Technik. (Bildquelle: NASA)

Um mit anderen Zivilisationen Kontakt aufzunehmen, wurden und werden auf verschiedene Arten Botschaften versendet. So wurden z. B. an Raumsonden befestigte Plaketten und Schallplatten mit Daten über unsere Zivilisation verschickt (z. B. die *Voyager Golden Records*, Abb. 6.24 und die Plaketten an den Raumsonden „Pioneer 10" und „Pioneer 11", Abb. 6.25), und es gab verschiedenste ausgesandte Radiosignale. Beispielsweise im Jahr 1974 die binär codierte Arecibo-Botschaft (Abb. 6.26).

Im Jahr 1977 hat man einmalig das *Wow!-Signal* mit einem Radioteleskop empfangen. Es handelte sich um ein Radiosignal aus Richtung des Sternbildes Schütze kommend, das 72 Sekunden lang anhielt. Trotz intensiver Bemühungen konnte man das Signal später nie wieder finden und aufzeichnen. Viele Spekulationen ranken sich um den Ursprung des Signals, z. B. könnte ein Pulsar es ausgelöst haben, ein schnell rotierender Neutronenstern. Weitere theoretisch von Außerirdischen kommende Radiosignale sind nicht bekannt.

Umgekehrt wurden von der Erde aus immer wieder ähnliche Schmalband-Radiosignale verschickt, auch in Richtung der Quelle des

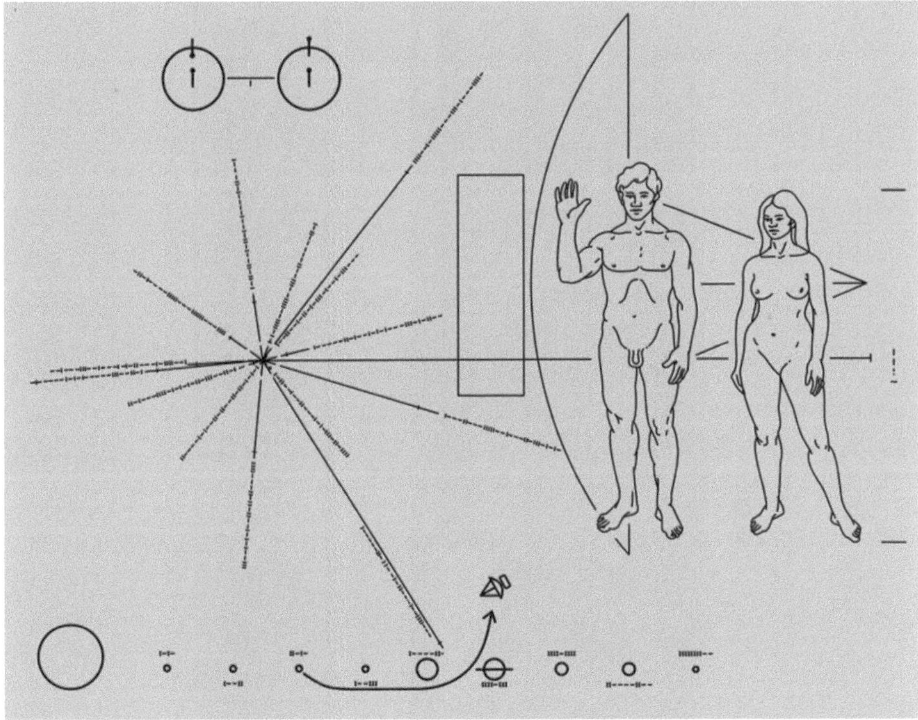

Abb. 6.25 Die Plaketten an den Pioneer-Raumsonden umfassen mehrere Abbildungen. Oben ein Hyperfeinstrukturübergang des Wasserstoffatomes. Darunter die Position der Sonne in Relation zum Zentrum der Milchstraße und zu verschiedenen Pulsaren, ganz unten unser Sonnensystem und der Weg der Raumsonde. Rechts Mann und Frau mit „Pioneer" im Hintergrund. (Bildquelle: NASA)

Wow!-Signals und Richtung Gliese 581, dem ersten erdähnlichen Exoplaneten, der gefunden wurde. Diese Radiosignale lagen stets im Wellenlängenbereich, der sehr nah an der „21-Zentimeter-Linie", einer Molekülresonanz des Wasserstoffatoms, liegt. Die Annahme hierbei ist, dass potenzielle andere Zivilisationen ebenso wie Menschen diesen Wellenlängenbereich nutzen, um das Universum zu kartografieren und somit besonders leicht auf unsere Signale aufmerkam werden dürften. Kritische Stimmen sehen allerdings Gefahren im Versenden von Nachrichten und damit im Anlocken Außerirdischer. Zukunftspläne implizieren das Vorhaben, von Weitem sichtbare geometrische Formen z. B. auf dem Mond oder in der Erdumlaufbahn zu etablieren, um von außen sichtbar zu machen, dass hier Leben existiert (das sich zumindest selbst für intelligent hält).

Abb. 6.26 Die Arecibo-Botschaft, ein binäres Radiosignal, das in der Hoffnung versendet wurde, dass es von Außerirdischen empfangen wird. In der ersten Reihe sind die Zahlen 1–10 dargestellt. Darunter in lila die Zahlenfolge 1, 6, 7, 8 und 15, die Ordnungszahlen der wichtigsten chemischen Elemente für die DNA als Leseanleitung für den nächsten Teil. Darunter folgen die Nukleotide der DNA. Dann die Struktur der Doppelhelix (blau) sowie die Anzahl der Nukleotide als weißer Balken. Die Körpergröße des in rot dargestellten Menschen wird links daneben codiert, rechts davon die Anzahl der Menschen auf der Erde. Es folgen das Sonnensystem und eine Skizze des Radiosenders (Arecibo-Observatorium). Ganz schön komplex! Die Frage ist, ob Aliens, die die Nachricht empfangen, es überhaupt schaffen, sie zu decodieren. (Bildquelle: NASA)

Beim Besuch oder der Besiedlung anderer Himmelskörper sollte man sehr darauf Acht geben, diese nicht selbst mit Mikroorganismen und Ähnlichem zu verunreinigen. Bei der NASA gibt es einen Fachmann, der ausschließlich zu diesem Thema arbeitet. Sein Job-Titel ist *Planetary Protection Officer*.

Literatur

Danovaro R, DellAnno A, Pusceddu A, Gambi C, Heiner I, Kristensen RM (2010) The first metazoa living in permanently anoxic conditions. BMC Biol. 8:30

Lisa Kaltenegger (2015) Sind wir allein im Universum? Ecowin Verlag, Wals bei Salzburg, Österreich. ISBN 978-3-7110-0080-4

Hans-Ulrich Schmincke (2013) Vulkanismus, 4. Aufl., WBG (Wissenschaftliche Buchgesellschaft), Darmstadt. ISBN 978-3-86312-367-3

Immanuel Kant (1755) Allgemeine Naturgeschichte und Theorie des Himmels. Verlag tredition, Hamburg. ISBN 978-384-241518-8

Hans G Zekl, Nicolaus Copernicus (2006) Das neue Weltbild: Sonderausgabe der Philosophischen Bibliothek. Verlag: Meiner, F; Auflage: 1 (1. August 2006) ISBN 978-3-78731-800-1

Christiaan Huygens (2012) Weltbeschauer, Oder Vernünftige Muthmaßungen, Daß Die Planeten Nicht Weniger Geschmückt Und Bewohnt Sind, Als Unsere Erde. Ulan Press, San Bernardino. ASIN B009SUEAB8

Nachwort

Dies ist das Ende des Buches. Wenn man alles gelesen hat, ist man nun mit allen Wassern gewaschen! Viel Erfolg bei der Umsetzung weiterer Ideen und Pläne, der Eroberung unseres Sonnensystems oder beim Träumen vorm heimischen Kamin!

Tipps für angehende Raumfahrer

Zum Ende des Buches noch ein paar praktische Hinweise:

- Egal wie schlecht es im Raumschiff riecht: Die Fenster sollten jederzeit geschlossen bleiben!
- Man versucht besser nicht, auf der Sonne zu landen.
- Es gibt gar keinen Biervulkan auf Enceladus – das ist ein Gerücht!
- Den Kopf vor ein laufendes Raketentriebwerk zu halten, ist im Allgemeinen eine schlechte Idee.
- Versuchen Sie nicht, nach Proxima Centuri zu fliegen, obwohl der Name so klingt, als wäre es um die Ecke!

B. Ganse, U. Ganse, *Das kleine Handbuch für angehende Raumfahrer*,
https://doi.org/10.1007/978-3-662-54411-2

Stichwortverzeichnis

B. Ganse, U. Ganse, *Das kleine Handbuch für angehende Raumfahrer*,
https://doi.org/10.1007/978-3-662-54411-2

E

F

G

H